“十二五”职业教育国家规划教材
经全国职业教育教材审定委员会审定

Windows Server 2012

网络操作系统项目教程

（第4版）

杨云 汪辉进 ◎ 主编

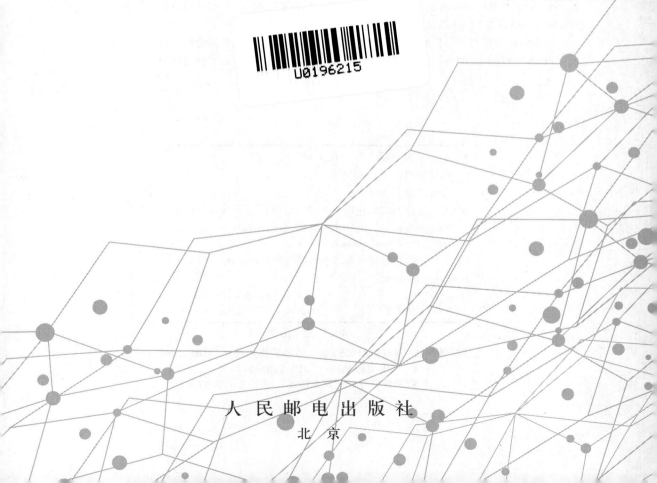

人民邮电出版社

北京

图书在版编目（CIP）数据

Windows Server 2012网络操作系统项目教程 / 杨云，
汪辉进主编. -- 4版. -- 北京 : 人民邮电出版社，
2016.8（2024.6重印）
"十二五"职业教育国家规划教材
ISBN 978-7-115-42210-1

Ⅰ．①W… Ⅱ．①杨… ②汪… Ⅲ．①Windows操作系
统—网络服务器—高等职业教育—教材 Ⅳ．①TP316.86

中国版本图书馆CIP数据核字(2016)第085719号

内 容 提 要

本书以建网、管网的任务为出发点，以工程项目为载体，按照"项目导向、任务驱动"的教学
改革思路，注重项目设计，大量使用网络拓扑图，由浅入深、系统全面地介绍 Windows Server 2012
的安装、使用和各种网络功能的实现。

本书内容包括 13 个项目：认识网络操作系统、安装与规划 Windows Server 2012 R2、安装与配
置 Hyper-V 服务器、部署与管理 Active Directory 域服务环境、管理用户账户和组、管理文件系统与
共享资源、配置与管理基本磁盘和动态磁盘、配置与管理打印服务器、配置与管理 DNS 服务器、配
置与管理 DHCP 服务器、配置与管理 Web 和 FTP 服务器、配置与管理 VPN 和 NAT 服务器、Windows
Server 2012 安全管理等内容。随书光盘是微软工程师录制的 13 个实训项目的实录视频（额外附送
Windows Server 2008 R2 项目实录视频）。

本书可作为普通高等学校和高职高专院校计算机网络相关专业的教材，也可供从事计算机网络
工程设计、管理和维护的工程技术人员使用，也可作为 MCSE 学习的指导用书。

◆ 主　编　杨　云　汪辉进
　　责任编辑　马小霞
　　责任印制　焦志炜

◆ 人民邮电出版社出版发行　　北京市丰台区成寿寺路 11 号
　　邮编　100164　电子邮件　315@ptpress.com.cn
　　网址　http://www.ptpress.com.cn
　　大厂回族自治县聚鑫印刷有限责任公司印刷

◆ 开本：787×1092　1/16
　　印张：18　　　　　　　　　　　　2016 年 8 月第 4 版
　　字数：448 千字　　　　　　　　　2024 年 6 月河北第 21 次印刷

定价：49.80 元（附光盘）

读者服务热线：(010)81055256　印装质量热线：(010)81055316
反盗版热线：(010)81055315
广告经营许可证：京东市监广登字 20170147 号

前　言

党的二十大报告指出"科技是第一生产力、人才是第一资源、创新是第一动力"。大国工匠和高技能人才作为人才强国战略的重要组成部分，在现代化国家建设中起着重要的作用。高等职业教育肩负着培养大国工匠和高技能人才的使命，近几年得到了迅速发展和普及。

网络强国是国家的发展战略。自主可控的网络技能型人才培养显得尤为重要，国产服务器操作系统的应用是重中之重。

1．编写背景

Windows Server 2012 R2 是迄今为止最高级的 Windows Server 操作系统，同时也是目前微软公司主推的服务器操作系统，本书所有的内容均使用此版本。虽然 Windows Server 2012 R2 与 Windows Server 2012 是两个不同的操作系统，但由于设置与部署具有相似性，因此本书的内容同样适用于 Windows Server 2012。

鉴于在未来的几年中 Windows Server 2012 R2 将逐渐替代 Windows Server 2008/2012 成为企业应用的首选 Windows 服务器操作系统，以及目前 Windows Server 2012 R2 教材严重缺乏的现状，为满足我国高等职业教育的需要，我们编写了这本"项目驱动、任务导向"的"教、学、做"一体化教材。

2．本书特点

本书共包含 13 个项目，最大的特色是"易教易学"。

（1）细致的项目设计+详尽的网络拓扑图

作者对每个项目都进行了细致的项目设计，绘制了详尽的网络拓扑图。每个项目包含多个任务，项目的每个任务都对应一个包含各种网络参数的网络拓扑图，并以此为主线设计教学方案，利于教师上课。全书共有 28 个详尽的网络拓扑图。

（2）搭建完善的虚拟化教学环境

借鉴微软公司先进的虚拟化技术，利用 Hyper-V 精心设计并搭建虚拟教学环境，彻底解决了教师上课、学生实训时教学环境搭建的难题；同时兼顾利用 VMware 搭建虚拟教学环境的内容。

（3）打造立体化教材

丰富的网站资源、教材和精彩的项目实录视频光盘为教和学提供了最大便利。

项目实录视频是由微软高级工程师录制的，包括项目背景、网络拓扑、项目实施、深度思考等内容，配合教材，极大地方便了教师教学，学生预习、对照实训和自主学习。

若索要授课计划、项目指导书、电子教案、电子课件、课程标准、大赛资料、试卷、拓展提升、项目任务单、实训指导书等相关参考内容，请加作者的专业研讨 Windows&Linux（教师）QQ 群：189934741，QQ：68433059。PPT 教案、习题解答等必备资料可到人民邮电出版社教学服务与资源网（http://www.ptpedu.com.cn）免费下载使用。

3．教学大纲

本书的参考学时为 72 学时，其中实践环节为 36 学时，各项目的参考学时参见下面的学时分配表。

项目	课程内容	学时分配	
		讲授	实训
项目 1	认识网络操作系统	2	
项目 2	安装与规划 Windows Server 2012 R2	2	4
项目 3	安装与配置 Hyper-V 服务器	2	2
项目 4	部署与管理 Active Directory 域服务环境	4	4
项目 5	管理用户账户和组	2	2
项目 6	管理文件系统与共享资源	2	2
项目 7	配置与管理基本磁盘和动态磁盘	2	2
项目 8	配置与管理打印服务器	2	2
项目 9	配置与管理 DNS 服务器	4	4
项目 10	配置与管理 DHCP 服务器	2	2
项目 11	配置与管理 Web 和 FTP 服务器	4	4
项目 12	配置与管理 VPN 和 NAT 服务器	4	4
项目 13	Windows Server 2012 安全管理	4	4
课时总计		36	36

4．其他

本书由杨云、汪辉进担任主编，北京通软博大科技有限公司山东分公司技术总监、微软认证系统工程师（Microsoft Certified Systems Engineer, MCSE）王春身审订了大纲并录制了全部项目实录的视频。邹汪平、张晖、梁明亮、马立新、杨建新、金月光、薛鸿民、李满、王秀梅、郭娟、李娟、孙凤杰等老师也参与了部分章节的编写工作。

本书可能存在错误和不妥之处，恳请读者提出宝贵意见。作者的 E-mail 地址是：yangyun90@163.com。

作　者

2023 年 5 月于泉城

目前，杨云教授主编的针对 Windows Server 2016 版的新版教材《Windows Server 网络操作系统项目教程（微课版）》已于 2021 年 1 月由人民邮电出版社正式出版。如果机房条件允许，建议老师们更换为新教材，书名《Windows Server 网络操作系统项目教程（微课版）》，书号 978-7-115-54641-8，定价 59.80 元。

目 录 CONTENTS

2

PART 1

项目 1
认识网络操作系统

项目背景

　　某高校组建了学校的校园网，购进了满足需要的服务器。但如何选择一种既安全又易于管理的网络操作系统呢？

　　在校园网的建设中，推荐使用微软公司最新推出的网络操作系统 Windows Server 2012 R2 作为服务器的首选操作系统。Windows Server 2012 R2 网络操作系统是 X64 位网络操作系统，自带 Hyper-V。Hyper-V 技术先进，能够满足客户的各种需求。因此，Windows Server 2012 R2 是中小企业信息化建设的首选服务器操作系统。

　　本教材从企业需求出发，以 Windows Server 2012 R2 网络操作系统为主线进行讲解。虽然 Windows Server 2012 R2 与 Windows Server 2012 是两个不同的操作系统，但由于设置与部署具有相似性，因此本书的内容同样适用于 Windows Server 2012。

项目目标

- 了解网络操作系统的概念
- 掌握网络操作系统的功能与特性
- 了解典型的网络操作系统
- 掌握网络操作系统的选用原则

1.1　任务 1　网络操作系统概述

　　操作系统（Operating System，OS）是计算机系统中负责提供应用程序运行环境以及用户操作环境的系统软件，同时也是计算机系统的核心与基石。它的职责包括对硬件的直接监管、对各种计算机资源（如内存、处理器时间等）的管理，以及提供诸如作业管理之类的面向应用程序的服务等。

　　网络操作系统（Network Operating System，NOS）除了能实现单机操作系统的全部功能外，还具备管理网络中的共享资源，实现用户通信以及方便用户使用网络等功能，是网络的心脏和灵魂。所以，网络操作系统可以理解为网络用户与计算机网络之间的接口，是计算机网络中管理一台或多台主机的软硬件资源、支持网络通信、提供网络服务的程序集合。

通常，计算机的操作系统上会安装很多网络软件，包括网络协议软件、网络通信软件和网络操作系统等。网络协议软件主要是指物理层和链路层的一些接口约定；网络通信软件管理各计算机之间的信息传输。

计算机网络依据国际标准化组织（International Organization for Standardization，ISO）的开放系统互连（Open System Interconnect，OSI）参考模型可以分成 7 个层次，用户的数据首先按应用类别打包成应用层的协议数据，接着该协议数据包根据需要和协议组合成表示层的协议数据包，然后依次成为会话层、传输层、网络层的协议数据包，再封装成数据链路层的帧，并在发送端最终形成物理层的比特流，最后通过物理传输介质进行传输。至此，整个网络数据通信工作只完成了三分之一。在目的地，和发送端相似的是，需将经过网络传输的比特流逆向解释成协议数据包，逐层向上传递解释为各层对应原协议数据单元，最终还原成网络用户所需的并能够为最终网络用户所理解的数据。而在这些数据抵达目的地之前，它们还需在网络中进行几上几下的解释和封装。

可想而知，一个网络用户若要亲自处理如此复杂的细节问题，所谓的计算机网络也大概只能待在实验室里，根本不可能像现在这样无处不在。为了方便用户，使网络用户真正用得上网络，计算机需要一个能够提供直观、简单、屏蔽了所有通信处理细节、具有抽象功能的环境，这就是所谓的网络操作系统。

1.2 任务 2 认识网络操作系统的功能与特性

操作系统的功能通常包括处理器管理、存储器管理、设备管理、文件系统管理以及为方便用户使用操作系统而向用户提供用户接口。网络操作系统除了提供上述资源管理功能和用户接口外，还提供网络环境下的通信、网络资源管理、网络应用等特定功能。它能够协调网络中各种设备的动作，向客户提供尽量多的网络资源，包括文件和打印机、传真机等外围设备，并确保网络中数据和设备的安全性。

1.2.1 网络操作系统的功能

1．共享资源管理

网络操作系统能够对网络中的共享资源（硬件和软件）实施有效的管理，协调用户对共享资源的使用，并保证共享数据的安全性和一致性。

2．网络通信

网络通信是网络最基本的功能，其任务是在源主机和目标主机之间实现无差错的数据传输。为此，网络操作系统采用标准的网络通信协议实现以下主要功能。

- 建立和拆除通信链路：这是为通信双方建立的一条暂时性的通信链路。
- 传输控制：对传输过程中的传输进行必要的控制。
- 差错控制：对传输过程中的数据进行差错检测和纠正。
- 流量控制：控制传输过程中的数据流量。
- 路由选择：为所传输的数据选择一条适当的传输路径。

3．网络服务

网络操作系统在前两个功能的基础上为用户提供了多种有效的网络服务，例如，电子邮件服务、文件传输、存取和管理服务（WWW、FTP服务）、共享硬盘服务和共享打印服务。

4．网络管理

网络管理最主要的任务是安全管理，一般通过存取控制来确保存取数据的安全性，以及通过容错技术来保证系统发生故障时数据能够安全恢复。此外，网络操作系统还能对网络性能进行监视，并对使用情况进行统计，以便为提高网络性能、进行网络维护和计费等提供必要的信息。

5．互操作能力

在客户/服务器模式的LAN环境下的互操作，是指连接在服务器上的多种客户机不仅能与服务器通信，还能以透明的方式访问服务器上的文件系统；在互连网络环境下的互操作，是指不同网络间的客户机不仅能通信，而且能以透明的方法访问其他网络的文件服务器。

1.2.2 网络操作系统的特性

1．客户/服务器模式

客户/服务器（Client/Server，C/S）模式是近年来流行的应用模式，它把应用划分为客户端和服务器端，客户端把服务请求提交给服务器端，服务器端负责处理请求，并把处理结果返回至客户端。例如Web服务、大型数据库服务等都是典型的客户/服务器模式。

基于标准浏览器访问数据库时，中间往往还需加入Web服务器，运行ASP或Java平台，通常称为三层模式，也称为B/S（Browser/Server或Web/Server）模式。它是客户/服务器模式的特例，只是客户端基于标准浏览器，无需安装特殊软件。

2．32位操作系统

32位操作系统采用32位内核进行系统调度和内存管理，支持32位设备驱动器，使得操作系统和设备间的通信更为迅速。随着64位处理器的诞生，许多厂家已推出了支持64位处理器的网络操作系统。

3．抢先式多任务

网络操作系统一般采用微内核类型结构设计。微内核始终保持对系统的控制，并给应用程序分配时间段，使其运行。在指定的时间结束时，微内核抢先运行进程并将控制移交给下一个进程。以微内核为基础，可以引入大量的特征和服务，如集成安全子系统、抽象的虚拟化硬件接口、多协议网络支持以及集成化的图形界面管理工具等。

4．支持多种文件系统

有些网络操作系统还支持多文件系统，具有良好的兼容性，以实现对系统升级的平滑过渡，例如Windows Server 2012支持FAT、HPFS及其本身的文件系统NTFS。NTFS是Windows自己的文件系统，它支持文件的多属性连接以及长文件名到短文件名的自动映射，使得Windows Server 2012支持大容量的硬盘空间，这样既增加了安全性，又便于管理。

5．Internet支持

今天，Internet已经成为网络的一个总称，网络的范围性（局域网/广域网）与专用性越来越模糊，专用网络与Internet网络标准日趋统一。因此，各品牌网络操作系统都集成了许多标准化应用，如Web服务、FTP服务、网络管理服务等，甚至是E-mail。各种类型的网络几乎都连接到了Internet上，对内对外均按Internet标准提供服务。

6．并行性

有的网络操作系统支持群集系统，可以实现在网络的每个节点为用户建立虚拟处理器，各节点机作业并行执行。一个用户的作业被分配到不同节点机上，网络操作系统管理这些节点机协作完成用户的作业。

7．开放性

随着 Internet 的产生与发展，不同结构、不同操作系统的网络需要实现互连，因此，网络操作系统必须支持标准化的通信协议（如 TCP/IP、NetBEUI 等）和应用协议（如 HTTP、SMTP、SNMP 等），支持与多种客户端操作系统平台的连接。只有保证系统的开放性和标准性，使系统具有良好的兼容性、迁移性、可升级性、可维护性等，才能保证厂家在激烈的市场竞争中生存，并最大限度地保障用户的投资。

8．可移植性

目前，网络操作系统一般都支持广泛的硬件产品，不仅支持 Intel 系列处理器，而且可运行在 RISC 芯片（如 DEC Alpha、MIPSR4400、Motorola PowerPC 等）上。网络操作系统往往还支持多处理器技术，如支持对称多处理技术 SMP，支持处理器个数从 1～32 个不等，或者更多，这使得系统具有很好的伸缩性。

9．高可靠性

网络操作系统是运行在网络核心设备（如服务器）上的，管理网络并提供服务的关键软件。它必须具有高可靠性，能够保证系统 365 天 24 小时不间断地工作。如果由于某些原因（如访问过载）而总是导致系统的崩溃或服务停止，用户是无法忍受的，因此，网络操作系统必须具有良好的稳定性。

10．安全性

为了保证系统和系统资源的安全性、可用性，网络操作系统往往集成用户权限管理、资源管理等功能。例如，为每种资源都定义自己的存取控制表（Access Control List，ACL），定义各个用户对某个资源的存取权限，且使用用户标识 SID 唯一区别用户。

11．容错性

网络操作系统能提供多级系统容错能力，包括日志式的容错特征列表、可恢复文件系统、磁盘镜像、磁盘扇区备用以及对不间断电源（UPS）的支持。强大的容错性是系统可靠运行（可靠性）的保障。

12．图形化界面

目前，网络操作系统的研发者非常注重系统的图形化界面（GUI）开发。良好的图形界面可以为用户提供直观、美观、便捷的操作接口。

1.3 任务 3 认识典型的网络操作系统

网络操作系统是用于网络管理的核心软件，目前得到广泛应用的网络操作系统有 UNIX、Linux、NetWare、Windows NT Server、Windows 2000 Server 和 Windows Server 2003/2008/2012 等。下面分别介绍这些网络操作系统的特点与应用。

1.3.1 UNIX

UNIX 操作系统是一个通用的、交互作用的分时系统，最早版本是由美国电报电话公司

（AT&T）贝尔实验室的 K·汤普森和 M·里奇共同研制的，目的是在贝尔实验室内创造一种进行程序设计研究和开发的良好环境。

1969 年至 1970 年，K·汤普森首先在 PDP-7 机器上实现了 UNIX 系统。最初的 UNIX 版本是用汇编语言写的。不久，K·汤普森用一种较高级的 B 语言重写了该系统。1973 年，M·里奇又用 C 语言对 UNIX 进行了重写。目前使用较多的是 1992 年发布的 UNIX SVR 4.2 版本。

UNIX 是为多用户环境设计的，即所谓的多用户操作系统，其内建 TCP/IP 支持。该协议已经成为互联网中通信的事实标准。UNIX 发展历史悠久，具有分时操作、稳定、安全等优秀的特性，适用于几乎所有的大型机、中型机、小型机，也可用于工作组级服务器。在中国，一些特殊行业，尤其是拥有大型机、中型机、小型机的企业，一直沿用 UNIX 操作系统。

1.3.2　Linux

Linux 是一种在 PC 上执行的、类似 UNIX 的操作系统。1991 年，第一个 Linux 由芬兰赫尔辛基大学的年轻学生林纳斯·托瓦兹发表，它是一个完全免费的操作系统。在遵守自由软件联盟协议下，用户可以自由地获取程序及其源代码，并能自由地使用它们，包括修改和复制等。Linux 提供了一个稳定、完整、多用户、多任务和多进程的运行环境。Linux 是网络时代的产物，在互联网上经过了众多技术人员的测试和除错，并不断被扩充。

Linux 具有以下特点。

- 完全遵循 POSLX 标准，并扩展支持所有 AT&T 和 BSD UNIX 特性的网络操作系统。
- 真正的多任务、多用户系统，内置网络支持，能与 NetWare、Windows Server、OS/2、UNIX 等无缝连接，网络效能在各种 UNIX 测试评比中速度最快，同时支持 FAT16、FAT32、NTFS、Ext2FS、ISO 9600 等多种文件系统。
- 可运行于多种硬件平台，包括 Alpha、Sun Sparc、Power/PC、MIPS 等处理器，对各种新型外围硬件，可以从分布于全球的众多程序员那里迅速得到支持。
- 对硬件要求较低，可在较低档的机器上获得很好的性能。特别值得一提的是 Linux 出色的稳定性，其运行时间往往可以以"年"计算。
- 有广泛的应用程序支持。
- 设备独立性。Linux 是具有设备独立性的操作系统。由于用户可以免费得到 Linux 的内核源代码，因此，可以修改其内核源代码，以适应新增加的外围设备。
- 安全性。Linux 采取了许多安全技术措施，包括对读、写进行权限控制、带保护的子系统、审计跟踪、核心授权等，这为网络多用户环境中的用户提供了必要的安全保障。
- 良好的可移植性。Linux 是一种可移植的操作系统，能够在微型计算机到大型计算机的任何环境和任何平台上运行。

1.4　任务 4　认识 Windows Server 2012

2011 年 9 月 9 日，编译开发者预览版（Developer Preview）面世。然而，这个版本不像消费者预览版那样，因此只提供给 MSDN 订阅者。这个时候已经出现了 Metro 界面（已经更名为 Windows UI）、新的服务器管理器以及其他新功能。

2012 年 1 月 13 日，Build 8180 被泄露出来，此版本已经更新了服务器管理界面和存储空间。2012 年 2 月 16 日，微软公司公布了开发者预览版，并且更新了系统，设置系统在 2013

年 1 月 15 日过期，而不是原来的 2012 年 4 月 8 日。

2012 年 2 月 29 日，与 Windows 8 一起，Beta 版本发布。不像开发者预览版，这个版本是公开发布的。2012 年 4 月 17 日，此版本改名为 Windows Server 2012（在此之前都叫作 Windows Server 8）。

2012 年 5 月 31 日，候选版发布。2012 年 8 月 1 日，Windows Server 2012 RTM 版编译完成，并于 2012 年 9 月 4 日发售。

1.4.1 Windows Server 2012 新特性

1．用户界面

Windows Server 2012 简化了服务器管理。跟 Windows 8 一样，Windows Server 2012 重新设计了服务器管理器，采用了 Metro 界面（核心模式除外）。在这个 Windows 系统中，PowerShell 已经有超过 2300 条命令开关（Windows Server 2008 R2 才有 200 多个）；而且，部分命令可以自动完成。

2．任务管理器

Windows Server 2012 跟 Windows 8 一样，拥有全新的任务管理器（旧的版本已经被删除并取代）。在新版本中，隐藏选项卡的时候默认只显示应用程序。在"进程"选项卡中，以色调来区分资源利用，它列出了应用程序名称、状态，以及 CPU、内存、硬盘和网络的使用情况。在"性能"选项卡中，CPU、内存、硬盘、以太网和 Wi-Fi 以菜单的形式分开显示。CPU 方面，虽然不显示每个线程的使用情况，不过可以显示每个 NUNA 节点的数据。当逻辑处理器超过 64 个的时候，就以不同色调和百分比来显示每个逻辑处理器的使用情况。将鼠标指针悬停在逻辑处理器上时，可以显示该处理器的 NUNA 节点和 ID（如果可用）。此外，在新版任务管理器中，已经增加了"启动"选项卡（不过在 Windows Server 2012 中没有），并且可以识别 Windows Store 应用的挂起状态。

3．安装选项

Windows Server 2012 可以随意在服务器核心模式（只有命令提示符）和图形界面之间切换。默认推荐服务器核心模式。

4．IP 地址管理

Windows Server 2012 有一个 IP 地址管理，其作用为发现、监控、审计和管理在企业网络上使用的 IP 地址空间。IPAM 对 DHCP 和 DNS 进行管理和监控，具体包括以下几点。

- 自定义 IP 地址空间的显示、报告和管理。
- 审核服务器配置的更改、跟踪 IP 地址的使用。
- DHCP 和 DNS 的监控和管理。
- 完整支持 IPv4 和 IPv6。

5．Active Directory

相对于 Windows Server 2008 R2 来说，Windows Server 2012 的 Active Directory 有了一系列的变化。Active Directory 安装向导已经出现在服务器管理器中，并且增加了 Active Directory 的回收站。在同一个域中，密码策略可以更好地区分。Windows Server 2012 中的 Active Directory 已经出现了虚拟化技术。虚拟化的服务器可以安全地进行克隆。简化的 Windows Server 2012 的域级别完全可以在服务器管理器中进行。Active Directory 联合服务已经集成到系统中，并且声称已经加入了 Kerberos 令牌。可以使用 Windows PowerShell 命令的"PowerShell 历史记录查看器"查看 Active Directory 操作。

6．Hyper-V

Windows Server 2012 与 Windows 8 一样，包含一个全新的 Hyper-V。许多功能已经添加到 Hyper-V 中，包括网络虚拟化、多用户、存储资源池、交叉连接和云备份。另外，许多老版本的限制已经被解除。这个版本中的 Hyper-V 可以访问多达 64 个处理器，1TB 的内存和 64TB 的虚拟磁盘空间（仅限 vhdx 格式）。最多可以同时管理 1024 个虚拟主机以及 8000 个故障转移群集。

7．IIS 8.0

Windows Server 2012 已经包含了 IIS 8.0。新版本可以限制特定网站的 CPU 占用。

8．可扩展性

Windows Server 2012 支持以下最大的硬件规格。

- 64 个物理处理器；
- 640 个逻辑处理器（关闭 Hyper-V 的情况，打开时只支持 320 个）；
- 4TB 内存；
- 64 个故障转移群集节点。

9．存储

Windows Server 2012 中，一些与存储相关的功能和特性也做了更新，很多都是与 Hyper-V 安装相关的，很多功能都可以让存储经理人减少预算并提高工作效率，例如以下一些功能。

- **重复数据删除性能**——通过在卷中存储单一版本文档来节约磁盘空间，这使得存储更加高效，尤其是在使用 Hyper-V 实现虚拟化之后。
- **ReFS（弹性文件系统）**——新版 ReFS 使得逻辑卷扩展性更强，与 Storage Spaces 相结合，提供更好的可用性，并且即使在数据损坏的情况下也不会宕机。
- **Storage Spaces**——利用 Windows 存储空间将现有的几块物理驱动器分别聚合进行池化，池化后的存储空间便是一个虚拟磁盘，之后便可以在这个虚拟磁盘上创建多个逻辑卷来使用。
- **Server Message Block 3.0 支持**——Windows Server 2012 增加了对 SMB 协议 3.0 版本的支持，可以进行 Fibre Channel 和 iSCSI 之间的选择。而且可以加速支持应用工作流，而不仅仅是客户端连接。这样 Windows Server 2012 本身也成为了一个独立客户端，可以支持 Hyper-V、SQL Server 和 Exchange。
- **iSCSI Target Server**——iSCSI Target 可以面向所有的 Windows Server 用户，而不仅是 OEM 用户。之前普通的 Windows 管理员不能使用 iSCSI Target，在 2012 版本中他们已经可以去下载更新，管理 iSCSI 阵列了。
- **Offloaded Data Transfer（ODX）**——允许从 hypervisor 卸载存储相关任务到存储阵列上。当存储用户复制一个文件时，转换速度会非常快，因为阵列无需做任何工作，只需通过操作系统发送数据即可。

1.4.2　Windows Server 2012 版本

Windows Server 2012 有 4 个版本：Foundation（基础版）、Essential（精华版）、Standard（标准版）和 Datacenter（数据中心版）。

- Windows Server 2012 基础版仅提供给 OEM 厂商，限定用户 15 位，提供通用服务器功能，不支持虚拟化。

- Windows Server 2012 精华版面向中小企业，用户限定在 25 位以内。该版本简化了界面，预先配置云服务连接，不支持虚拟化。
- Windows Server 2012 标准版提供完整的 Windows Server 功能，限制使用 2 台虚拟主机。
- Windows Server 2012 数据中心版提供完整的 Windows Server 功能，不限制虚拟主机数量。

1.4.3　Windows Server 2012 各版本的安装需求

支持 Windows Server 2008 R2 的服务器也支持 Windows Server 2012。它的最低配置要求如下。

- 1.4GHz 的 64 位处理器；
- 512MB 的内存；
- 32GB 硬盘空间（如果有 16GB 的内存的话）。

1.5　任务 5　网络操作系统的选用原则

网络操作系统对于网络的应用、性能有着至关重要的影响。选择一个合适的网络操作系统，既能实现建设网络的目标，又能省钱、省力，提高系统的效率。

网络操作系统的选择要从网络应用出发，分析所设计的网络到底需要提供什么服务，然后分析各种操作系统提供这些服务的性能与特点，最后确定使用何种网络操作系统。网络操作系统的选择一般遵循以下原则。

1．标准化

网络操作系统的设计、提供的服务应符合国际标准，尽量减少使用企业专用标准，这有利于系统的升级和应用的迁移，最大限度、最长时间保护用户投资。采用符合国际标准开发的网络操作系统，可以保证异构网络的兼容性，即在一个网络中存在多个操作系统时，能够充分实现资源的共享和服务的互容。

2．可靠性

网络操作系统是保护网络核心设备服务器正常运行，提供关键任务服务的软件系统。它应具有健壮、可靠、容错性高等特点，能提供 365 天 24 小时全天服务。因此，选择技术先进、产品成熟、应用广泛的网络操作系统，可以保证其具有良好的可靠性。

微软公司的网络操作系统一般只用在中低档服务器中，因为其在稳定性和可靠性方面比 UNIX 要逊色很多，而 UNIX 主要用于大、中、小型机上，其特点是稳定性及可靠性高。

3．安全性

网络环境更加易于计算机病毒的传播和黑客攻击，为保证网络操作系统不易受到侵扰，应选择强大的、并能提供各种级别安全管理（如用户管理、文件权限管理、审核管理等）的网络操作系统。

各个网络操作系统都自带安全服务，例如，UNIX、Linux 网络操作系统提供了用户账号、文件系统权限和系统日志文件；NetWare 提供了 4 级的安全系统，即登录安全、权限安全、属性安全和服务安全；Windows NT Server、Windows 2000 Server、Windows Server 2003、Windows Server 2008 和 Windows Server 2012 提供了用户账号、文件系统权限、Registry 保护、审核、性能监视等基本安全机制。

从网络安全性来看，Novell NetWare 网络操作系统的安全保护机制较为完善和科学，UNIX 的安全性也是有口皆碑的，Windows 2003 Server 和 Windows Server 2008/2012 则存在安全漏洞，主要包括服务器/工作站安全漏洞和网络浏览器安全漏洞两部分，当然微软公司也在不断推出补丁来逐步解决这个问题。微软底层软件对用户的可访问性，一方面使得在其上开发高性能的应用成为可能，另一方面也为非法访问入侵开了方便之门。

4．网络应用服务的支持

网络操作系统应能提供全面的网络应用服务，例如 Web 服务，FTP 服务、DNS 服务等，并能良好地支持第三方应用系统，从而保证提供完整的网络应用。

5．易用性

用户应选择易管理、易操作的网络操作系统，提高管理效率，降低管理复杂性。

现在有些用户对新技术十分敏感和好奇，在网络建设过程中，往往忽略对实际应用的要求，盲目追求新产品、新技术。计算机技术发展极快，十年以后，计算机、网络技术会发展成什么样，谁都无法预测。面对今天越来越热的网络市场，不要盲目追求新技术、新产品，一定要从自己的实际需要出发，建立一套既能真正适合当前实际应用需要，又能保证今后顺利升级的网络。

在实际的网络建设中，用户在选择网络操作系统时还应考虑以下因素。

① 首先要考虑的是成本因素。成本因素是选择网络操作系统的一个主要因素。如果用户拥有强大的财力和雄厚的技术支持，当然可以选择安全性更高的网络操作系统。但如果不具备这些条件，就应从实际出发，根据现有的财力、技术维护力量，选择经济适用的系统。同时，考虑到成本因素，选择网络操作系统时，也要和现有的网络硬件环境相结合，在财力有限的情况下，尽量不购买需要花费更大人力和财力进行硬件升级的操作系统。

在软件的购买成本上，免费的 Linux 当然更有优势；NetWare 由于适应性较差，仅能在 Intel 等少数几种处理器硬件系统上运行，对硬件的要求较高，可能会带来很大的硬件扩充费用。但对于一个网络来说，购买网络操作系统的费用只是整个成本的一小部分，网络管理的大部分费用是技术维护的费用，人员费用在运行一个网络操作系统的花费中占到 70%。所以网络操作系统越容易管理和配置，其运行成本越低。一般来说，Windows NT Server、Windows 2000 Server 和 Windows Server 2003/2008/2012 比较简单易用，适合技术维护力量较薄的网络环境；而 UNIX 由于其命令比较难懂，易用性则稍差些。

② 其次，要考虑网络操作系统的可集成性因素。可集成性就是操作系统对硬件及软件的容纳能力，因为平台无关性对操作系统来说非常重要。一般在构建网络时，很多用户具有不同的硬件及软件环境，而网络操作系统作为这些不同环境集成的管理者，应该尽可能多地管理各种软硬件资料。例如，NetWare 硬件适应性较差，所以其可集成性就比较差；UNIX 系统一般都是针对自己的专用服务器和工作站进行优化，其兼容性也较差；而 Linux 对 CPU 的支持比 Windows NT Server、Windows 2000 Server、Windows Server 2003 和 Windows Server 2008/2012 要好得多。

③ 可扩展性是选择网络操作系统时要考虑的另外一个因素。可扩展性就是对现有系统的扩充能力。当用户的应用需求增大时，网络处理能力也要随之增加、扩展，这样可以保证用户早期的投资不浪费，也为用户网络以后的发展打好基础。对于 SMP（Symmetric Multi-Processing，对称多处理）的支持表明，系统可以在有多个处理器的系统中运行，这是

拓展现有网络能力所必需的。

当然,购买时最重要的还是要和自己的网络环境结合起来。如中小型企业在网站建设中,多选用 Windows NT Server、Windows 2000 Server、Windows Server 2003 或 Windows Server 2008/2012;做网站的服务器和邮件服务器时多选用 Linux;而在工业控制、生产企业、证券系统的环境中,多选用 Novell NetWare;在安全性要求很高的情况下,如金融、银行、军事行业及大型企业网络上,则推荐选用 UNIX。

总之,选择操作系统时要充分考虑其自身的可靠性、易用性、安全性及网络应用的需要。

1.6 习题

一、填空题

1. 操作系统是_____与计算机之间的接口,网络操作系统可以理解为_____与计算机网络之间的接口。

2. 网络通信是网络最基本的功能,其任务是在_____和_____之间实现无差错的数据传输。

3. Web 服务、大型数据库服务等都是典型的_____模式。

4. 基于微软 NT 技术构建的操作系统现在已经发展了 5 代:_____、_____、_____、_____、_____。

5. Windows Server 2012 操作系统发行的版本主要有 4 个,即_____、_____、_____、_____。

二、简答题

1. 网络操作系统有哪些基本的功能与特性?
2. 常用的网络操作系统有哪些?各自的特点是什么?
3. 选择网络操作系统构建计算机网络环境应考虑哪些问题?
4. 请简述 Windows Server 2012 的新特性。

实训项目　熟练使用 VMware

一、实训目的

● 熟练使用 VMware。
● 掌握 VMware 的详细配置与管理方法。
● 掌握使用 VMware 安装 Windows Server 2012 R2 网络操作系统的方法。

二、项目环境

公司新购进一台服务器,硬盘空间为 500 GB。已经安装了 Windows 7/8 操作系统,计算机名为 client1。Windows Server 2012 R2 的镜像文件已保存在硬盘上。拓扑图如图 1-1 所示。

三、项目要求

实训项目要求如下。

在 Windows 7/8 操作系统上安装 VMware 10/12,并在 VMware 中安装 Windows Server 2012 R2 网络操作系统。服务器的硬盘空间约为 500GB。安装要求如下。

图 1-1 安装 Windows Server 2012 拓扑图

① 主分区 C：300GB；主分区 D：100GB；主分区 E：100GB。

② 要求 Windows Server 2012 的安装分区大小为 60GB，文件系统格式为 NTFS，计算机名为 win2012-0，管理员密码为 P@ssw0rd1，服务器的 IP 地址为 192.168.10.1，子网掩码为 255.255.255.0，DNS 服务器为 192.168.10.1，默认网关为 192.168.10.1，属于工作组 COMP。

③ 设置不同的虚拟机网络连接方式，测试物理主机与虚拟机之间的通信状况。

④ 为 win2012-1 添加第 2 块网卡和第 2 块硬盘。

⑤ 利用快照功能快速恢复到错误前的系统。

⑥ 利用克隆功能生成多个操作系统。

四、做一做

根据实训项目录像进行项目的实训，检查学习效果。

PART 2

项目 2
安装与规划 Windows
Server 2012 R2

项目背景

　　某高校组建了学校的校园网，需要架设一台具有 Web、FTP、DNS、DHCP 等功能的服务器来为校园网用户提供服务，现需要选择一种既安全又易于管理的网络操作系统。

　　在完成该项目之前，首先应当选定网络中计算机的组织方式；其次，根据 Microsoft 系统的要求确定每台计算机应当安装的版本；此后，还要对安装方式、安装磁盘的文件系统格式、安装启动方式等进行选择；最终才能开始系统的安装过程。

项目目标

- 了解不同版本的 Windows Server 2012 R2 系统的安装要求
- 了解 Windows Server 2012 R2 的安装方式
- 掌握安装 Windows Server 2012 R2 的方法
- 掌握配置 Windows Server 2012 R2 的方法
- 掌握添加与管理角色的方法

2.1　相关知识

　　Windows Server 2012 R2 是基于 Windows 8/Windows 8.1 以及 Windows 8 RT/Windows 8.1 RT 界面的新一代 Windows Server 操作系统，提供企业级数据中心和混合云解决方案，易于部署、具有成本效益、以应用程序为重点、以用户为中心。

　　在 Microsoft 云操作系统版图的中心地带，Windows Server 2012 R2 将能够提供全球规模云服务的 Microsoft 体验带入普通用户的基础架构，在虚拟化、管理、存储、网络、虚拟桌面基础结构、访问和信息保护、Web 和应用程序平台等方面具备多种新功能和增强功能。

2.1.1　Windows Server 2012 R2 系统和硬件设备要求

Windows Server 2012 R2 功能涵盖服务器虚拟化、存储、软件定义网络、服务器管理和自动化、Web 和应用程序平台、访问和信息保护、虚拟桌面基础结构等。

1．最低系统要求

- 处理器：1.4GHz 64 位。
- RAM：512MB。
- 磁盘空间：32GB。

2．其他要求

- DVD 驱动器。
- 超级 VGA（800×600）或更高分辨率的显示器。
- 键盘和鼠标（或其他兼容的输入设备）。
- Internet 访问（可能需要付费）。

3．签名要求

确保具有已更新且已进行数字签名的 Windows Server 2012 R2 内核模式驱动程序。如果安装即插即用设备，则在驱动程序未进行数字签名时，可能会收到警告消息。如果安装的应用程序包含未进行数字签名的驱动程序，则在安装期间不会收到错误消息。在这两种情况下，Windows Server 2012 R2 均不会加载未签名的驱动程序。

如果无法确定驱动程序是否已进行数字签名，或在安装之后无法启动计算机，请使用下面的步骤禁用驱动程序签名要求。通过此步骤可以使计算机正常启动，并成功地加载未签名的驱动程序。

若要对当前启动进程禁用签名要求，请执行以下操作。

① 重新启动计算机，并在启动期间按<F8>键。
② 选择【高级引导选项】。
③ 选择【禁用强制驱动程序签名】。
④ 引导 Windows 并卸载未签名的驱动程序。

2.1.2　制订安装配置计划

为了保证网络的稳定运行，在将计算机安装或升级到 Windows Server 2012 之前，需要在实验环境下全面测试操作系统，并且要有一个清晰、文档化的过程。这个文档化的过程就是配置计划。

首先是关于目前的基础设施和环境的信息、公司组织的方式和网络详细描述，包括协议、寻址和到外部网络的连接（例如，局域网之间的连接和与 Internet 的连接）。此外，配置计划应该标识出在用户的环境下使用的，但可能因 Windows Server 2012 R2 的引入而受到影响的应用程序。这些程序包括多层应用程序、基于 Web 的应用程序和将要运行在 Windows Server 2012 R2 计算机上的所有组件。一旦确定需要的各个组件，配置计划就应该记录安装的具体特征，包括测试环境的规格说明、将要被配置的服务器的数目和实施顺序等。

最后作为应急预案，配置计划还应该包括发生错误时需要采取的步骤。制定偶然事件处理方案来对付潜在的配置问题是计划阶段最重要的方面之一。很多 IT 公司都有灾难恢复计划，这个计划标识了具体步骤，以备在将来的自然灾害事件中恢复服务器，并且这是存放当前的硬件平台、应用程序版本相关信息的好地方，也是重要商业数据存放的地方。

2.1.3　Windows Server 2012 R2 的安装方式

Windows Server 2012 R2 有多种安装方式，分别适用于不同的环境，选择合适的安装方式可以提高工作效率。除了常规的使用 DVD 启动安装方式以外，还有升级安装、远程安装及服务器核心安装。

1．全新安装

使用 DVD 启动服务器并进行全新安装，这是最基本的方法。根据提示信息适时插入 Windows Server 2012 安装光盘即可。

2．升级安装

Windows Server 2012 R2 的任何版本都不能在 32 位机器上进行安装或升级。遗留的 32 位服务器要想运行 Windows Server 2012 R2，当前服务器必须升级到 64 位系统。

在开始升级 Windows Server 2012 R2 之前，要确保断开一切 USB 或串口设备，Windows Server 2012 R2 安装程序会发现并识别它们，在检测过程中会发现 UPS 系统等此类问题。你可以安装传统监控，然后再连接 USB 或串口设备。

3．软件升级的限制

Windows Server 2012 R2 的升级过程也存在一些软件限制。例如，不能从一种语言升级到另一种语言，Windows Server 2012 R2 不能从零售版本升级到调试版本，不能从 Windows Server 2012 R2 预发布版本直接升级。在这些情况下，你需要卸载干净原版本再进行安装。从一个服务器核心升级到 GUI 安装模式是不允许的，反过来同样不可行。但是一旦安装了 Windows Server 2012 R2，其就可以在各模式之间自由切换了。

4．通过 Windows 部署服务远程安装

如果网络中已经配置了 Windows 部署服务，则通过网络远程安装也是一种不错的选择。但需要注意的是，采取这种安装方式必须确保计算机网卡具有 PXE（预启动执行环境）芯片，支持远程启动功能。否则，就需要使用 rbfg.exe 程序生成启动 U 盘来启动计算机进行远程安装。

在利用 PXE 功能启动计算机的过程中，根据提示信息按下引导键（一般为<F12>键），会显示当前计算机所使用的网卡的版本等信息，并提示用户按下键盘上的<F12>键，启动网络服务引导。

5．服务器核心安装

服务器核心是从 Windows Server 2008 开始新推出的功能，如图 2-1 所示。确切地说，Windows Server 2012 服务器核心是微软公司革命性的功能部件，是不具备图形界面的纯命令行服务器操作系统，只安装了部分应用和功能，因此会更加安全和可靠，同时降低了管理的复杂度。

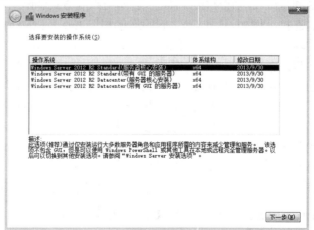

图 2-1　服务器核心

通过磁盘阵列（Redundant Arrays of Independent Disks，RAID）卡实现磁盘冗余是大多数服务器常用的存储方案，既可提高数据存储的安全性，又可以提高网络传输速度。带有 RAID 卡的服务器在安装和重新安装操作系统之前，往往需要配置 RAID。不同品牌和型号服务器的配置方法略有不同，应注意查看服务器使用手册。对于品牌服务器而言，也可以使用随机提供的安装向导光盘引导服务器，这样，将会自动加载 RAID 卡和其他设备的驱动程序，并提供相应的 RAID 配置界面。

> **注 意**　在安装 Windows Server 2012 R2 时，必须在"您想将 Windows 安装在何处"对话框中，单击【加载驱动程序】超链接，打开图 2-2 所示的"选择要安装的驱动程序"对话框，为该 RAID 卡安装驱动程序。另外，RAID 卡的设置应当在操作系统安装之前进行。如果重新设置 RAID，将删除所有硬盘中的全部内容。

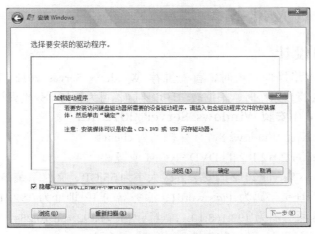

图 2-2　加载 RAID 驱动程序

2.1.4　安装前的注意事项

为了保证 Windows Server 2012 R2 的顺利安装，在开始安装之前必须做好准备工作，如备份文件、检查系统兼容性等。

1．切断非必要的硬件连接

如果当前计算机正与打印机、扫描仪、UPS（管理连接）等非必要外设连接，则在运行安装程序之前将其断开，因为安装程序将自动监测连接到计算机串行端的所有设备。

2．检查硬件和软件兼容性

为升级启动安装程序时，执行的第一个过程是检查计算机硬件和软件的兼容性。安装程序在继续执行前将显示报告。使用该报告以及 Relnotes.htm（位于安装光盘的\Docs 文件夹）中的信息确定在升级前是否需要更新硬件、驱动程序或软件。

3．检查系统日志

如果在计算机中以前安装有 Windows 2000/XP/2003/2008，建议使用"事件查看器"查看系统日志，寻找可能在升级期间引发问题的最新错误或重复发生的错误。

4．备份文件

如果是从其他操作系统升级至 Windows Server 2012 R2，建议在升级前备份当前文件，包括含有配置信息（如系统状态、系统分区和启动分区）的所有内容，以及所有的用户和相关数据。建议将文件备份到各种不同的媒介，如磁带驱动器或网络上其他计算机的硬盘，而尽量不要保存在本地计算机的其他非系统分区。

5．断开网络连接

网络中可能会有计算机病毒在传播，因此，如果不是通过网络安装操作系统，在安装之前就应拔下网线，以免新安装的系统感染上计算机病毒。

6．规划分区

Windows Server 2012 R2 要求必须安装在 NTFS 格式的分区上，全新安装时直接按照默认设置格式化磁盘即可。如果是升级安装，则应预先将分区格式化成 NTFS 格式，并且如果系统分区的剩余空间不足 32 GB，则无法正常升级。建议将 Windows Server 2012 R2 目标分区至少设置为 60 GB 或更大。

2.2 项目设计及准备

2.2.1 项目设计

在为学校选择网络操作系统时，首先推荐 Windows Server 2012 操作系统。而在安装 Windows Server 2012 操作系统时，根据教学环境不同，可为教与学分别设计不同的安装形式。

1．在 VMware 中安装 Windows Server 2012 R2

① 物理主机安装了 Windows 8，计算机名为 client1。

② Windows Server 2012 R2 的 DVD-ROM 或镜像已准备好。

③ 要求 Windows Server 2012 的安装分区大小为 55 GB，文件系统格式为 NTFS，计算机名为 win2012-1，管理员密码为 P@ssw0rd1，服务器的 IP 地址为 192.168.10.1，子网掩码为 255.255.255.0，DNS 服务器为 192.168.10.1，默认网关为 192.168.10.254，属于工作组 COMP。

④ 要求配置桌面环境、关闭防火墙，放行 ping 命令。

⑤ 该网络拓扑图如图 2-3 所示。

图 2-3 安装 Windows Server 2012 拓扑图

2．使用 Hyper-V 安装 Windows Server 2012 R2

特别提醒，有关 Hyper-V 的内容在项目 3 中有详细介绍，读者可提前预习。

2.2.2 项目准备

① 满足硬件要求的计算机 1 台。

② Windows Server 2012 R2 相应版本的安装光盘或镜像文件。

③ 用纸张记录安装文件的产品密匙（安装序列号）。规划启动盘的大小。

④ 在可能的情况下，在运行安装程序前用磁盘扫描程序扫描所有硬盘，检查硬盘错误并进行修复，否则安装程序运行时，如检查到有硬盘错误会很麻烦。

⑤ 如果想在安装过程中格式化 C 盘或 D 盘（建议安装过程中格式化用于安装 Windows Server 2012 R2 系统的分区），需要备份 C 盘或 D 盘有用的数据。

⑥ 导出电子邮件账户和通信簿：将"C:\Documents and Settings\Administrator（或自己的用户名）"中的"收藏夹"目录复制到其他盘，以备份收藏夹。

2.3 项目实施

Windows Server 2012 R2 操作系统有多种安装方式。下面讲解如何安装与配置 Windows Server 2012 R2。

2.3.1 任务 1 使用光盘安装 Windows Server 2012 R2

使用 Windows Server 2012 R2 企业版的引导光盘进行安装是最简单的安装方式。在安装过程中，需要用户干预的地方不多，只需掌握几个关键点即可顺利完成安装。需要注意的是，如果当前服务器没有安装 SCSI 设备或者 RAID 卡，则可以略过相应步骤。

> 下面的安装操作可以用 VMware 虚拟机来完成。需要创建虚拟机，设置虚拟机中使用的 ISO 镜像所在的位置、内存大小等信息。在虚拟软件中安装 Windows Server 2012 操作系统的过程与此类似。

STEP 1 设置光盘引导。重新启动系统并把光盘驱动器设置为第一启动设备，保存设置。

STEP 2 从光盘引导。将 Windows Server 2012 R2 安装光盘放入光驱并重新启动。如果硬盘内没有安装任何操作系统，计算机会直接从光盘启动到安装界面；如果硬盘内安装有其他操作系统，计算机就会显示"Press any key to boot from CD or DVD…"的提示信息，此时在键盘上按任意键，即从 DVD-ROM 启动。

STEP 3 启动安装过程以后，显示图 2-4 所示的"Windows 安装程序"窗口，首先需要选择安装语言及输入法设置。

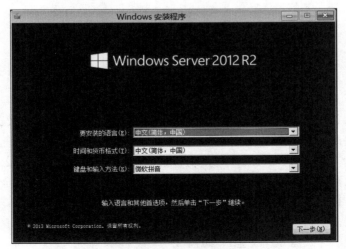

图 2-4 "Windows 安装程序"窗口

STEP 4 单击【下一步】按钮，接着出现询问是否立即安装 Windows Server 2012 R2 的窗口，如图 2-5 所示。

图 2-5 "现在安装"界面

STEP 5 单击【现在安装】按钮，显示图 2-6 所示的"选择要安装的操作系统"对话框。"操作系统"列表框中列出了可以安装的操作系统。这里选择【Windows Server 2012 R2 Standard（带有 GUI 的服务器）】，安装 Windows Server 2012 R2 标准版。

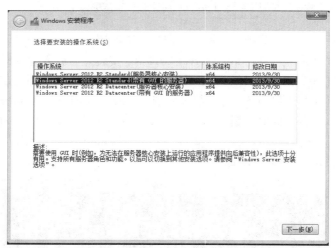

图 2-6 "选择要安装的操作系统"对话框

STEP 6 单击【下一步】按钮，选择【我接受许可条款】接受许可协议，单击【下一步】按钮，出现图 2-7 所示的"您想进行何种类型的安装"对话框。其中"升级"用于从 Windows Server 2008 系列升级到 Windows Server 2012 R2，且如果当前计算机没有安装操作系统，则该项不可用；自定义（高级）用于全新安装。

STEP 7 单击【自定义（高级）】，显示图 2-8 所示的"您想将 Windows 安装在哪里？"对话框，显示当前计算机硬盘上的分区信息。如果服务器安装有多块硬盘，则会依次显示为磁盘 0、磁盘 1、磁盘 2……

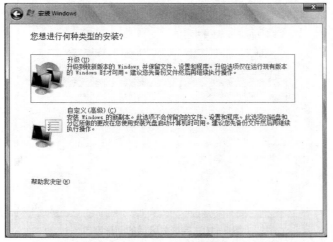

图 2-7　"您想进行何种类型的安装"对话框

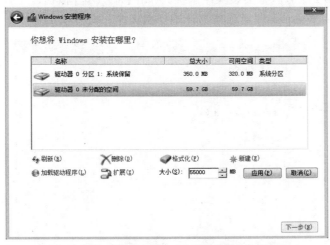

图 2-8　"您想将 Windows 安装在哪里？"对话框

STEP 8　对硬盘进行分区，单击【新建】按钮，在"大小"文本框中输入分区大小，比如 55000 MB，如图 2-8 所示。单击【应用】按钮，弹出图 2-9 所示的自动创建额外分区的提示。单击【确定】按钮，完成系统分区（第 1 个分区）和主分区（第 2 个分区）的建立。其他分区照此操作。

图 2-9　创建额外分区的提示信息

STEP 9　完成分区后的图形窗口如图 2-10 所示。

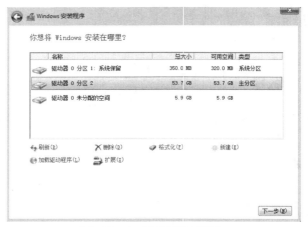

图 2-10　完成分区后的图形窗口

STEP 10 选择第 2 个分区来安装操作系统，单击【下一步】按钮，显示图 2-11 所示的"正在安装 Windows"对话框，开始复制文件并安装 Windows。

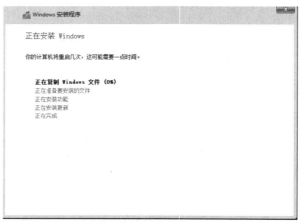

图 2-11　"正在安装 Windows"对话框

STEP 11 在安装过程中，系统会根据需要自动重新启动。在安装完成之前，要求用户设置 Administrator 的密码，如图 2-12 所示。

对于账户密码，Windows Server 2012 R2 的要求非常严格，无论管理员账户还是普通账户，都要求必须设置强密码。除必须满足"至少 6 个字符"和"不包含 Administrator 或 admin"的要求外，还至少满足以下 4 个条件中的 2 个。

图 2-12　提示设置密码

- 包含大写字母（A，B，C 等）。
- 包含小写字母（a，b，c 等）。
- 包含数字（0，1，2 等）。
- 包含非字母数字字符（#，&，～等）。

STEP 12 按要求输入密码，回车，即可完成 Windows Server 2012 R2 系统的安装。接着按
<Alt+Ctrl+Del>组合键，输入管理员密码就可以正常登录 Windows Server 2012 R2
系统了。系统默认自动启动"初始配置任务"窗口，如图 2-13 所示。

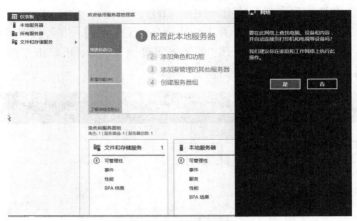

图 2-13　"初始配置任务"窗口

STEP 13 激活 Windows Server 2012 R2。单击【开始】→【控制面板】→【系统和安全】
→【系统】菜单，打开如图 2-14 所示的"系统"窗口。右下角显示 Windows 激
活的状况，可以在此激活 Windows Server 2012 R2 网络操作系统和更改产品密钥。
激活有助于验证 Windows 的副本是否为正版，以及在多台计算机上使用的
Windows 数量是否已超过 Microsoft 软件许可条款所允许的数量。激活的最终目
的在于防止软件伪造。如果不激活，可以试用 60 天。

图 2-14　"系统"窗口

至此，Windows Server 2012 R2 安装完成，现在就可以使用了。

2.3.2　任务 2　配置 Windows Server 2012 R2

在安装完成后，应先设置一些基本配置，如计算机名、IP 地址、配置自动更新等，这些
均可在"服务器管理器"中完成。

1．更改计算机名

Windows Server 2012 R2 系统在安装过程中不需要设置计算机名，而是使用由系统随机配置的计算机名。但系统配置的计算机名不仅冗长，而且不便于标记。因此，为了更好地标识和识别服务器，应将其更改为易记或有一定意义的名称。

STEP 1 打开【开始】→【管理工具】→【服务器管理器】，或者直接单击左下角的【服务器管理器】按扭，打开"服务器管理器"窗口，再单击左侧的【本地服务器】按钮，如图 2-15 所示。

图 2-15 "服务器管理器——本地服务器"窗口

STEP 2 直接单击"计算机"和"工作组"后面的名称，对计算机名和工作组名进行修改即可。先单击计算机名称，出现修改计算机名的对话框。如图 2-16 所示。

STEP 3 单击【更改】按钮，显示图 2-17 所示的"计算机名/域更改"对话框。在"计算机名"文本框中键入新的名称，如 win2012-1。在"工作组"文本框中可以更改计算机所处的工作组。

图 2-16 "系统属性"对话框

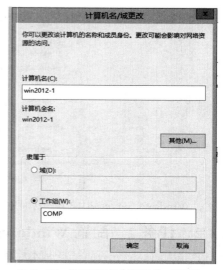

图 2-17 "计算机名/域更改"对话框

STEP 4 单击【确定】按钮，显示"欢迎加入 COMP 工作组"的提示框，如图 2-18 所示。单击【确定】按钮，显示"重新启动计算机"提示框，提示必须重新启动计算机才能应用更改，如图 2-19 所示。

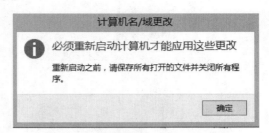

图 2-18 "欢迎加入 COMP 工作组"提示框　　　　　图 2-19 "重新启动计算机"提示框

STEP 5 单击【确定】按钮，回到"系统属性"对话框，再单击【关闭】按钮，关闭"系统属性"对话框。接着出现对话框，提示必须重新启动计算机以应用更改。

STEP 6 单击【立即重新启动】按钮，即可重新启动计算机并应用新的计算机名。若选择【稍后重新启动】，则不会立即重新启动计算机。

2．配置网络

网络配置是提供各种网络服务的前提。Windows Server 2012 R2 安装完成以后，默认为自动获取 IP 地址，自动从网络中的 DHCP 服务器获得 IP 地址。不过，由于 Windows Server 2012 R2 用来为网络提供服务，所以通常需要设置静态 IP 地址。另外，还可以配置网络发现、文件共享等功能，实现与网络的正常通信。

（1）配置 TCP/IP

STEP 1 右键单击桌面右下角任务托盘区域的网络连接图标，选择快捷菜单中的【网络和共享中心】选项，打开图 2-20 所示的"网络和共享中心"窗口。

图 2-20 "网络和共享中心"窗口

STEP 2 单击【Ethernet0】，打开"本地连接状态"对话框，如图 2-21 所示。

图 2-21 "本地连接状态"对话框

STEP 3 单击【属性】按钮，显示图 2-22 所示的"Etherneto 属性"对话框。Windows Server 2012 R2 中包含 IPv6 和 IPv4 两个版本的 Internet 协议，并且默认都已启用。

STEP 4 在"此连接使用下列项目"选项框中选择【Internet 协议版本 4（TCP/IPv4）】，单击【属性】按钮，显示图 2-23 所示的"Internet 协议版本 4（TCP/ IPv4）属性"对话框。选中【使用下面的 IP 地址】单选按钮，分别键入为该服务器分配的 IP 地址、子网掩码、默认网关和 DNS 服务器。如果要通过 DHCP 服务器获取 IP 地址，则保留默认的"自动获得 IP 地址"。

图 2-22 "Etherneto 属性"对话框

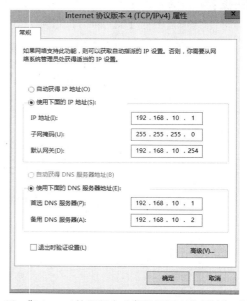

图 2-23 "Internet 协议版本 4（TCP/IPv4）属性"对话框

STEP 5 单击【确定】按钮，保存所做的修改。

（2）启用网络发现

Windows Server 2012 R2 的"网络发现"功能，用来控制局域网中计算机和设备的发现与隐藏。如果启用"网络发现"功能，则可以显示当前局域网中发现的计算机，也就是"网络邻居"功能。同时，其他计算机也可发现当前计算机。如果禁用"网络发现"功能，则既不能发现其他计算机，也不能被发现。不过，关闭"网络发现"功能时，其他计算机仍可以通过搜索或指定计算机名、IP 地址的方式访问到该计算机，但不会显示在其他用户的"网络邻居"中。

为了便于计算机之间的互相访问，可以启用此功能。在图 2-20 所示的"网络和共享中心"窗口，单击【更改高级共享设置】按钮，出现图 2-24 所示的【高级共享设置】窗口，选择【启用网络发现】单选按钮，并单击【保存修改】按钮即可。

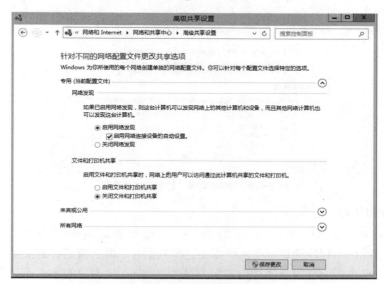

图 2-24 "高级共享设置"窗口

奇怪的是，当重新打开"高级共享设置"对话框时，显示的仍然是"关闭网络发现"。如何解决这个问题呢？

为了解决这个问题，需要在服务中启用以下 3 个服务：

- Function Discovery Resource Publication
- SSDP Discovery
- UPnP Device Host

将以上 3 个服务设置为自动并启动，就可以解决该问题了。

提 示　依次打开【开始】→【管理工具】→【服务】，将上述 3 个服务设置为自动并启动即可。

（3）文件和打印机共享

网络管理员可以通过启用或关闭文件共享功能，实现为其他用户提供服务或访问其他计算机共享资源。在图 2-24 所示的"高级共享设置"窗口中，选择【启用文件和打印机共享】单选按钮，并单击【保存修改】按钮，即可启用文件和打印机共享功能。

（4）密码保护的共享

在图 2-24 所示窗口中，单击"所有网络"右侧的⊙按钮，展开"所有网络"的高级共享设置，如图 2-25 所示。

- 可以启用"共享以便可以访问网络的用户可以读取和写入公用文件夹中的文件"。
- 如果启用"密码保护共享"功能，则其他用户必须使用当前计算机上有效的用户账户和密码才可以访问共享资源。Windows Server 2012 R2 默认启用该功能。

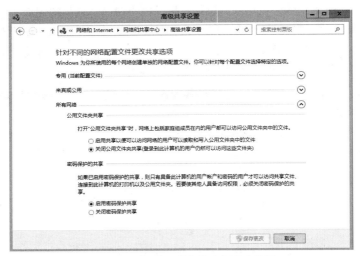

图 2-25 "所有网络"的高级共享设置

3．配置虚拟内存

在 Windows 中，如果内存不够，系统会把内存中暂时不用的一些数据写到磁盘上，以腾出内存空间给别的应用程序使用；当系统需要这些数据时，再重新把数据从磁盘读回内存中。用来临时存放内存数据的磁盘空间称为虚拟内存。建议将虚拟内存的大小设为实际内存的 1.5 倍，虚拟内存太小会导致系统没有足够的内存运行程序，特别是当实际的内存不大时。下面是设置虚拟内存的具体步骤。

STEP 1 依次单击【开始】→【控制面板】→【系统和安全】→【系统】命令，然后单击【高级系统设置】，打开"系统属性"对话框，再单击【高级】选项卡，如图 2-26所示。

图 2-26 "系统属性"对话框

STEP 2 单击【设置】按钮,打开"性能选项"对话框,再单击【高级】选项卡,如图 2-27 所示。

STEP 3 单击【更改】按钮,打开"虚拟内存"对话框,如图 2-28 所示。去除勾选的【自动管理所有驱动器的分页文件大小】复选框。选择【自定义大小】单选框,并设置初始大小为 4000 MB,最大值为 6000 MB,然后单击【设置】按钮。最后单击【确定】按钮并重启计算机,即可完成虚拟内存的设置。

图 2-27 "性能选项"对话框   图 2-28 "虚拟内存"对话框

注　意　　虚拟内存可以分布在不同的驱动器中,总的虚拟内存等于各个驱动器上的虚拟内存之和。如果计算机上有多个物理磁盘,建议把虚拟内存放在不同的磁盘上以增加虚拟内存的读写性能。虚拟内存的大小可以自定义,即管理员手动指定,或者由系统自行决定。页面文件所使用的文件名是根目录下的 pagefile.sys,不要轻易删除该文件,否则可能会导致系统崩溃。

4.设置显示属性

在"外观"对话框中可以对计算机的显示、任务栏和"开始"菜单、轻松访问中心、文件夹选项和字体进行设置。前面已经介绍了对文件夹选项的设置。下面介绍设置显示属性的具体步骤。

依次单击【开始】→【控制面板】→【外观】→【显示】命令,打开"显示"窗口,如图 2-29 所示。在窗口中,可以对分辨率、亮度、桌面背景、配色方案、屏幕保护程序、显示器设置、连接到投影仪、调整 ClearType 文本和设置自定义文本大小(DPI)进行逐项设置。

5.配置防火墙,放行 ping 命令

Windows Server 2012 R2 安装后,默认自动启用防火墙,而且 ping 命令默认被阻止,ICMP 协议包无法穿越防火墙。为了后面实训的要求及实际需要,应该设置防火墙,允许 ping 命令通过。若要放行 ping 命令,有 2 种方法。

图 2-29 "显示"窗口

　　一是在防火墙设置中新建一条允许 ICMP v4 协议通过的规则，并启用；二是在防火墙设置中，在"入站规则"中启用【文件和打印共享（回显请求–ICMP v4–In）（默认不启用）】的预定义规则。下面介绍第 1 种方法的具体步骤。

STEP 1 依次单击【开始】→【控制面板】→【系统和安全】→【Windows 防火墙】→【高级设置】命令。在打开的"高级安全 Windows 防火墙"对话框中，单击左侧目录树中的【入站规则】，如图 2-30 所示。（第 2 种方法在此入站规则中设置即可，请读者自己思考。）

图 2-30 "高级安全 Windows 防火墙"窗口

STEP 2 单击"操作"列的【新建规则】，出现"新建入站规则向导"的"规则类型"窗口，单击【自定义】单选按钮，如图 2-31 所示。

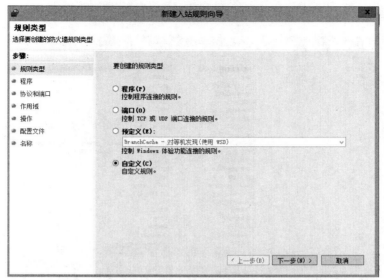

图 2-31 "新建入站规则向导——规则类型"窗口

STEP 3 单击"步骤"列的【协议和端口】，如图 2-32 所示。在"协议类型"下拉列表框中选择【ICMP v4】。

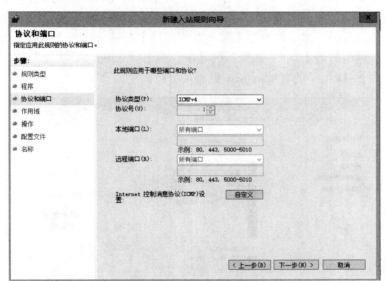

图 2-32 "新建入站规则向导——协议和端口"对话框

STEP 4 单击【下一步】按钮，在出现的对话框中选择应用于哪些本地 IP 地址和哪些远程 IP 地址。

STEP 5 继续单击【下一步】按钮，选择是否允许连接，选择【允许连接】。

STEP 6 再次单击【下一步】按钮，选择何时应用本规则。

STEP 7 最后单击【下一步】按钮，输入本规则的名称，如 ICMP v4 协议规则。单击【完成】按钮，使新规则生效。

6. 查看系统信息

系统信息包括硬件资源、组件和软件环境等内容。依次单击【开始】→【管理工具】→

【系统信息】命令，显示图 2-33 所示的"系统信息"窗口。

图 2-33 "系统信息"窗口

7．设置自动更新

系统更新是 Windows 系统必不可少的功能，Windows Server 2012 R2 也是如此。为了增强系统功能，避免因漏洞而造成故障，必须及时安装更新程序，以保护系统的安全。

单击左下角"开始"菜单右侧的【服务器管理器】图标，打开"服务器管理器"窗口。选中左侧的【本地服务器】，在"属性"区域中，单击"Windows 更新"右侧的【未配置】超链接，显示图 2-34 所示的"Windows 更新"窗口。

图 2-34 "Windows 更新"窗口

单击【更改设置】链接，显示图 2-35 所示的"更改设置"窗口，在"选择你的 Windows 更新设置"窗口中，选择一种更新方法即可。

单击【确定】按钮保存设置。Windows Server 2012 R2 就会根据所做配置，自动从 Windows Update 网站检测并下载更新。

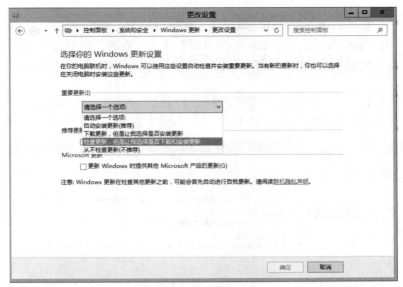

图 2-35 "更改设置"窗口

2.3.3 任务 3 添加角色和功能

Windows Server 2012 R2 的一个亮点就是组件化，所有角色、功能甚至用户账户都可以在"服务器管理器"中进行管理。

Windows Server 2012 R2 的网络服务虽然多，但默认不会安装任何组件，只是一个提供用户登录的独立的网络服务器，用户需要根据自己的实际需要选择安装相关的网络服务。下面以添加 Web 服务器（IIS）为例介绍添加角色和功能的方法。

STEP 1 依次单击【开始】→【管理工具】→【服务器管理器】命令，打开"服务器管理器"对话框，选中左侧的【仪表板】项目，再单击【添加角色和功能】超链接，启动"添加角色和功能向导"。显示图 2-36 所示的"开始之前"对话框，提示此向导可以完成的工作以及操作之前需注意的相关事项。

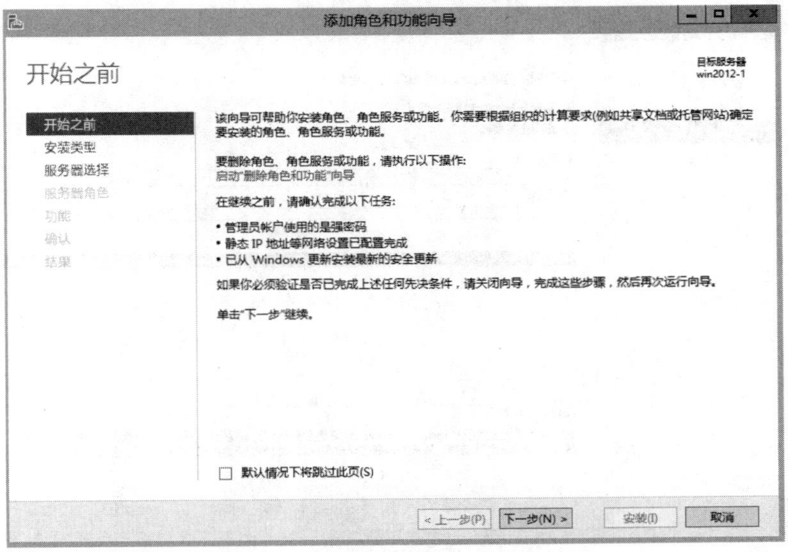

图 2-36 "开始之前"对话框

在"服务器管理器"窗口中，也可以选中"本地服务器"，单击"角色和功能"区域的右上角的任务下拉按扭 任务▼ ，在弹出的快捷菜单中选择【添加角色的功能】命令，同样可以打开"添加角色和功能"对话框。

STEP 2 单击【下一步】按钮，出现"选择安装类型"对话框，如图 2-37 所示。选择【基于角色或基于功能的安装】。

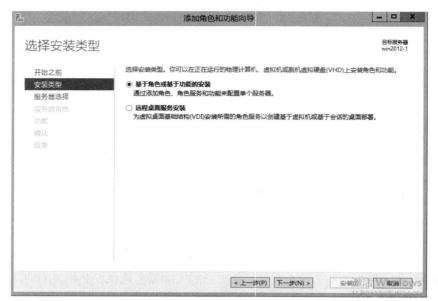

图 2-37 "选择安装类型"对话框

STEP 3 单击【下一步】按钮，出现"选择目标服务器"对话框，如图 2-38 所示。保持默认值即可。

图 2-38 "选择目标服务器"对话框

STEP 4 继续单击【下一步】按钮，显示图 2-39 所示的"选择服务器角色"对话框，其中显示了所有可以安装的服务角色。如果角色前面的复选框没有被选中，则表示该网络服务尚未安装；如果已选中，说明已经安装。在列表框中选择拟安装的网络服务即可。本例选择 Web 服务器（IIS）。

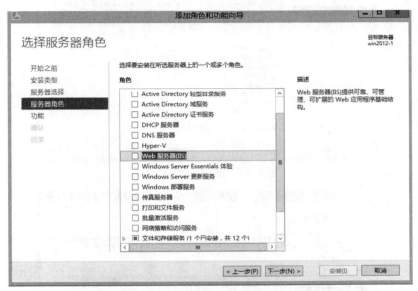

图 2-39 "选择服务器角色"对话框

STEP 5 由于一种网络服务往往需要多种功能配合使用，因此，有些角色还需要添加其他功能，如图 2-40 所示。此时，单击【添加功能】按钮添加即可。

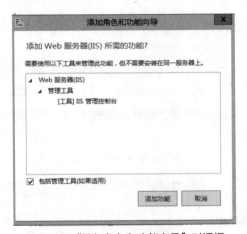

图 2-40 "添加角色和功能向导"对话框

STEP 6 选中要安装的网络服务以后，单击【下一步】按钮，显示"选择功能"对话框，如图 2-41 所示。

STEP 7 单击【下一步】按钮，这时通常会显示出该角色的简介信息。以安装 Web 服务为例，显示的是图 2-42 所示的"Web 服务器（IIS）角色"对话框。

STEP 8 单击【下一步】按钮，显示"选择角色服务"对话框，可以为该角色选择详细的组件，如图 2-43 所示。

图 2-41 "选择功能"对话框

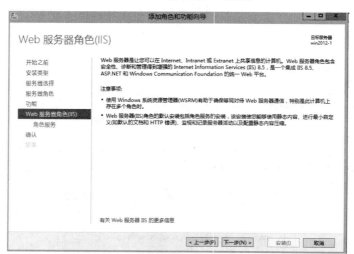

图 2-42 "Web 服务器（IIS）角色"对话框

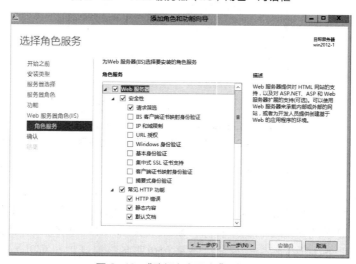

图 2-43 "选择角色服务"对话框

STEP 9 单击【下一步】按钮，显示图 2-44 所示的"确认安装所选内容"对话框。如果在选择服务器角色的同时选中了多个，则会要求选择其他角色的详细组件。

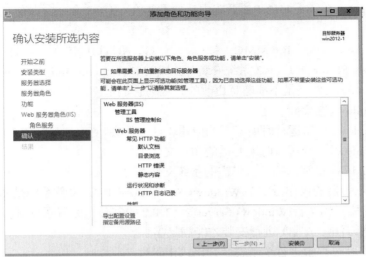

图 2-44 "确认安装所选内容"对话框

STEP 10 单击【安装】按钮即可开始安装。

提 示   部分网络服务安装过程中可能需要 Windows Server 2012 R2 安装光盘，有些网络服务可能会在安装过程中调用配置向导，做一些简单的服务配置，但更详细的配置通常都借助于安装完成后的网络管理实现。（有些网络服务安装完成以后需要重新启动系统才能生效。）

2.4 习题

一、填空题

1. Windows Server 2012 R2 所支持的文件系统包括_____、_____、_____。Windows Server 2012 R2 系统只能安装在_____文件系统分区。

2. Windows Server 2012 R2 有多种安装方式，分别适用于不同的环境，选择合适的安装方式可以提高工作效率。除了常规的使用 DVD 启动安装方式以外，还有_____、_____及_____。

3. 安装 Windows Server 2012 R2 时，内存至少不低于_____，硬盘的可用空间不低于_____，并且只支持_____位版本。

4. Windows Server 2012 R2 管理员口令要求必须符合以下条件：①至少 6 个字符；②不包含用户账户名称超过 2 个以上连续字符；③包含_____、_____、大写字母（A~Z）、小写字母（a~z）4 组字符中的 2 组。

5. Windows Server 2012 R2 中的_____，相当于 Windows Server 2003 中的 Windows 组件。

6. 页面文件所使用的文件名是根目录下的_____，不要轻易删除该文件，否则可能会导致系统崩溃。

7. 对于虚拟内存的大小，建议为实际内存的_____。

二、选择题

1. 在 Windows Server 2012 R2 系统中，如果要输入 DOS 命令，则在"运行"对话框中输入（　　）。

    A. CMD   B. MMC   C. AUTOEXE   D. TTY

2. Windows Server 2012 R2 系统安装时生成的 Documents and Settings、Windows 以及 Windows\System 32 文件夹是不能随意更改的，因为它们是（　　）。

    A. Windows 的桌面

    B. Windows 正常运行时所必需的应用软件文件夹

    C. Windows 正常运行时所必需的用户文件夹

    D. Windows 正常运行时所必需的系统文件夹

3. 有一台服务器的操作系统是 Windows Server 2008 R2，文件系统是 NTFS，无任何分区。现要求对该服务器进行 Windows Server 2012 R2 的安装，保留原数据，但不保留操作系统。应使用下列方法（　　）进行安装才能满足需求。

    A. 在安装过程中进行全新安装并格式化磁盘

    B. 对原操作系统进行升级安装，不格式化磁盘

    C. 做成双引导，不格式化磁盘

    D. 重新分区并进行全新安装

4. 现要在一台装有 Windows Server 2008 R2 操作系统的机器上安装 Windows Server 2012 R2，并做成双引导系统。此计算机硬盘的大小是 200 GB，有 2 个分区：C 盘 100 GB，文件系统是 FAT；D 盘 100 GB，文件系统是 NTFS。为使计算机成为双引导系统，下列哪个选项是最好的方法？（　　）

    A. 安装时选择升级选项，并且选择 D 盘作为安装盘

    B. 全新安装，选择 C 盘上与 Windows 相同的目录作为 Windows Server 2012 R2 的安装目录

    C. 升级安装，选择 C 盘上与 Windows 不同的目录作为 Windows Server 2012 R2 的安装目录

    D. 全新安装，且选择 D 盘作为安装盘

5. 与 Windows Server 2008 相比，下面（　　）是 Windows Server 2012 的新特性。

    A. Active Directory   B. 服务器核心

    C. Power Shell   D. Hyper-V

三、简答题

1. 简述 Windows Server 2012 R2 系统的最低硬件配置需求。

2. 在安装 Windows Server 2012 R2 前有哪些注意事项？

实训项目　基础配置 Windows Server 2012 R2

一、实训目的

- 掌握 Windows Server 2012 R2 网络操作系统桌面环境的配置方法。
- 掌握 Windows Server 2012 R2 防火墙的配置方法。

- 掌握 Windows Server 2012 R2 控制台（MMC）的应用。
- 掌握在 Windows Server 2012 R2 中添加角色和功能的方法。

二、项目环境

公司新购进一台服务器，硬盘空间为 500 GB。已经安装了 Windows 7 网络操作系统和 VMware，计算机名为 client1。Windows Server 2012 R2 的镜像文件已保存在硬盘上。网络拓扑图参照图 2-3。

三、项目要求

实训项目要求如下。

（1）配置桌面环境
- 对"开始"菜单进行自定义设置。
- 虚拟内存大小设为实际内存的 2 倍。
- 设置文件夹选项。
- 设置显示属性。
- 查看系统信息。
- 设置自动更新。

（2）关闭防火墙

（3）使用规划放行 ping 命令

（4）测试物理主机（client1）与虚拟机（win2012-0）之间的通信

（5）使用 MMC 控制台

（6）添加角色和功能

四、做一做

根据实训项目录像进行项目的实训，检查学习效果。

项目 3
安装与配置 Hyper-V 服务器

项目背景

　　Hyper-V 是微软的一款虚拟化产品，是微软第一个采用类似 Vmware 和 Citrix 开源 Xen 一样的基于 hypervisor 的技术。Hyper-V 角色可让你利用内置于 Windows Server 2012 R2 中的虚拟化技术创建和管理虚拟化的计算环境。通过 Hyper-V 功能，利用已购买的 Windows 服务器部署 Hyper-V 角色，无需购买第三方软件即可享有服务器虚拟化的灵活性和安全性。

　　以 Hyper-V 服务器为基础，搭建多个虚拟机来实现不同的网络服务是本节重点要实现的目标。学好安装与配置 Hyper-V 服务器将会为后续项目的正常学习和扩展奠定坚实的基础。

项目目标

- 了解 Hyper-V 的基本概念、优点
- 掌握 Hyper-V 的系统需求
- 掌握安装与卸载 Hyper-V 角色的方法
- 掌握创建虚拟机和安装虚拟操作系统的方法
- 掌握在 Hyper-V 中配置服务器和虚拟机的方法
- 掌握创建虚拟网络和虚拟硬盘的方法与技巧

3.1　相关知识

　　Windows Server 2012 R2 支持的 Hyper-V 服务器虚拟化和 Virtual Server 2005 R2 不同。Virtual Server 2005 R2 是安装在物理计算机操作系统之上的一个应用程序，由物理计算机运行的操作系统管理；运行 Hyper-V 的物理计算机使用的操作系统和虚拟机使用的操作系统运行在底层的 Hypervisor 之上，物理计算机使用的操作系统实际上相当于一个特殊的虚拟机操作系统，和真正的虚拟机操作系统平级。物理计算机和虚拟机都要通过 Hypervisor 层使用和管理硬件资源，因此 Hyper-V 创建的虚拟机不是传统意义上的虚拟

机，可以认为是一台与物理计算机平级的独立的计算机。

3.1.1　认识 Hyper-V

Hyper-V 是一个底层的虚拟机程序，可以让多个操作系统共享一个硬件。它位于操作系统和硬件之间，是一个很薄的软件层，里面不包含底层硬件驱动。Hyper-V 直接接管虚拟机管理工作，把系统资源划分为多个分区，其中主操作系统所在的分区叫作父分区，虚拟机所在的分区叫作子分区，这样可以确保虚拟机的性能最大化，几乎可以接近物理机器的性能，并且高于 Virtual PC/Virtual Server 基于模拟器创建的虚拟机。

在 Windows Server 2012 R2 中，Hyper-V 功能仅添加了一个角色，和添加 DNS 角色、DHCP 角色、IIS 角色完全相同。Hyper-V 在操作系统和硬件层之间添加一层 Hyper-V 层，Hyper-V 是一种基于 Hyper-V 的虚拟化技术。

3.1.2　Hyper-V 系统需求

① 安装 Windows Server 2012 R2 Hyper-V 功能，基本硬件需求如下。

- CPU：最少 1 GHz，建议 2 GHz 以及速度更快的 CPU。
- 内存：最少 512 MB，建议 1 GB。
- 完整安装 Windows Server 2012 R2 建议 2 GB 内存。
- 安装 64 位标准版或者数据中心版，最多支持 2 TB 内存。
- 磁盘：完整安装 Windows Server 2012 R2 建议 40 GB 磁盘空间，安装 Server Core 建议 10 GB 磁盘空间。如果硬件条件许可，建议将 Windows Server 2012 R2 安装在 Raid 5 磁盘阵列或者具备冗余功能的磁盘设备中。
- 其他基本硬件：DVD-ROM、键盘、鼠标、Super VGA 显示器等。

② Hyper-V 硬件要求比较高，主要集中在 CPU 方面。

- CPU 必须支持硬件虚拟化功能，如 Intel VT 技术或者 AMD-V 技术。也就是说，处理器必须具备硬件辅助虚拟化技术。
- CPU 必须支持 X64 位技术。
- CPU 必须支持硬件 DEP（Date Execution Prevention，数据执行保护）技术，即 CPU 防病毒技术。
- 系统的 BIOS 设置必须开启硬件虚拟化等设置，系统默认为关闭 CPU 的硬件虚拟化功能。请在 BIOS 中设置（一般通过【config】→【CPU】设置）。

目前主流的服务器 CPU 均支持以上要求，只要支持硬件虚拟化功能，其他两个要求基本都能够满足。为了安全起见，在购置硬件设备之前，最好事先到 CPU 厂商的网站上确认 CPU 的型号是否满足以上要求。

3.2　项目设计及准备

① 安装好 Windows Server 2012 R2，并利用"服务器管理器"添加"Hyper-V"角色。
② 对 Hyper-V 服务器进行配置。
③ 利用"Hyper-V 管理器"建立虚拟机。

本项目的参数配置及网络拓扑图如图 3-1 所示。

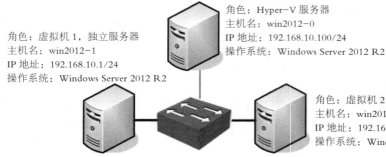

角色：Hyper-V 服务器
主机名：win2012-0
IP 地址：192.168.10.100/24
操作系统：Windows Server 2012 R2

角色：虚拟机 1，独立服务器
主机名：win2012-1
IP 地址：192.168.10.1/24
操作系统：Windows Server 2012 R2

角色：虚拟机 2，独立服务器
主机名：win2012-2
IP 地址：192.168.10.2/24
操作系统：Windows Server 2012 R2

图 3-1 安装与配置 Hyper-V 服务器拓扑图

3.3 项目实施

Windows Server 2012 R2 安装完成后，默认没有安装 Hyper-V 角色，需要单独安装 Hyper-V 角色。安装 Hyper-V 角色可通过"添加角色向导"完成。

3.3.1 任务 1 安装 Hyper-V 角色

完成 Windows Server 2012 R2 安装后，接着在这台计算机上通过"添加角色和功能"的方式来安装 Hyper-V。我们将这台安装 Hyper-V 的物理计算机称为主机（Host），也称作 Hyper-V 服务器，其操作系统称为主机操作系统（Host Operation System），而虚拟机内安装的操作系统称为来宾操作系统（Guest Operation System）。

STEP 1 打开【开始】→【管理工具】→【服务器管理器】→【仪表板】选项的【添加角色和功能】，持续单击【下一步】按钮，直到出现图 3-2 所示的"选择服务器角色"窗口，在其中勾选【Hyper-V】复选框，单击【添加功能】按钮。

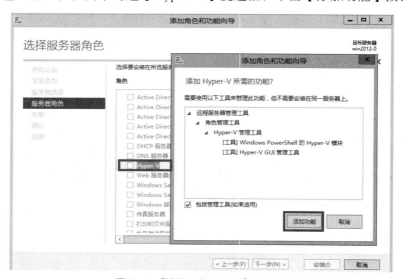

图 3-2 "选择服务器角色"对话框

提 示 选择【本地服务器】→【角色和功能】→【任务】→【添加角色和功能】，同样可以打开"添加角色和功能向导"。

STEP 2 持续单击【下一步】按钮，直到显示图 3-3 所示的"创建虚拟交换机"对话框。在"以太网"列表中，选择需要用于虚拟网络的物理网卡，建议至少为物理计算机保留一块物理网卡。界面中的设置会在后面介绍 Hyper-V 虚拟交换机类型时再进行说明。

图 3-3 "创建虚拟交换机"对话框

STEP 3 持续单击【下一步】按钮，直到显示图 3-4 所示的"默认存储"对话框。此界面用来设置虚拟硬盘文件与虚拟机配置文件的存储位置。

图 3-4 "默认存储"对话框

STEP 4 单击【下一步】按钮，出现"确认安装所选内容"对话框。

STEP 5 单击【安装】按钮，开始安装 Hyper-V 角色。安装过程中可以关闭对话框，依次单击命令栏中的【通知】和【任务详细信息】，可以查看任务进度或再次打开此页面。

STEP 6 安装完成，单击【关闭】按钮，重新启动服务器完成安装，这时服务器管理器中增加 Hyper-V 选项，如图 3-5 所示。

图 3-5　成功安装 Hyper-V 后的服务器管理器窗口

3.3.2　任务 2　卸载 Hyper-V 角色

卸载 Hyper-V 角色通过"删除角色向导"完成，删除 Hyper-V 角色之后，建议手动清理默认检查点路径以及虚拟机配置文件路径下的文件。

STEP 1 依次选择【开始】→【管理工具】→【服务器管理器】→【本地服务器】→【角色和功能】→【任务】→【删除角色和功能】命令，启动"删除角色和功能向导"。

STEP 2 单击【下一步】按钮，显示"服务器选择"对话框，选择要删除角色和功能的服务器或虚拟硬盘。

STEP 3 单击【下一步】按钮，显示图 3-6 所示的"删除服务器角色"对话框，在"角色"列表中，取消勾选【Hyper-V】复选框，弹出"删除需要 Hyper-V 的功能"对话框，单击【删除功能】按钮。

图 3-6　"删除服务器角色"对话框

STEP 4 后面按提示依次单击【下一步】按钮，显示相应对话框。

STEP 5 最后单击【删除】按钮，显示"删除进度"对话框，开始删除 Hyper-V。

STEP 6 文件删除完成后，需要重新启动服务器。重启服务器后完成删除过程。

3.3.3　任务 3　连接服务器

配置服务器之前，首先要连接到目标服务器。在"服务器管理器"控制台中，既可以连接到本地计算机，也可以连接到具备访问权限的远程计算机。

STEP 1 依次选择【开始】→【管理工具】→【Hyper-V 管理器】，显示图 3-7 所示的"Hyper-V 管理器"窗口。

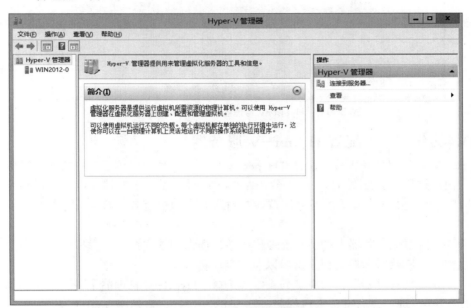

图 3-7　"Hyper-V 管理器"窗口

STEP 2 在图 3-7 窗口右侧的"操作"面板中，单击【连接到服务器】超链接，显示图 3-8 所示的"选择计算机"对话框。从"本地计算机"和"另一台计算机"选项中选择运行 Hyper-V Sever 的计算机。如果选择【本地计算机】（运行此控制台的计算机）选项，则连接到本地计算机；如果选择【另一台计算机】选项，则要在文本框中键入要连接到远程计算机的 IP 地址，或者单击【浏览】按钮，选择目标计算机。本例中连接到本地计算机。

图 3-8　"选择计算机"对话框

STEP 3 单击【确定】按钮，关闭"选择计算机"对话框，返回"Hyper-V 管理器"窗口。打开 Windows Server 虚拟化管理单元，如图 3-9 所示。

图 3-9　"Hyper-V 管理器——虚拟化管理"窗口

3.3.4　任务 4　配置 Hyper-V 服务器

Hyper-V 角色安装完成后,通过"Hyper-V 管理器"即可管理运行在物理计算机中的虚拟机。在使用过程中,配置 Hyper-V 分为两部分:服务器(物理计算机)配置和虚拟机配置。虚拟机运行在服务器中,服务器配置参数对所有虚拟机有效,虚拟机配置适用于选择的虚拟机。

服务器配置对该服务器上的所有虚拟机生效,提供创建虚拟机、虚拟硬盘、虚拟网络、虚拟硬盘整理、删除服务器、停止服务以及启动服务等操作。

在"Hyper-V 管理器"窗口左侧列表中,选择【Hyper-V 管理器】→服务器名称(本例为 WIN2012-0)选项,右键单击目标服务器 WIN2012-0,显示图 3-10 所示的功能菜单。

图 3-10　"Hyper-V 管理器——功能菜单"窗口

1．新建选项

创建新的虚拟机、虚拟硬盘。

① 右键单击目标服务器,如图 3-10 所示,在弹出的快捷菜单中选择【新建】选项,在弹出的级联菜单中选择相应虚拟目标命令。

② 选择【新建】→【虚拟机】命令后，启动创建虚拟机向导。

③ 选择【新建】→【硬盘】命令后，启动创建虚拟硬盘向导。

2．Hyper-V 设置选项

右键单击目标服务器，如图 3-10 所示，在弹出的快捷菜单中选择【Hyper-V 设置】命令，显示图 3-11 所示的"Hyper-V 设置"窗口。

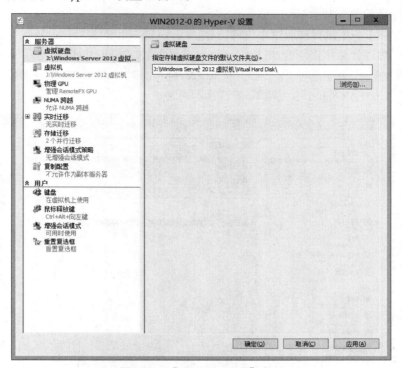

图 3-11　"Hyper-V 设置"窗口

（1）虚拟硬盘参数（设置虚拟硬盘默认存储文件夹）

STEP 1　选择【服务器】→【虚拟硬盘】选项，显示图 3-11 所示的窗口。默认存储虚拟硬盘文件夹的位置为%sytemroot%\Users\Public\Documents\Hyper-V\Virtual Hard Disk。

STEP 2　单击【浏览】按钮，显示"选择文件夹"对话框。本例设置默认存储虚拟硬盘文件的文件夹的位置为 J:\Windows Server 2012 虚拟机\Virtual Hard Disk。

STEP 3　选择目标件夹后，单击【选择文件夹】按钮，关闭"选择文件夹"对话框，返回如图 3-11 所示的"Hyper-V 设置"窗口。

STEP 4　单击【确定】按钮，完成虚拟硬盘存储位置的设置。

（2）VirtualMachines 参数（设置虚拟机默认存储文件夹）

STEP 1　选择【服务器】→【虚拟机】选项，显示"虚拟机配置"窗口，默认虚拟机配置文件存储文件夹的位置为%sytemroot%\ProgramData\Microsoft\Windows\Hyper-V。

STEP 2　单击【浏览】按钮，显示"选择文件夹"对话框。本例设置默认存储虚拟机配置文件的文件夹的位置为 J:\Windows Server 2012 虚拟机。

STEP 3　选择目标文件夹后，单击【选择文件夹】按钮，关闭"选择文件夹"对话框，返回"Hyper-V 设置"对话框。

STEP 4 单击【应用】或【确定】按钮，完成虚拟机配置文件存储位置的设置。

（3）键盘参数

选择【用户】→【键盘】选项，设置键盘中的功能键生效的场合，其中提供了 3 个选项，分别为"在物理计算机上使用""在虚拟机上使用"以及"仅当全屏幕运行时在虚拟机上使用"。根据需要选择即可。

（4）鼠标释放键参数

选择【用户】→【鼠标释放键】选项，显示图 3-12 所示的窗口。设置鼠标在虚拟机中使用时，切换到物理计算机使用的快捷键，默认快捷键为"Ctrl+Alt+向左键"，即<Ctrl+Alt+左箭头>。这里提供了 4 个选项，分别为"Ctrl+Alt+向左键""Ctrl+Alt+向右键""Ctrl+Alt+空格键"以及"Ctrl+Alt+Shift"。根据需要选择即可。

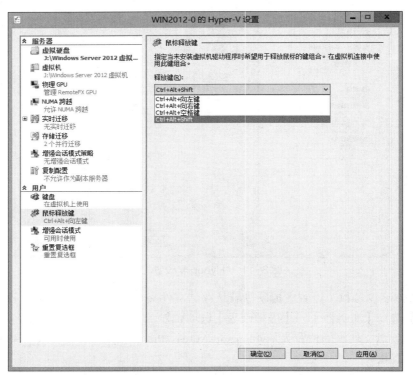

图 3-12 "Hyper-V 设置"窗口

（5）用户凭据参数

选择【用户】→【用户凭据】选项，显示"用户凭据"窗口。在物理计算机和虚拟机之间连接时，使用默认用户证书进行验证。

（6）删除保存的凭据参数

选择【用户】→【删除保存的凭据】选项，显示"删除保存的凭据"窗口。单击【删除】按钮，删除安装在物理计算机中的用户证书。如果当前计算机中没有安装证书，则【删除】按钮不可用。

（7）重置复选框参数

选择【用户】→【重置复选框】选项，显示"重置"窗口。单击【重置】按钮，恢复原始设置。类似计算机的复位键。

3．虚拟交换机管理器

右键单击目标服务器，在弹出的快捷菜单中选择【虚拟交换机管理器】命令，显示图 3-13 所示的"虚拟交换机管理器"窗口，设置虚拟环境使用的网络参数。

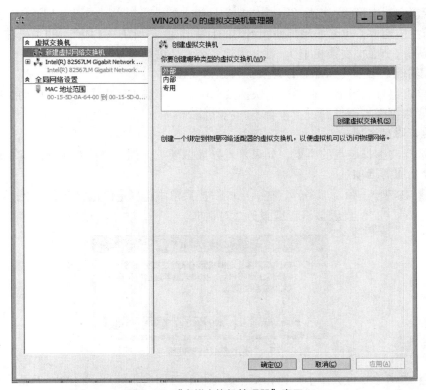

图 3-13   "虚拟交换机管理器"窗口

通过 Hyper-V 可以创建以下 3 种类型的虚拟交换机（见图 3-14）。

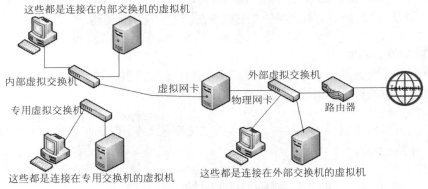

图 3-14   三种类型的虚拟交换机

● 外部虚拟交换机：此虚拟交换机所在网络就是主机物理网卡所连接的网络，因此你所创建的虚拟机的网卡如果被连接到这个外部虚拟交换机，则它们可以通过此交换机与主机通信，也可以与连接在这个交换机上的其他计算机通信，甚至可以连接到 Internet。如果主机有多块物理网卡，则可以针对每块网卡创建一个外部虚拟交换机。

● 内部虚拟交换机：连接在这个虚拟交换机上的计算机之间可以互相通信，也可以与主机通信，但是无法与其他网络内的计算机通信，同时它们也无法连接到 Internet。除非在主机上启用 NAT 或路由，例如启用 Internet 连接共享（ICS）。可以创建多个内部虚拟交换机。

- 专用虚拟交换机：连接在这个虚拟交换机上的计算机之间可以互相通信，但是并不能与主机通信，也无法与其他网络内的计算机通信（图 3-14 所示的主机并没有网卡连接在这个虚拟交换机上）。可以创建多个专用虚拟交换机。

4．编辑磁盘选项（压缩、合并及扩容虚拟硬盘）

右键单击目标服务器，在弹出的快捷菜单中选择【编辑磁盘】命令，启动虚拟硬盘整理向导，向导根据虚拟硬盘的设置整合不同的功能。

5．检查磁盘选项

检查选择的虚拟硬盘的类型，如果是差异虚拟硬盘，则逐级检查关联的虚拟硬盘。

6．停止服务选项

STEP 1 右键单击目标服务器，在弹出的快捷菜单中选择【停止服务】命令，显示图 3-15 示的"停止虚拟机管理服务"对话框。

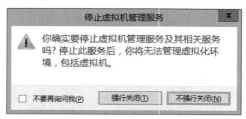

图 3-15 "停止虚拟机管理服务"对话框

STEP 2 单击【强行关闭】按钮，停止虚拟机管理服务，管理窗口中将不显示该物理计算机中安装的任何虚拟机。

 如果要"恢复虚拟机管理服务"，必须右键单击【Hyper-V 管理器】，重新连接服务器，再在目标服务器上右键单击，选择【启用服务】，恢复虚拟机管理服务。

7．删除服务器选项

右键单击目标服务器，在弹出的快捷菜单中选择【删除服务器】命令，直接删除选择的服务器。服务器删除后，将返回上级菜单。

 右键单击【Hyper-V 管理器】，重新连接被删除的服务器，可恢复被删除的服务器。

3.3.5 任务5 创建与删除虚拟网络

Hyper-V 支持"虚拟网络"功能，提供多种网络模式，设置的虚拟网络将影响宿主操作系统的网络设置。对 Hyper-V 进行初始配置时需要为虚拟环境提供一块用于通信的物理网卡，当完成配置后，会为当前的宿主操作系统添加一块虚拟网卡，用于宿主操作系统与网络的通信。而此时的物理网卡除了作为网络的物理连接外，还兼作虚拟交换机，为宿主操作系统及虚拟机操作系统提供网络通信。

1．创建虚拟网络

STEP 1 打开"Hyper-V 管理器"窗口，单击菜单栏的【操作】菜单，在显示的下拉菜单列表中，选择【虚拟交换机管理器】命令，或者在"Hyper-V 管理器"窗口右侧的"操作"面板中，单击【虚拟交换机管理器】超链接，如图 3-16 所示。

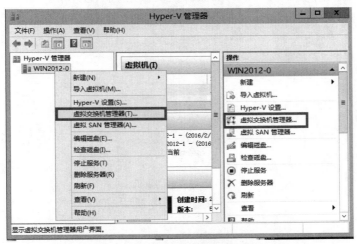

图 3-16 "操作——虚拟交换机管理器"菜单

STEP 2 打开虚拟网络配置对话框，显示图 3-17 所示的"虚拟交换机管理器"窗口。

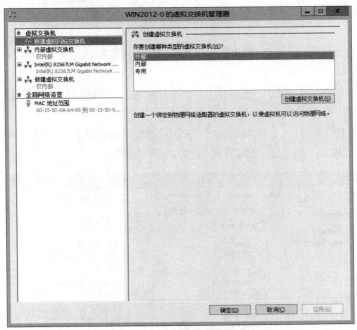

图 3-17 "虚拟交换机管理器"窗口

STEP 3 单击【创建虚拟交换机】按钮，显示图 3-18 所示的"虚拟交换机管理器——新建虚拟网络"窗口。
- 在"名称"文本框中，键入虚拟网络的名称。
- 在"连接类型"文本框中，选择虚拟网络类型。如果选择【外部网络】和【内部网络】

类型，将可以设置虚拟网络所在的 "VLAN" 区域。如果选择【专用网络】类型，则不提供 "VLAN" 设置功能。本例中选择【内部网络】类型的虚拟网络，在网卡下拉列表中选择关联的网卡。

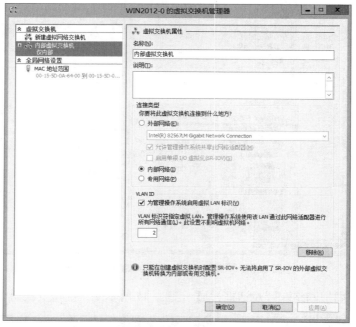

图 3-18　新建虚拟网络

● 选择【为管理操作系统启用虚拟 LAN 标识】选项，设置新创建的虚拟网络所处的 VLAN，如图 3-18 所示。

STEP 4　单击【确定】按钮，完成虚拟网络的设置。同理创建 "专用虚拟交换机" 和 "外部虚拟交换机"。

STEP 5　选择【开始】→【控制面板】→【网络和 Internet】→【网络和共享中心】选项，显示图 3-1 所示的 "网络和共享中心" 窗口。

图 3-19　"网络和共享中心" 窗口

STEP 6　单击【更改适配器设置】超链接，显示图 3-20 所示的 "网络连接" 窗口。尽管 "以太网" 是宿主计算机的物理网卡，但 "vEthernet（外部虚拟交换机）" 才是真正用于虚拟机之间以及与外部连接的网卡。

如果利用这台主机来连接 Internet，或让这台主机与连接在此虚拟交换机的其他计算机通信，请设置这个"vEthernet（外部虚拟交换机）"的 TCP/IP 设置值，而不是更改物理网卡的连接（图中的"以太网"）的 TCP/IP 设置，因为此连接已经被设置为虚拟交换机（可以查看"以太网"连接的属性，如图 3-21 所示）。

图 3-20 "网络连接"窗口

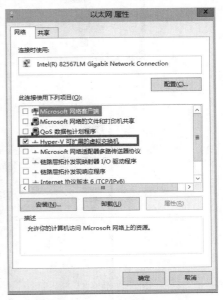

图 3-21 "以太网属性"对话框

2．删除虚拟网络

当已经创建的虚拟网络不能满足环境需求时，可以删除已经存在的虚拟网络。

`STEP 1` 在打开的"虚拟交换机管理器"窗口中，选择需要删除的虚拟网络。

`STEP 2` 单击【移除】按钮，删除虚拟网络。

`STEP 3` 单击【确定】按钮，完成虚拟网络配置的更改。

3.3.6　任务 6　创建一台虚拟机

在 Windows Server 2012 R2 的 Hyper-V 管理器中提供了虚拟机创建向导，根据向导即可轻松创建虚拟机。

`STEP 1` 打开"Hyper-V 管理器"窗口，单击菜单栏的【操作】菜单，在显示的下拉菜单列表中，选择【新建】选项，在弹出的级联菜单中选择【虚拟机】命令；或者右键单击当前计算机名称，在弹出的快捷菜单中选择【新建】选项，在弹出的级联菜单中选择【虚拟机】命令，如图 3-22 所示。

`STEP 2` 启动创建虚拟机向导，显示"新建虚拟机向导"对话框。

`STEP 3` 单击【下一步】按钮，显示图 3-23 所示的"指定名称和位置"对话框。在"名称"文本框中键入虚拟机的名称，默认虚拟机配置文件保存在安装 Hyper-V 角色时设定的默认存储中（见图 3-4）。此处可以根据需要修改虚拟机存储的位置。

图 3-22　虚拟机功能菜单

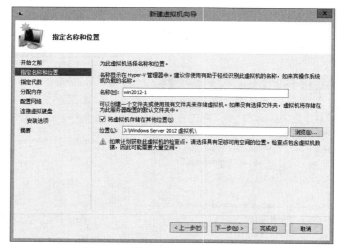

图 3-23　"指定名称和位置"对话框

STEP 4　单击【下一步】按钮，显示图 3-24 所示的"指定代数"对话框，设置虚拟机的代数。若选择【第二代】则表示来宾操作系统至少运行 Windows Server 2012 或 64 位版本的 Windows 8。

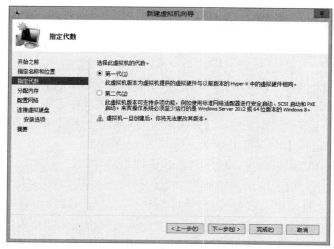

图 3-24　"指定代数"对话框

STEP 5 单击【下一步】按钮，显示"分配内存"对话框，设置虚拟机内存，至少应该是512MB。

STEP 6 单击【下一步】按钮，显示图 3-25 所示的"配置网络"对话框，配置虚拟网络，本例中以创建的"内部虚拟交换机网络"为例说明。

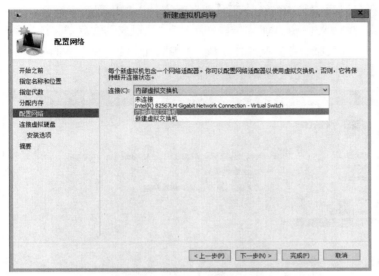

图 3-25　"配置网络"对话框

提　示　　　如果在任务 5 中没有"创建虚拟交换机"，则此处显示"未连接"，也就是没有可用的虚拟交换机。

STEP 7 单击【下一步】按钮，显示图 3-26 所示的"连接虚拟硬盘"对话框。在其中设置虚拟机使用的虚拟硬盘，可以创建一个新的虚拟硬盘，也可以使用已经存在的虚拟硬盘。

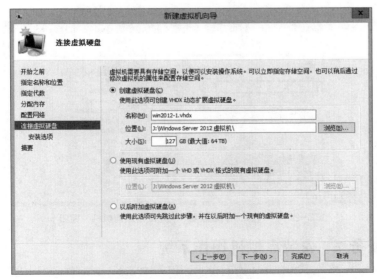

图 3-26　"连接虚拟硬盘"对话框

本例中为新建一个虚拟硬盘，因此选择【创建虚拟硬盘】选项。单击【浏览】按钮，可以改变虚拟硬盘存储的位置。由于虚拟硬盘比较大，建议事先在目标磁盘上建立存放虚拟硬盘的文件夹，最好不使用默认设置。

STEP 8　单击【下一步】按钮，显示图 3-27 所示的"安装选项"对话框，根据具体情况选择是以后安装操作系统还是现在就安装。如果现在就安装，则可以选择"从可启动 CD/DVD-ROM 安装操作系统""从可启动软盘安装操作系统"和"从基于网络的安装服务器安装操作系统"3 种情况中的一种。本例选择【以后安装操作系统】。

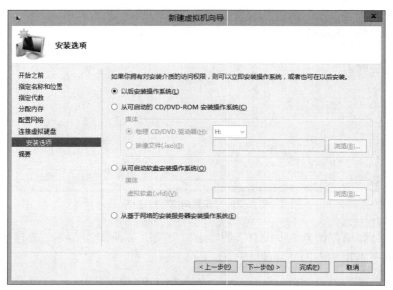

图 3-27　"安装选项"对话框

STEP 9　单击【下一步】按钮，再单击【完成】按钮，完成创建虚拟机的操作，如图 3-28 所示。

图 3-28　"Hyper-V 管理器——完成创建虚拟机"窗口

3.3.7　任务 7　安装虚拟机操作系统

下面以 Windows Server 2012 R2 为例说明如何在 Windows Server 虚拟化环境中安装操作系统。

STEP 1 在"Hyper-V 管理器"窗口的"虚拟机"面板中，选择目标虚拟机"win2012-1"，在右侧的"操作"面板中，单击【设置】超链接，显示"win2012-1 的设置"窗口。

STEP 2 展开"硬件"列表下的"IDE 控制器 1"选项，选中【DVD 驱动器】选项，显示图 3-29 所示的窗口。

图 3-29 "DVD 驱动器"窗口

STEP 3 在"DVD 驱动器"分组框中，选择【映像文件】选项。

STEP 4 单击【浏览】按钮，选择 Windows Server 2012 R2 操作系统的映像光盘。完成后返回"win2012-1 设置"对话框，这时，DVD 驱动器下已经有了 Windows Server 2012 R2 的系统安装镜像文件。单击【确定】按钮，再次打开"Hyper-V 管理器"窗口。

STEP 5 在"Hyper-V 管理器"窗口中，选中目标虚拟机，即 win2012-1，在右侧的"操作"面板中，单击【启动】超链接，启动虚拟机；或者直接在目标虚拟机上右键单击，选择【启动】命令，启动虚拟机。虚拟机开始以光盘启动模式引导。

后面的安装过程请读者参考"项目 2　安装与规划 Windows Server 2012 R2"。

提　示
① 安装完成后，启动安装的虚拟机，出现将要登录的提示界面。这时启动登录的组合键由原来的<Alt+Ctrl+Delete>变成了<Alt+Ctrl+End>。
② Windows Server 2012 R2 的 Hyper-V 也让你可以将虚拟机的状态保存起来后关闭虚拟机，下一次要使用此虚拟机时，就可以直接将其恢复成关闭之前的状态。保存状态的方法为：选择虚拟机窗口中的"操作"菜单的【保存】。

3.3.8　任务8　创建更多的虚拟机

我们可以重复利用前一节叙述的步骤创建更多虚拟机，不过采用这种方法，每个虚拟机占用的硬盘空间比较大，而且也比较浪费时间。本节将介绍另一种省时又省硬盘空间的方法。

1. 创建差异虚拟硬盘

此方法是将之前创建虚拟机 Win2012-1 的虚拟机硬盘当作母盘（Parent Disk），并以此母盘为基准创建差异虚拟硬盘（differencing virtual disk），然后将此差异虚拟硬盘分配给新的虚拟机使用。当启动其他虚拟机时，它仍然会使用 win2012-1 的母盘，但是之后在此系统内进行的任何改动都只会被存储到差异硬盘，并不会改动 win2012-1 的母盘内容。

如果使用母盘的 win2012-1 虚拟机被启动，则其他使用差异虚拟硬盘的虚拟机将无法启动。如果母盘文件发生故障或丢失，则其他使用差异虚拟硬盘的虚拟机也无法启动。

虚拟硬盘可以单独创建，也可以在创建虚拟机时创建，如果要使用差异虚拟硬盘，则建议使用"虚拟硬盘创建向导"完成虚拟硬盘的创建。

STEP 1 打开"Hyper-V 管理器"窗口，单击菜单栏的【操作】菜单，在显示的下拉菜单列表中，选择【新建】选项，在弹出的级联菜单中选择【硬盘】命令，或者在"Hyper-V 管理器"窗口右侧的"操作"面板中，单击【新建】超链接，在弹出的快捷菜单中选择【硬盘】命令，如图 3-30 所示。

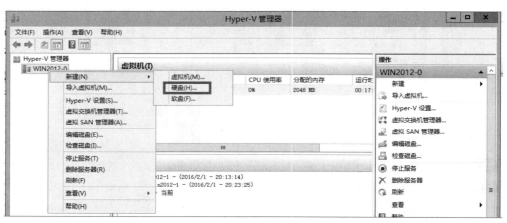

图 3-30 "Hyper-V 管理器——新建硬盘"窗口

STEP 2 启动"虚拟硬盘"向导，创建新的虚拟硬盘，显示"新建虚拟硬盘向导"对话框。

STEP 3 单击【下一步】按钮，显示"选择磁盘格式"对话框，选择默认的新格式（扩展名为 VHDX）后单击【下一步】按扭，显示图 3-31 所示的"选择磁盘类型"对话框，选择虚拟硬盘的类型，Hyper-V 支持"动态扩展硬盘""固定大小硬盘"以及"差异虚拟硬盘" 3 种类型，本例选择【差异】。

STEP 4 单击【下一步】按钮，显示图 3-32 所示的"指定名称和位置"对话框。设置虚拟硬盘名称以及存储的目标文件夹，单击【浏览】按钮，可以选择目标文件夹。名称设为 Server1.vhdx，位置设为 J:\Windows Server 2012 虚拟机\。

STEP 5 单击【下一步】按钮，显示图 3-33 所示的"配置磁盘"对话框，选择作为母盘的虚拟硬盘文件，也就是 J:\Windows Server 2012 虚拟机\win2012-1.vhdx。

STEP 6 出现"正在完成新建虚拟硬盘向导"对话框时单击【完成】按钮，完成虚拟硬盘的创建。

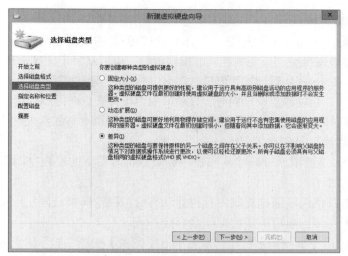

图 3-31 "选择磁盘类型"对话框

图 3-32 "指定名称和位置"对话框

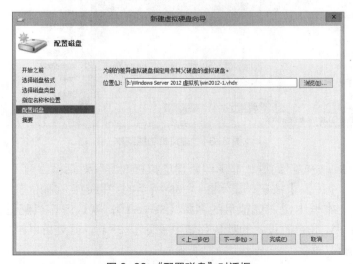

图 3-33 "配置磁盘"对话框

项目 3　安装与配置 Hyper-V 服务器

2．编辑差异虚拟硬盘

虚拟硬盘配置完成后，或者使用一段时间之后，硬盘的占用空间将变大，此时可以使用硬盘压缩功能，整理磁盘空间。使用差异虚拟硬盘时，也可以将子硬盘合并到父虚拟硬盘中。

STEP 1 打开"Hyper-V 管理器"窗口，在窗口右侧的"操作"面板中，单击【编辑磁盘】超链接，启动磁盘整理向导，显示"编辑虚拟硬盘向导"对话框。

STEP 2 根据向导完成特定虚拟硬盘的编辑。该向导提供 3 种磁盘处理功能：压缩磁盘、磁盘转换以及磁盘扩展。

- 压缩：该选项通过删除从磁盘中删除数据时留下的空白空间来减小虚拟硬盘文件的大小。
- 转换：该选项通过复制内容将此动态虚拟硬盘转换成固定虚拟硬盘。
- 扩展：该选项可扩展虚拟硬盘容量。

STEP 3 持续单击【下一步】按钮，最后单击【完成】按钮，显示磁盘处理进度，处理完成自动关闭该对话框。

3．使用差异虚拟硬盘创建虚拟机

在 Windows Server 2012 R2 的 Hyper-V 管理器中提供虚拟机创建向导，根据向导即可轻松创建虚拟机。

STEP 1 打开"Hyper-V 管理器"窗口，单击菜单栏的【操作】菜单，在显示的下拉菜单列表中选择【新建】选项，在弹出的级联菜单中选择【虚拟机】命令；或者右键单击当前计算机名称，在弹出的快捷菜单中选择【新建】选项，在弹出的级联菜单中选择【虚拟机】命令，如图 3-34 所示。

图 3-34　虚拟机功能菜单

STEP 2 启动创建虚拟机向导，显示"新建虚拟机向导"对话框。

STEP 3 单击【下一步】按钮，显示图 3-35 所示的"指定名称和位置"对话框。在"名称"文本框中键入虚拟机的名称（Server1），默认虚拟机配置文件保存在安装 Hyper-V 角色时设定的默认存储中（见图 3-4）。此处可以根据需要修改虚拟机存储的位置。

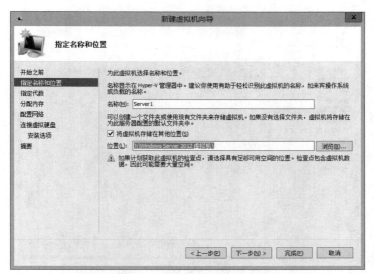

图 3-35 "指定名称和位置"对话框

STEP 4 单击【下一步】按钮,直到出现图 3-36 所示的"分配内存"对话框,设置虚拟机内存,至少应该是 512MB。

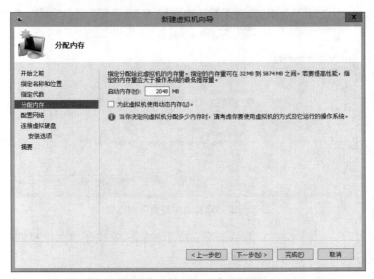

图 3-36 "分配内存"对话框

STEP 5 单击【下一步】按钮,显示图 3-37 所示的"配置网络"对话框,选择其虚拟网卡连接的虚拟交换机,例如将其连接到对外连接的虚拟交换机(此交换机是根据物理网卡创建的,它属于外部类型的交换机),单击【下一步】按钮。

特别提示

如果在任务 5 中没有"创建虚拟交换机",则此处显示"未连接",也就是没有可用的虚拟交换机。

STEP 6 显示图 3-38 所示的"连接虚拟硬盘"对话框。选择要分配给此虚拟机的虚拟硬盘,我们选择之前创建的差异虚拟硬盘 Server1.vhdx,单击【下一步】按钮。

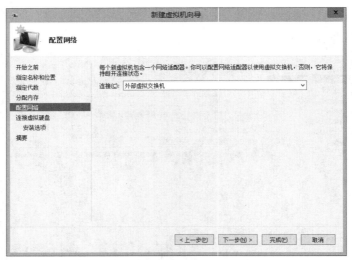

图 3-37 "配置网络"对话框

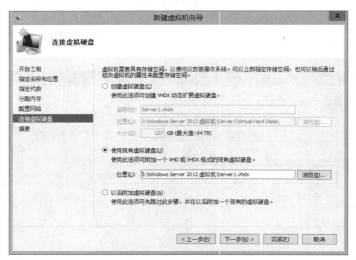

图 3-38 "连接虚拟硬盘"对话框

STEP 7 单击【下一步】按钮，再单击【完成】按钮，完成创建虚拟机的操作，如图 3-39 所示。

图 3-39 "Hyper-V 管理器——完成创建虚拟机"窗口

STEP 8 由于此虚拟机是利用 win2012-1 制作出来的，因此其 SID（Security Identifier）与 win2012-1 相同，所以建议运行 SYSPREP.EXE 更改此虚拟机的 SID，否则在域环境下会有问题。SYSPREP.EXE 位于 C:\windows\system32\sysprep 文件夹内。

请启动 Server1 虚拟机，并在 Server1 虚拟机的命令窗口或 Power Shell 窗口输入命令：C:\windows\system32\sysprep\sysprep.exe。

 注　意　运行 SYSPREP.EXE 时必须如图 3-40 所示勾选【通用】复选框才会更改 SID。（计算机名改为 Server1，IP 地址改为 192.168.10.4/24。）

图 3-40　系统准备工具更改 SID

4. 利用导入、导出选项创建多个虚拟机

先将已安装好的虚拟机导出到某一目录，然后利用导入选项将导出的虚拟机再导入 Hyper-V 服务器中生成新的虚拟机，并将虚拟机改名，最后使用 "SYSPREP.EXE" 更改该虚拟机的 SID。

（1）导出虚拟机

只有在虚拟机停止或保存的状态下，方可导出虚拟机的状态。下面的操作是将 win2012-1 虚拟机导出到一个新建文件夹中，本例导入 J:\test1\文件夹中。

STEP 1 右键单击目标虚拟机，在弹出的快捷菜单中选择【导出】命令，显示 "导出虚拟机" 对话框，如图 3-41 所示。

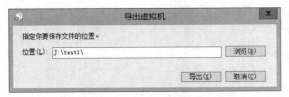

图 3-41　"导出虚拟机" 对话框

STEP 2 单击【浏览】按钮，显示 "选择文件夹" 对话框，选择保存虚拟机的目标文件夹 J:\test1\。

STEP 3 单击【选择文件夹】按钮，关闭 "选择文件夹" 对话框，返回 "导出虚拟机" 对话框。

STEP 4 单击【导出】按钮，导出虚拟机，在 Hyper-V 管理器的 "任务状态" 栏显示导出进度。成功导出的虚拟机包含一组文件，分别为 Virtual Machines、Virtual Hard Disks

以及 Snapshots，如图 3-42 所示。

图 3-42　导出的虚拟机组件

STEP 5 依照上述步骤，再将 win2012-1 虚拟机导出至 J:\test2\虚拟机文件夹中，记得检查文件是否导出无误。

（2）导入虚拟机

下面的操作将导出的虚拟机（J:\test1\、J:\test2\）导入至 Hyper-V 管理器。生成 2 台虚拟机并重命名为 win2012-2 和 win2012-3。

STEP 1 打开"Hyper-V 管理器"窗口，单击菜单栏的【操作】菜单，在显示的下拉菜单列表中，选择【导入虚拟机】选项，或者右键单击当前计算机名称（win2012-0），在弹出的快捷菜单中选择【导入虚拟机】选项。

STEP 2 如图 3-43 所示，指定 TEST1 虚拟机文件夹做导入操作，本例中位置处的值是：J:\test1\win2012-1。特别注意，这是一个文件夹！

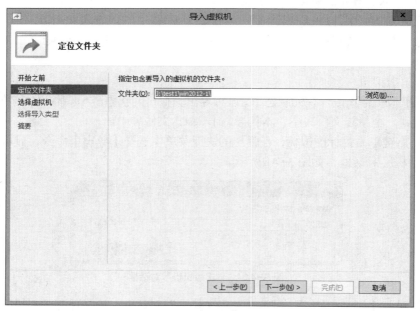

图 3-43　导入虚拟机——定位文件夹

STEP 3 持续单击【下一步】按钮，直到出现图 3-44 所示的"选择导入类型"对话框，选择【复制到虚拟机（创建新的唯一 ID）】单选按钮。

STEP 4 接下来，在"选择目标"对话框中键入导入的虚拟机文件夹的存储位置。例如，J:\Windows Server 2012 虚拟机\，单击【下一步】按钮后，选择虚拟硬盘的存储位置，再单击【下一步】按钮。

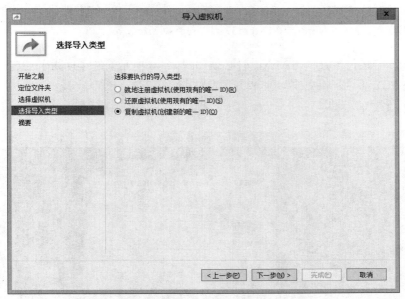

图 3-44　导入虚拟机——选择导入类型

STEP 5　出现摘要界面，单击【完成】按钮，开始导入虚拟机。

STEP 6　导入成功后，在 Hyper-V 管理器中会出现与原来导出的虚拟机名称一样的虚拟机。本例中会出现两个一样的 win2012-1。右键单击刚刚导入的那个 win2012-1，在弹出的快捷菜单中选择【重新命名】命令，将新导入的虚拟机名称改为"win2012-2"。

STEP 7　按照上述步骤，将 test2 虚拟机导入，并且命名为 win2012-3。这时在 "Hyper-V 管理器" 中间的虚拟机窗口已出现 2 个虚拟机，名称分别为 win2012-2、win2012-3，如图 3-45 所示。请启动新生成的 2 台虚拟机。

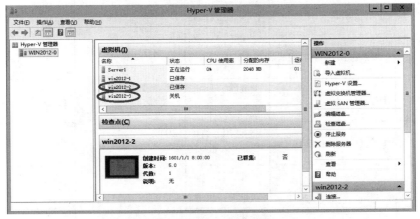

图 3-45　导入生成的 2 个虚拟机

由于此虚拟机是利用 win2012-1 虚拟机制作出来的，因此其 SID（Security Identifier）与 win2012-1 相同，所以建议运行 SYSPREP.EXE 更改此虚拟机的 SID，否则在域环境下会有问题。SYSPREP.EXE 位于 C:\windows\system32\sysprep 文件夹内。

请分别启动 win2012-2 和 win2012-3 虚拟机，并在启动后的虚拟机的命令窗口或 Power Shell 窗口输入命令：C:\windows\system32\sysprep\sysprep.exe。

注 意　运行 SYSPREP.EXE 时必须如图 3-46 所示勾选【通用】复选框才会更改 SID。（计算机名改为 win2012-2 和 win2012-3，IP 地址改为 192.168.10.2/24 和 192.168.10.3/24。）

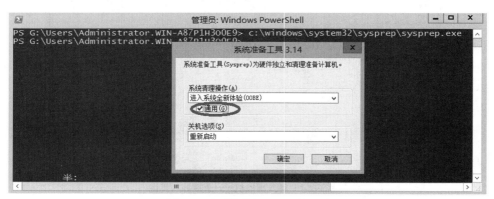

图 3-46　系统准备工具更改 SID

3.3.9　任务 9　利用 ping 命令测试虚拟机

目前我们已经完成的虚拟机以及主机情况如表 3-1 所示。在本书中我们将采用这几个虚拟机完成实训，如果读者条件受限，也可选择使用 VMWare 搭建虚拟网络环境，操作过程类似，不再一一赘述。

表 3-1　本书中的虚拟机汇总

主机名称	IP 及子网掩码	角　色	操作系统	备　注
Win2012-0	192.168.10.100/24	物 理 机、Hyper-V 服务器	Windows Server 2012 R2	vEthernet（外部虚拟交换机）
	192.168.10.200/24			vEthernet（内部虚拟交换机）
Win2012-1	192.168.10.1/24	虚拟机、独立服务器		Hyper-V 中安装
Win2012-2	192.168.10.2/24	虚拟机、独立服务器		导入生成
Win2012-3	192.168.10.3/24	虚拟机、独立服务器		导入生成
Server1	192.168.10.4/24	虚拟机、独立服务器		差异虚拟硬盘

1．关闭防火墙

为了后面的实训正常进行，建议读者将这 4 台虚拟机和物理机的防火墙关闭，或者放行某些特定的协议（放行"任何协议"似乎是较好的选择）。可参考项目 2 的"2.3.2 任务 2　配置 Windows Server 2012 R2"中的"5. 配置防火墙，放行 ping 命令"。不过，首选还是关闭防火墙。关闭防火墙的步骤如下。

STEP 1 依次单击【开始】→【控制面板】→【系统和安全】→【Windows 防火墙】→【启用或关闭 Windows 防火墙】命令，如图 3-47 所示。

图 3-47　关闭 Windows 防火墙

STEP 2 单击【关闭 Windows 防火墙】单选按钮，然后单击【确定】按钮即可。

　　　　　　　　后面不再单独提示防火墙问题，请读者在此先关闭防火墙为好。

2. 外部虚拟交换机的测试

① 按表 3-1 设置物理机的 vEthernet（外部虚拟交换机）和 vEthernet（内部虚拟交换机）2 个连接的 IP 地址，同时设置 4 台虚拟机的网络连接方式为"外部"，并且按表 3-1 配置这 4 台虚拟机的 IP 地址。

② 在物理主机上测试与 4 台虚拟机的通信状况，使用以下命令：

Ping 192.168.10.1

Ping 192.168.10.2

Ping 192.168.10.3

Ping 192.168.10.4

都是畅通的。

③ 在虚拟机 win2012-1 上使用以下命令：

Ping 192.168.10.2

Ping 192.168.10.3

Ping 192.168.10.4

Ping 192.168.10.100

这些是畅通的,但是:ping 192.168.10.200 却是不通的。为什么呢?因为现在用的是外部虚拟交换机,而 192.168.10.200 是内部虚拟交换机上的连接 IP 地址。

④ 结论。外部虚拟交换机:连接在这个虚拟交换机上的计算机之间可以互相通信,也可以与主机通信,甚至可以连接到 Internet。

3.内部虚拟交换机的测试

① 按表 3-1 设置物理机的 vEthernet(外部虚拟交换机)和 vEthernet(内部虚拟交换机)2 个连接的 IP 地址,同时设置 4 台虚拟机的网络连接方式为"内部",并且按表 3-1 配置这 4 台虚拟机的 IP 地址。

② 在物理主机上测试与 4 台虚拟机的通信状况,使用以下命令:

Ping 192.168.10.1

Ping 192.168.10.2

Ping 192.168.10.3

Ping 192.168.10.4

都不通!

③ 在虚拟机 win2012-1 上使用以下命令:

Ping 192.168.10.2

Ping 192.168.10.3

Ping 192.168.10.4

Ping 192.168.10.200

这些是畅通的,但是:ping 192.168.10.100 却是不通的。为什么呢?因为现在用的是内部虚拟交换机,而 192.168.10.100 是外部虚拟交换机上的连接 IP 地址。请读者仔细比较上面这 2 种网络连接方式的不同。

④ 结论。

内部虚拟交换机:连接在这个虚拟交换机上的计算机之间可以互相通信,也可以与主机通信,但是无法与其他网络内的计算机通信,同时它们也无法连接 Internet。除非在主机上启用 NAT 或路由,例如启用 Internet 连接共享(ICS)。可以创建多个内部虚拟交换机。

4.专用内部虚拟交换机的测试

① 按表 3-1 设置物理机的 vEthernet(外部虚拟交换机)和 vEthernet(内部虚拟交换机)2 个连接的 IP 地址,同时设置 4 台虚拟机的网络连接方式为"专用"并且按表 3-1 配置这 4 台虚拟机的 IP 地址。

② 在物理主机上测试与 4 台虚拟机的通信状况,使用以下命令:

Ping 192.168.10.1

Ping 192.168.10.2

Ping 192.168.10.3

Ping 192.168.10.4

都不通!

③ 在虚拟机 win2012-1 上使用以下命令:

Ping 192.168.10.2

Ping 192.168.10.3

Ping 192.168.10.4

这些是畅通的,但是:ping 192.168.10.100、Ping 192.168.10.200 却是不通的。为什么呢?

因为现在用的是专用虚拟交换机！请读者仔细比较上面 3 种网络连接方式的不同。

④ 结论。

专用虚拟交换机：连接在这个虚拟交换机上的计算机之间可以互相通信，但是并不能与主机通信，也无法与其他网络内的计算机通信。可以创建多个专用虚拟交换机。

3.3.10 任务 10 通过 Hyper-V 主机连接 Internet

前面介绍过如何新建一个属于外部类型的虚拟交换机，如果虚拟机的虚拟网卡连接到这个虚拟交换机，就可以通过外部网络连接到 Internet。

如果新建属于内部类型的虚拟交换机，Hyper-V 也会自动为主机创建一个连接到虚拟交换机的网络连接，如果虚拟机的网卡也连接在这个交换机，这些虚拟机就可以与 Hyper-V 主机通信，但是却无法通过 Hyper-V 主机连接 Internet，不过只要将 Hyper-V 主机的 NAT（网络地址转换）或 ICS（Internet 连接共享）启用，这些虚拟机就可以通过 Hyper-V 主机连接到 Internet，具体步骤如下。

STEP 1 新建内部虚拟交换机。请参考前面内容。

STEP 2 完成后，系统会替 Hyper-V 主机新建一个连接到这个虚拟交换机的网络连接——图 3-48 所示的 vEthernet（内部虚拟交换机）。

图 3-48 vEthernet（内部虚拟交换机）

STEP 3 如果要让连接在此虚拟交换机的虚拟机通过 Hyper-V 主机上网，只要将主机内可以连上 Intenret 的连接 vEthernet（外部虚拟交换机）的 Internet 连接共享启用即可：右击【vEthernet（外部虚拟交换机）】，单击【属性】，再单击【共享】按钮，如图 3-49 所示，选择【允许其他网络用户通过此计算机的 Internet 连接来连接】，然后单击【确定】按钮。

图 3-49 vEthernet（外部虚拟交换机）

STEP 4 系统会将 Hyper-V 主机的"vEthernet（内部虚拟交换机）"连接的 IP 地址改为 192.168.137.1，而连接内部虚拟交换机的虚拟机，其 IP 地址也必须为 192.168.137.x/24 的格式，同时默认网关必须指定到 192.168.137.1 这个 IP 地址。不过因为 Internet 连接共享具备 DHCP 的自动分配 IP 地址功能，也就是连接在内部虚拟交换机的虚拟机只要将 IP 地址的取得方式设置为自动获取即可，不需要手动配置。

3.4 习题

一、填空题

1. Hyper-V 硬件要求比较高，主要集中在 CPU 方面。建议使用 2 GHz 以及速度更快的 CPU。并且 CPU 必须支持_____、_____、_____。

2. Hyper-V 是微软推出的一个底层虚拟机程序，可以让多个操作系统共享一个硬件。它位于_____和_____之间，是一个很薄的软件层，里面不包含底层硬件驱动。

3. 配置 Hyper-V 分为两部分：_____和_____。

4. 在虚拟机中安装操作系统时，可以使用光盘驱动器和安装光盘来安装，也可以使用_____来安装。

5. Hyper-V 提供了 3 种网络虚拟交换机功能，分别为_____、_____、_____。

二、选择题

1. 为 Hyper-V 指定虚拟机内存容量时，下列哪个值不能设置？（　　　）
   A. 512 MB　　　　B. 360 MB　　　　C. 400 MB　　　　D. 357 MB

2. 以下（　　　）不是 Windows Server 2012 R2 Hyper-V 服务支持的虚拟网卡类型。
   A. 外部　　　　　B. 桥接　　　　　C. 内部　　　　　D. 专用

3. 当应用快照时，当前的虚拟机配置会被（　　　）覆盖。
   A. 完全　　　　　B. 部分　　　　　C. 不　　　　　　D. 以上都不对

4. 虚拟机运行在服务器中，服务器配置参数对（　　　）有效。
   A. 所有虚拟机　　　　　　　　　　B. 指定的虚拟机
   C. 正在运行的虚拟机　　　　　　　D. 已关闭的虚拟机

实训项目　安装与配置 Hyper-V 服务器

一、实训目的
- 掌握安装与卸载 Hyper-V 角色的方法。
- 掌握创建虚拟机和安装虚拟操作系统的方法。
- 掌握在 Hyper-V 中服务器和虚拟机的配置方法。
- 掌握创建虚拟网络和虚拟硬盘的方法与技巧。
- 掌握使用差异硬盘、导入导出创建更多虚拟机的方法。

二、项目环境

公司新购进一台服务器，硬盘空间为 500 GB。已经安装了 Windows Server 2012 R2 网络操作系统，计算机名为 win2012-0。现在需要将该服务器配置成 Hyper-V 服务器，并创建、配置虚拟机。Windows Server 2012 R2 的镜像文件已保存在硬盘上。拓扑图参照图 3-1。

三、项目要求

实训项目要求如下。

- 安装与卸载 Hyper-V 服务器。
- 连接服务器。
- 创建一台虚拟机。
- 使用差异硬盘、导入导出创建多台虚拟机。
- 设置不同虚拟交换机，利用 ping 命令进行测试。
- 通过 Hyper-V 主机连接到 Internet。

四、做一做

根据实训项目录像进行项目的实训，检查学习效果。

项目 4
部署与管理Active Directory
域服务环境

项目背景

　　某公司组建的单位内部的办公网络原来是基于工作组方式的，近期由于公司业务发展，人员激增，基于方便和网络安全管理的需要，考虑将基于工作组的网络升级为基于域的网络，现在需要将一台或多台计算机升级为域控制器，并将其他所有计算机加入域成为成员服务器。同时将原来的本地用户账户和组也升级为域用户和组进行管理。

项目目标

- 掌握规划和安装局域网中的活动目录的方法
- 掌握创建目录林根级域的方法
- 掌握安装额外域控制器的方法
- 掌握创建子域的方法

4.1　相关知识

　　Active Directory 又称活动目录，是 Windows Server 系统中非常重要的目录服务。Active Directory 用于存储网络上各种对象的有关信息，包括用户账户、组、打印机、共享文件夹等，并把这些数据存储在目录服务数据库中，便于管理员和用户查询及使用。活动目录具有安全、可扩展、可伸缩的特点，与 DNS 集成在一起，可基于策略进行管理。

4.1.1　认识活动目录及意义

　　什么是活动目录呢？活动目录就是 Windows 网络中的目录服务（Directory Service），也即活动目录域服务（ADDS）。所谓目录服务，有两方面内容：目录和与目录相关的服务。

　　活动目录负责目录数据库的保存、新建、删除、修改与查询等服务，用户能很容易地在目录内寻找所需要的数据。活动目录具有以下意义。

1. 简化管理

　　活动目录和域密切相关。域是指网络服务器和其他计算机的一种逻辑分组，凡是在共享域逻辑范围内的用户都使用公共的安全机制和用户账户信息，每个使用者在域中只拥有一个账户，每次登录的是整个域。

活动目录用于将域中的资源分层次地组织在一起，每个域都包含一个或多个域控制器（Directory Controler，DC）。域控制器就是安装活动目录的 Windows Server 2012（R2）的计算机，它存储域目录完整的副本。为了简化管理，域中的所有域控制器都是对等的，可以在任意一台域控制器上做修改，更新的内容将被复制到该域中所有其他域控制器，活动目录为管理网络上的所有资源提供单一入口，进一步简化了管理，管理员可以登录任意一台计算机管理网络。

2．安全性

安全性通过登录身份验证及目录对象的访问控制集成在活动目录之中。通过单点网络登录，管理员可以管理分散在网络各处的目录数据和组织单位，经过授权的网络用户可以访问网络任意位置的资源，基于策略的管理简化了网络的管理。

活动目录通过对象访问控制列表及用户凭据保护用户账户和组信息，因为活动目录不但可以保存用户凭据，而且可以保存访问控制信息，所以登录到网络上的用户既能够获得身份验证，也可以获得访问系统资源所需的权限。例如在用户登录到网络时，安全系统会利用存储在活动目录中的信息验证用户的身份，在用户试图访问网络服务时，系统会检查在服务的自由访问控制列表（DCAL）中定义的属性。

活动目录允许管理员创建组账户，管理员可以更加有效地管理系统的安全性，通过控制组权限可控制组成员的访问操作。

3．改进的性能与可靠性

Windows Server 2012 能够更加有效地管理活动目录的复制与同步，不管是在域内还是在域间，管理员都可以更好地控制要在域控制器间进行同步的信息类型。活动目录还提供了许多技术，可以智能地选择只复制发生更改的信息，而不是机械地复制整个目录的数据库。

4.1.2　认识活动目录的逻辑结构

活动目录结构是指网络中所有用户、计算机以及其他网络资源的层次关系，就像一个大型仓库中分出若干个小储藏间，每个小储藏间分别用来存放东西。通常活动目录的结构可以分为逻辑结构和物理结构，分别包含不同的对象。

活动目录的逻辑结构非常灵活，目录中的逻辑单元包括域、组织单位（Organizational Unit，OU）、域树和域林。

1．域

域是在 Windows NT/2000/2003/2008/2012 网络环境中组建客户机/服务器网络的实现方式。所谓域，是由网络管理员定义的一组计算机集合，实际上就是一个网络。在这个网络中，至少有一台称为域控制器的计算机，充当服务器角色。在域控制器中保存着整个网络的用户账号及目录数据库，即活动目录。管理员可以通过修改活动目录的配置来实现对网络的管理和控制，如管理员可以在活动目录中为每个用户创建域用户账号，使他们可登录域并访问域的资源。同时，管理员也可以控制所有网络用户的行为，如控制用户能否登录、在什么时间登录、登录后能执行哪些操作等。而域中的客户计算机要访问域的资源，则必须先加入域，并通过管理员为其创建的域用户账号登录域，才能访问域资源，同时，也必须接受管理员的控制和管理。构建域后，管理员可以对整个网络实施集中控制和管理。

2．组织单位

OU 是组织单位，在活动目录（Active Directory，AD）中扮演特殊的角色，它是一个当普通边界不能满足要求时创建的边界。OU 把域中的对象组织成逻辑管理组，而不是安全组或代表地理实体的组。OU 是可以应用组策略和委派责任的最小单位。

组织单位是包含在活动目录中的容器对象。创建组织单位的目的是对活动目录对象进行分类。比如，由于一个域中的计算机和用户较多，会使活动中的对象非常多。这时，管理员如果想查找某一个用户账号并进行修改是非常困难的。另外，如果管理员只想对某一部门的用户账号进行操作，实现起来不太方便。但如果管理员在活动目录中创建了组织单位，所有操作就会变得非常简单。比如管理员可以按照公司的部门创建不同的组织单位，如财务部组织单位、市场部组织单位、策划部组织单位等，并将不同部门的用户账号建立在相应的组织单位中，这样管理时也就非常容易、方便了。除此之外，管理员还可以针对某个组织单位设置组策略，实现对该组织单位内所有对象的管理和控制。

总之，创建组织单位有以下好处。

● 可以分类组织对象，使所有对象结构更清晰。
● 可以对某些对象配置组策略，实现对这些对象的管理和控制。
● 可以委派管理控制权，如管理员可以给不同部门的网络主管授权，让他们管理本部门的账号。

因此组织单位是可将用户、组、计算机和其他单元放入活动目录的容器，组织单位不能包括来自其他域的对象。组织单位是可以指派组策略设置或委派管理权限的最小作用单位。使用组织单位，用户可在组织单位中代表逻辑层次结构的域中创建容器，这样就可以根据组织模型管理网络资源的配置和使用。可授予用户对域中某个组织单位的管理权限，组织单位的管理员不需要具有域中任何其他组织单位的管理权。

3．域目录树

当要配置一个包含多个域的网络时，应该将网络配置成域目录树结构，如图 4-1 所示。

在图 4-1 所示的域目录树中，最上层的域名为 China.com，是这个域目录树的根域，也称为父域。下面两个域 Jinan.China.com 和 Beijing.China.com 是 China.com 域的子域。3 个域共同构成了这个域目录树。

活动目录的域名仍然采用 DNS 域名的命名规则进行命名。如图 4-1 所示的域目录树中，两个子域的域名 Jinan.China.com 和 Beijing.China.com 中仍包含父域的域名 China.com，因此，它们的名称空间是连续的。这也是判断两个域是否属于同一个域目录树的重要条件。

在整个域目录树中，所有域共享同一个活动目录，即整个域目录树中只有一个活动目录。只不过这个活动目录分散

图 4-1　域目录树

地存储在不同的域中（每个域只负责存储和本域有关的数据），整体上形成一个大的分布式的活动目录数据库。在配置一个较大规模的企业网络时，可以配置为域目录树结构，比如将企业总部的网络配置为根域，各分支机构的网络配置为子域，整体上形成一个域目录树，以实现集中管理。

4．域目录林

如果网络的规模比前面提到的域目录树还要大，甚至包含了多个域目录树，这时可以将网络配置为域目录林（也称森林）结构。域目录林由一个或多个域目录树组成，如图 4-2 所示。域目录林中的每个域目录树都有唯一的命名空间，它们之间并不是连续的，这一点从图中的两个目录树中可以看到。

整个域目录林中也存在一个根域，这个根域是域目录林中最先安装的域。在图 4-2 所示的域目录林中，China.com 是最先安装的，则这个域是域目录林的根域。

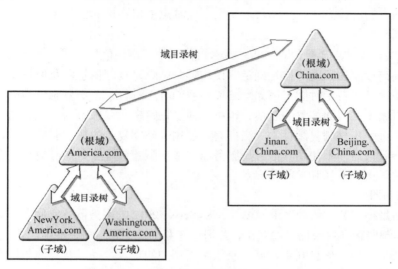

图 4-2　域目录林

 注　意　在创建域目录林时，组成域目录林的两个域目录树的树根之间会自动创建相互的、可传递的信任关系。由于有了双向的信任关系，域目录林中的每个域中的用户都可以访问其他域的资源，也可以从其他域登录到本域中。

4.1.3　认识活动目录的物理结构

活动目录的物理结构与逻辑结构是彼此独立的两个概念。逻辑结构侧重于网络资源的管理，而物理结构则侧重于网络的配置和优化。物理结构的 3 个重要概念是站点、域控制器和全局编录服务器。

1．站点

站点由一个或多个 IP 子网组成，这些子网通过高速网络设备连接在一起。站点往往由企业的物理位置分布情况决定，可以依据站点结构配置活动目录的访问和复制拓扑关系，使得网络更有效地连接，并且可使复制策略更合理，用户登录更快速。活动目录中的站点与域是两个完全独立的概念，一个站点中可以有多个域，多个站点也可以位于同一个域中。

活动目录站点和服务可以通过使用站点提高大多数配置目录服务的效率。通过使用活动目录站点和服务来发布站点，并提供有关网络物理结构的信息，从而确定如何复制目录信息和处理服务的请求。计算机站点是根据其在子网或组已连接好子网中的位置指定的，子网用来为网络分组，类似于生活中使用邮政编码划分地址。划分子网可方便发送有关网络与目录连接的物理信息，而且同一子网中计算机的连接情况通常优于不同网络。

使用站点的意义主要在于以下 3 点。

① 提高了验证过程的效率。当客户使用域账户登录时，登录机制首先搜索与客户处于同一站点内的域控制器，使用客户站点内的域控制器可以使网络传输本地化，从而加快了身份验证的速度，提高了验证过程的效率。

② 平衡了复制频率。活动目录信息可在站点内部或站点之间进行信息复制，但由于网络的原因，活动目录在站点内部复制信息的频率高于站点间的复制频率，这样做可以平衡对最新目录的信息需求和可用网络带宽带来的限制，可以通过站点链接来定制活动目录如何复制信息以指定站点的连接方法，活动目录使用有关站点如何连接的信息生成连接对象，以便提供有效的复制和容错。

③ 可提供有关站点链接信息。活动目录可使用站点链接信息费用、链接使用次数、链接何时可用以及链接使用频度等信息确定应使用哪个站点来复制信息以及何时使用该站点。定制复制计划使复制在特定时间（诸如网络传输空闲时）进行，会使复制更为有效。通常所有域控制器都可用于站点间信息的变换，也可以通过指定桥头堡服务器优先发送和接收站间复制信息的方法进一步控制复制行为。当拥有希望用于站间复制的特定服务器时，我们宁愿建立一个桥头堡服务器而不使用其他可用服务器。或在配置代理服务器时建立一个桥头堡服务器，用于通过防火墙发送和接收信息。

2．域控制器

域控制器是指安装了活动目录的 Windows Server 2012 的服务器，它保存了活动目录信息的副本。域控制器管理目录信息的变化，并把这些变化复制到同一个域中的其他域控制器上，使各域控制器上的目录信息同步。域控制器负责用户的登录过程以及其他与域有关的操作，如身份鉴定、目录信息查找等。一个域可以有多个域控制器，规模较小的域可以只有 2 个域控制器，一个实际应用，另一个用于容错性检查，规模较大的域则使用多个域控制器。

域控制器没有主次之分，采用多主机复制方案，每一个域控制器都有一个可写入的目录副本，这为目录信息容错带来了无尽的好处。尽管在某个时刻，不同的域控制器中的目录信息可能有所不同，但一旦活动目录中的所有域控制器执行同步操作之后，最新的变化信息就会一致。

3．全局编录

尽管活动目录支持多主机复制方案，然而由于复制引起通信流量以及网络潜在的冲突，变化的传播并不一定能够顺利进行，因此有必要在域控制器中指定全局编录（Global Catalog，GC）服务器以及操作主机。全局编录是个信息仓库，包含活动目录中所有对象的部分属性，是在查询过程中访问最为频繁的属性。利用这些信息，可以定位任何一个对象实际所在的位置。全局编录服务器是一个域控制器，它保存了全局编录的一份副本，并执行对全局编录的查询操作。全局编录服务器可以提高活动目录中大范围内对象检索的性能，比如在域林中查询所有的打印机操作。如果没有全局编录服务器，那么必须调动域林中每一个域的查询过程。如果域中只有一个域控制器，那么它就是全局编录服务器。如果有多个域控制器，那么管理员必须把一个域控制器配置为全局编录控制器。

4.2 项目设计及准备

4.2.1 项目设计

图 4-3 所示为项目 4 的综合网络拓扑图，学完本项目也就完成了拓扑中的所有工作任务。

该拓扑的域林有 2 个域树：long.com 和 smile.com，其中 long.com 域树下有 china.long.com 子域，在 long.com 域中有 2 个域控制器 win2012-0 与 win2012-1，在 china.long.com 域中除了有一个域控制器 win2012-2 外，还有一个成员服务器 win2012-3。下面先创建 long.com 域树，再创建 smile.com 域树，smile.com 域中有一个域控制器 Server1。IP 地址、服务器角色等具体参数将在后面各任务中分别设计。

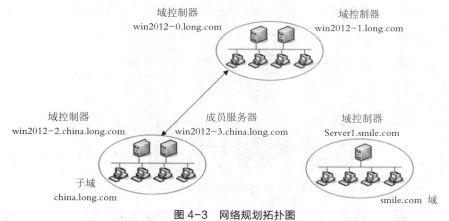

图 4-3　网络规划拓扑图

4.2.2　项目准备

为了搭建图 4-3 所示的网络环境，需要如下设备。

- 安装 Windows Server 2012 R2 的 PC（win2012-0）1 台；
- 已在 Windows Server 2012 R2 上安装 Hyper-V 角色，并且安装了符合要求的虚拟机 win2012-1、win2012-2、win2012-3、Server1；
- Windows Server 2012 R2 安装光盘或 ISO 镜像。

也可以在 VMware 中实现各种版本的虚拟机。

注　意　　　超过一台的计算机参与部署环境时，一定保证各计算机间的通信畅通，否则无法进行后续的工作。当使用 ping 命令测试失败时，有 2 种可能：一种是计算机间配置确实存在问题，比如虚拟机网络连接方式、IP 地址、子网掩码等；另一种情况也可能是本身计算机间通信是畅通的，但由于对方防火墙等阻挡了 ping 命令的执行。第 2 种情况可以根据"2.3.2　任务 2　配置 Windows Server 2012 R2"中的"配置防火墙，放行 ping 命令"相关内容进行相应处理。或者干脆关闭防火墙。

4.3　项目实施

4.3.1　任务 1　创建第一个域（目录林根级域）

1．部署需求

在部署目录林根级域之前需满足以下要求。

- 设置域控制器的 TCP/IP 属性，手工指定 IP 地址、子网掩码、默认网关和 DNS 服务器 IP 地址等。

● 在域控制器上准备 NTFS 卷，如 C:"。

2．部署环境

任务 1～任务 3 所有实例被部署在该环境下。域名为 long.com。win2012-1 和 win2012-2 是 Hyper-V 服务器的 2 台虚拟机。读者在做实训时，为了不相互影响，建议 Hyper-V 服务器中虚拟网络的模式选 "内部网络"。网络拓扑图及参数规划如图 4-4 所示。

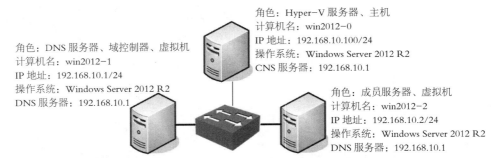

角色：DNS 服务器、域控制器、虚拟机
计算机名：win2012-1
IP 地址：192.168.10.1/24
操作系统：Windows Server 2012 R2
DNS 服务器：192.168.10.1

角色：Hyper-V 服务器、主机
计算机名：win2012-0
IP 地址：192.168.10.100/24
操作系统：Windows Server 2012 R2
CNS 服务器：192.168.10.1

角色：成员服务器、虚拟机
计算机名：win2012-2
IP 地址：192.168.10.2/24
操作系统：Windows Server 2012 R2
DNS 服务器：192.168.10.1

图 4-4　创建目录林根级域的网络拓扑图

提　示　将已经安装 Windows Server 2012 R2 的独立服务器（物理机和 5 个虚拟机）按要求进行 IP 地址、DNS 服务器、计算机名等的设置，将为后续工作奠定良好的基础。

由于域控制器所使用的活动目录和 DNS 有着非常密切的关系，因此网络中要求有 DNS 服务器存在，并且 DNS 服务器要支持动态更新。如果没有 DNS 服务器存在，可以在创建域时把 DNS 一起安装上。这里假设图 4-4 中的 win2012-1 服务器未安装 DNS，并且是该域林中的第 1 台域控制器。

3．安装 Active Directory 域服务

活动目录在整个网络中的重要性不言而喻。经过 Windows Server 2003 和 Windows Server 2008 的不断完善，Windows Server 2012 中的活动目录服务功能更加强大，管理更加方便。在 Windows Server 2012 系统中安装活动目录时，需要先安装 Active Directory 域服务，然后启动 "将此服务器提升为域控制器" 安装向导完成活动目录的安装。

Active Directory 域服务的主要作用是存储目录数据并管理域之间的通信，包括用户登录处理、身份验证和目录搜索等。

STEP 1 首先确认 win2012-1 的 "本地连接" 属性 TCP/IP 中首选 DNS 指向了自己（本例定为 192.168.10.1）。选择网络连接方式为：内部虚拟交换机。

STEP 2 确认 win2012-0 的 vEthernet（外部虚拟交换机）和 vEthernet（内部虚拟交换机）2 个连接的 IP 地址正常设置，设置参数请参考图 4-4。若使用 VMWare，则只需在 VMware 系统中安装 win2012-1 和 win2012-2 两个虚拟机，正确设置 IP 地址，并将网络连接方式设置为 "仅主机" 即可。

STEP 3 以管理员用户身份登录到 win2012-1 上，依次打开【开始】→【管理工具】→【Hyper-V 管理器】→【仪表板】。单击【添加角色和功能】按钮，运行如图 4-5 所示的 "添加角色和功能向导"。

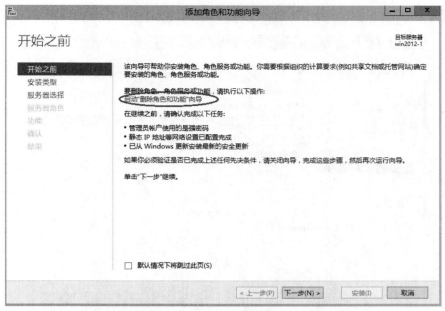

图 4-5 "添加角色和功能向导"界面

提　示　请读者注意图 4-5 所示的【启动"删除角色和功能"向导】按钮。如果安装完 AD 服务后，需要删除该服务角色，请在此单击【启动"删除角色和功能"向导】按钮，完成 Active Directory 域服务的删除。

STEP 4　直到显示图 4-6 所示的"选择服务器角色"对话框时，勾选【Active Directory 域服务】复选框，单击【添加功能】按钮。

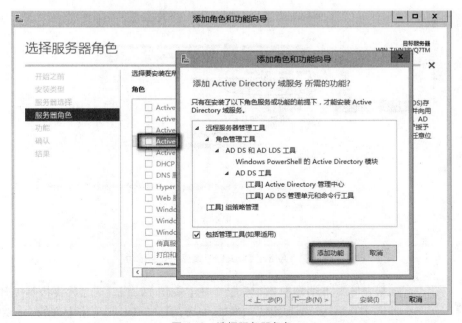

图 4-6 选择服务器角色

STEP 5 持续单击【下一步】按钮，直到显示图 4-7 所示的"确认安装所选内容"窗口。

图 4-7 "确认安装所选内容"窗口

STEP 6 单击【安装】按钮即可开始安装。安装完成后显示图 4-8 所示的"安装结果"对话框，提示"Active Directory 域服务"已经成功安装。请单击【将此服务器提升为域控制器】按钮。

图 4-8 Active Directory 域服务安装成功

提 示

　　如果在图 4-8 所示窗口中直接单击【关闭】按钮，则之后要将其提升为域控制器，请在"服务器管理器"中单击左方的【AD DS】，单击上方的 win2012-1 上"Active Directory 域服务"所需的设置处的【更多】，并单击图 4-9 所示的【将此服务器提升为域控制器】选项。

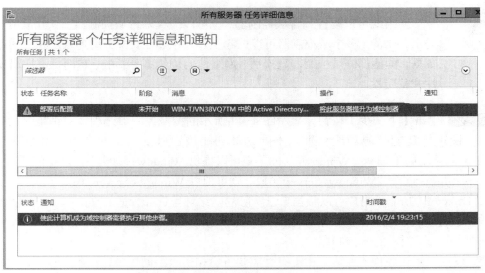

图 4-9　将此服务器提升为域服务器

4．安装活动目录

STEP 1 在图 4-8 或图 4-9 所示窗口中单击【将此服务器提升为域控制器】按钮，显示图 4-10 所示的 "部署配置" 对话框，选择【添加新林】单选按钮，设置林根域名（本例为 long.com），创建一台全新的域控制器。如果网络中已经存在其他域控制器或林，则可以选择【现有林】单选按钮，在现有林中安装。

3 个选项的具体含义如下。

● "将域控制器添加到现有域"：可以向现有域添加第 2 台或更多域控制器。

● "将新域添加到现有林"：在现有林中创建现有域的子域。

● "添加新林"：新建全新的域。

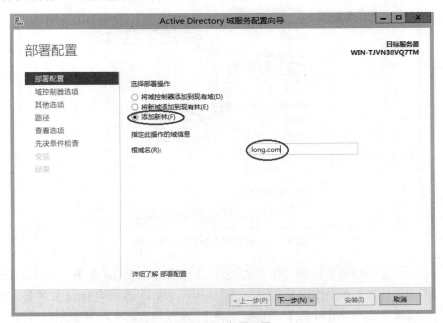

图 4-10　部署配置

提 示　　　网络既可以配置一台域控制器，也可以配置多台域控制器，以分担用户的登录和访问。多个域控制器可以一起工作，并会自动备份用户账户和活动目录数据，即使部分域控制器瘫痪后，网络访问仍然不受影响，从而提高网络安全性和稳定性。

STEP 2　单击【下一步】按钮，显示图 4-11 所示的"域控制器选项"对话框。

① 设置林功能和域功能级别。不同的林功能级别可以向下兼容不同平台的 Active Directory 服务功能。选择"Windows 2008"则可以提供 Windows 2008 平台以上的所有 Active Directory 功能；选择"Windows Server 2012"则可提供 Windows Server 2012 平台以上的所有 Active Directory 功能。用户可以根据自己实际的网络环境选择合适的功能级别。设置不同的域功能级别主要是为兼容不同平台下的网络用户和子域控制器，在此只能设置"Windows Server 2012 R2"版本的域控制器。

② 设置目录还原模式密码。由于有时需要备份和还原活动目录，且还原时（启动系统时按<F8>键）必须进入"目录服务还原模式"下，所以此处要求输入"目录服务还原模式"时使用的密码。由于该密码和管理员密码可能不同，所以一定要牢记该密码。

③ 指定域控制器功能。默认在此服务器上直接安装 DNS 服务器。如果这样做，该向导将自动创建 DNS 区域委派。无论 DNS 服务器服务是否与 AD DS 集成，都必须将其安装在部署的 AD DS 目录林根级域的第一个域控制器上。

④ 第一台域控制器需要扮演全局编录服务器的角色。

⑤ 第一台域控制器不可以是只读域控制器（RODC）。

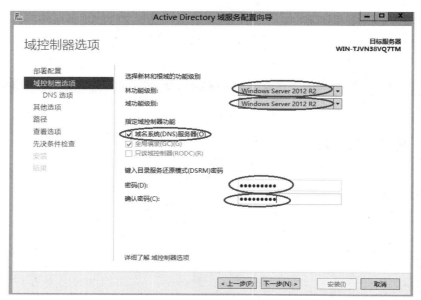

图 4-11　设置林功能和域功能级别

提 示　　　安装后若要设置"林功能级别"，登录域控制器，打开"Active Directory 域和信任关系"窗口，右键单击【Active Directory 域和信任关系】，在弹出的快捷菜单中单击【提升林功能级别】，选择相应的林功能级别即可。

STEP 3 单击【下一步】按钮，显示图 4-12 所示的 "DNS 选项" 的警告对话框，目前不会有影响，因此不必理会它，直接单击【下一步】按钮。

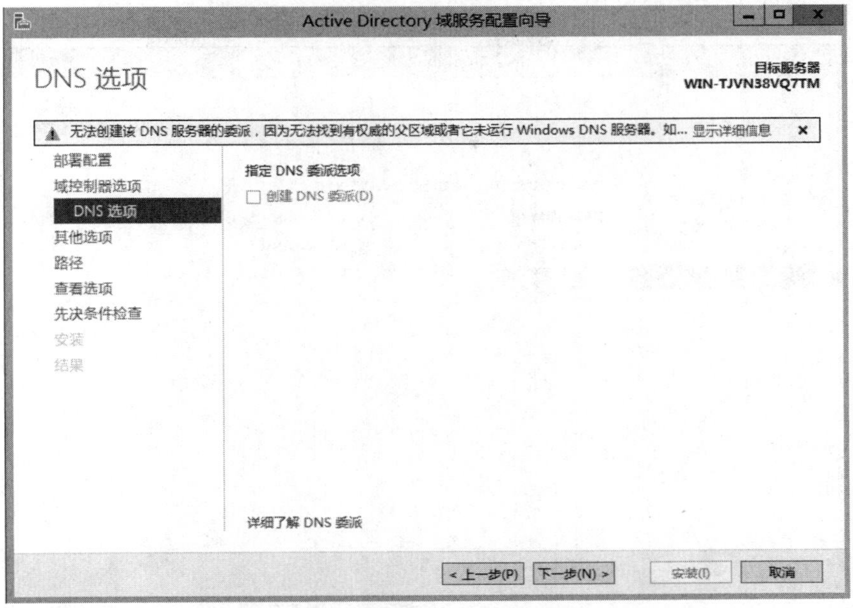

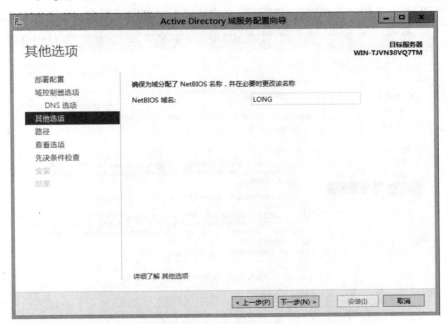

图 4-12 "DNS 选项" 对话框

STEP 4 在图 4-13 所示窗口中会自动为此域设置一个 NetBIOS 名称，你也可以更改些名称。如果此名称已被占用，安装程序会自动指定一个建议名称。完成后单击【下一步】按钮。

图 4-13 "其他选项" 对话框

STEP 5 显示图 4-14 所示的 "路径" 对话框，可以单击【浏览】按钮更改为其他路径。

其中，数据库文件夹用来存储互动目录数据库，日志文件夹用来存储活动目录的变化日志，以便于日常管理和维护。需要注意的是，SYSVOL 文件夹必须保存在 NTFS 格式的分区中。

图 4-14　数据库、日志文件和 SYSVOL 的位置

STEP 6 出现"查看选项"对话框，单击【下一步】按钮。

STEP 7 在图 4-15 所示的"先决条件检查"对话框中，如果顺利通过检查，就直接单击【安装】按钮，否则要按提示先排除问题。安装完成后会自动重新启动。

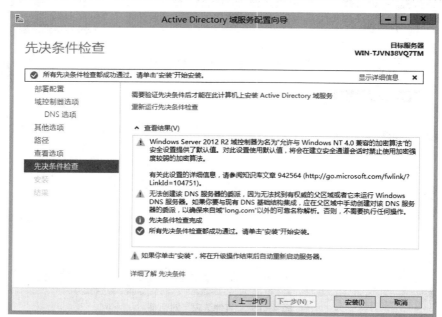

图 4-15　"先决条件检查"对话框

STEP 8 重新启动计算机，升级为 Active Directory 域控制器之后，必须使用域用户账户登录，格式为"域名\用户账户"，如图 4-16 所示。按左侧箭头可以更换登录用户。

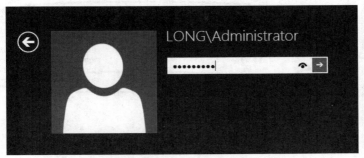

图 4-16 "登录"对话框

5．验证 Active Directory 域服务的安装

活动目录安装完成后，在 win2012-1 上可以从各方面进行验证。

（1）查看计算机名

选择【开始】→【控制面板】→【系统和安全】→【系统】→【高级系统设置】→【计算机】选项卡，可以看到计算机已经由工作组成员变成了域成员，而且是域控制器。

（2）查看管理工具

活动目录安装完成后，会添加一系列的活动目录管理工具，包括"Active Directory 用户和计算机""Active Directory 站点和服务""Active Directory 域和信任关系"等。单击【开始】→【管理工具】，可以在"管理工具"中找到这些管理工具的快捷方式。

（3）查看活动目录对象

打开"Active Directory 用户和计算机"管理工具，可以看到企业的域名 long.com。单击该域，窗口右侧的详细信息窗格中会显示域中的各个容器。其中包括一些内置容器，主要有以下几种。

- built-in：存放活动目录域中的内置组账户。
- computers：存放活动目录域中的计算机账户。
- users：存放活动目录域中的一部分用户和组账户。
- Domain Controllers：存放域控制器的计算机账户。

（4）查看 Active Directory 数据库

Active Directory 数据库文件保存在%SystemRoot%\Ntds（本例为 C:\windows\ntds）文件夹中，主要的文件有以下几种。

- Ntds.dit：数据库文件。
- Edb.chk：检查点文件。
- Temp.edb：临时文件。

（5）查看 DNS 记录

为了让活动目录正常工作，需要 DNS 服务器的支持。活动目录安装完成后，重新启动 win2012-1 时会向指定的 DNS 服务器上注册 SRV 记录。

依次打开【开始】→【管理工具】→【DNS】，或者在服务器管理器窗口中单击右上方的【工具】菜单，选择【DNS】，打开"DNS 管理器"。一个注册了 SRV 记录的 DNS 服务器如图 4-17 所示。

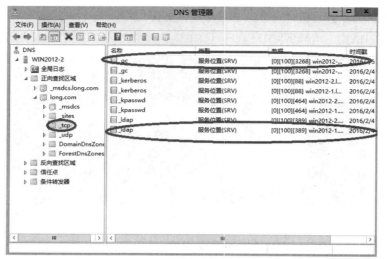

图 4-17　注册 SRV 记录

如果因为域成员本身的设置有误或者网络问题，造成它们无法将数据注册到 DNS 服务，则可以在问题解决后，重新启动这些计算机或利用以下方法来手动注册。

● 如果某域成员计算机的主机名与 IP 地址没有正确注册到 DNS 服务器，可到此计算机上运行 ipconfig /registerdns 来手动注册完成后，到 DNS 服务器检查是否已有正确记录，例如域成员主机名为 win2012-1.long.com，IP 地址为 192.168.10.1，则请检查区域 long.com 内是否有 win2012-1 的主机记录、其 IP 地址是否为 192.168.10.1。

● 如果发现域控制器并没有将其扮演的角色注册到 DNS 服务器内，也就是并没有类似图 4-17 所示的 _tcp 等文件夹与相关记录，请到此台域控制器上利用【开始】→【系统管理工具】→【服务】，打开图 4-18 所示的"服务"窗口，选中 Netlogon 服务并单击鼠标右键→【重新启动】来注册。具体操作也可以使用命令：

```
net stop netlogon
net start netlogon
```

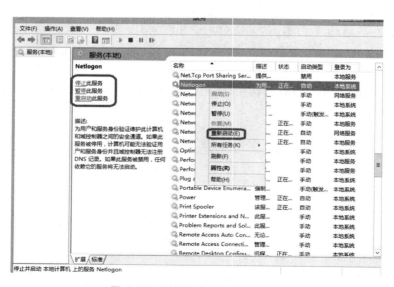

图 4-18　重新启动 Netlogon 服务

SRV 记录手动添加无效。将注册成功的 DNS 服务器中 "long.com" 域下面的 SRV 记录删除一些，试着在域控制器上使用上面的命令恢复 DNS 服务器被删除的内容（使用命令后右键→【刷新】即可）。成功了吗？

4.3.2　任务 2　加入 long.com 域

下面再将 win2012-2 独立服务器加入 long.com 域，将 win2012-2 提升为 long.com 的成员服务器。其步骤如下。

STEP 1 首先在 win2012-2 服务器上，确认 "本地连接" 属性中的 TCP/IP 首选 DNS 指向了 long.com 域的 DNS 服务器，即 192.168.10.1。

STEP 2 单击【开始】→【控制面板】→【系统和安全】→【系统】→【高级系统设置】，弹出 "系统属性" 对话框，选择【计算机名】选项卡，单击【更改】按钮，弹出 "计算机名/域更改" 对话框，在 "隶属于" 选项区域中，选择【域】单选按钮，并输入要加入的域的名字 long.com，单击【确认】按钮。

STEP 3 输入有权限加入该域的账户名称和密码，确定后重新启动计算机即可。例如该域控制器的管理员账户，如图 4-19 所示。

图 4-19　将 win2012-2 加入到 long.com 域

STEP 4 加入域后，其完整计算机名的后缀就会附上域名，例如图 4-20 所示的 WIN2012-2.long. com。单击【关闭】按钮。按照界面提示重新启动计算机。

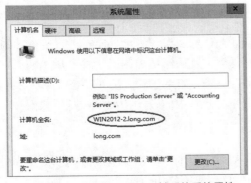

图 4-20　加入到 long.com 域后的系统属性

4.3.3 任务3 利用已加入域的计算机登录

我们也可以在已经加入域的计算机上，利用本地域用户账户进行登录。

1．利用本地账户登录

在登录界面中按<Ctrl+Alt+Del>键后，将出现图 4-21 所示的界面，图中默认让你利用本地系统管理员 Administrator 的身份登录，因此只要输入 Administrator 的密码就可以登录。

图 4-21　本地用户登录

此时，系统会利用本地安全性数据库来检查账户与密码是否正确，如果正确，就可以成功登录，也可以访问计算机内的资源（若有权限），不过无法访问域内其他计算机的资源，除非在连接其他计算机时再输入有权限的用户名与密码。

2．利用域用户账户登录

如果要更改利用域系统管理员 Administrator 的身份登录，请单击图 4-21 所示的人像左方的箭头图标，然后单击【其他用户】链接，打开图 4-22 所示的"其他用户"登录对话框，输入域系统管理员的账户（long\administrator）与密码，单击登录按钮进行登录。

图 4-22　域用户登录

账户名前面要附加域名，例如 long.com\Administrator 或 long\Administrator，此时账户与密码会被发送给域控制器，并利用 Active Directory 数据库来检查账户与密码是否正确，如果正确，就可以登录成功，并且可以直接连接域内任何一台计算机并访问其中的资源（如果被赋予权限），不需要手动输入用户名与密码。

在图 4-21 中，如何利用本地用户登录？用户名输入"win2012-2\Administrator"及相应密码可以吗？

4.3.4 任务4 安装额外的域控制器

在一个域中可以有多台域控制器。和 Windows NT 4.0 不一样,Windows Server 2012 的域中不同的域控制器的地位是平等的,它们都有所属域的活动目录的副本,多个域控制器可以分担用户登录时的验证任务,提高用户登录效率,同时还能防止单一域控制器的失败而导致网络的瘫痪。在域中的某一域控制器上添加用户时,域控制器会把活动目录的变化复制到域中别的域控制器上。在域中安装额外的域控制器,需要把活动目录从原有的域控制器复制到新的服务器上。

下面以图 4-4 所示的 win2012-2 服务器为例说明添加的过程。

STEP 1 首先要在 win2012-2 服务器上检查"本地连接"属性,确认 win2012-2 服务器和现在的域控制器 win2012-1 能否正常通信;更为关键的是要确认"本地连接"属性中 TCP/IP 的首选 DNS 指向了原有域中支持活动目录的 DNS 服务器,本例中是win2012-1,其 IP 地址为 192.168.10.1(win2012-1 既是域控制器,又是 DNS 服务器)。

STEP 2 安装 Active Directory 域服务。操作方法与安装第 1 台域控制器的方法完全相同。

STEP 3 启动 Active Directory 安装向导,当显示"部署配置"窗口时,选择【将域控制器添加到现有域】单选按钮,单击【更改】按钮,弹出"Windows 安全"对话框,需要指定可以通过相应主域控制器验证的用户账户凭据,该用户账户必须是Domain Admins 组,拥有域管理员权限。例如,根域控制器的管理员账户:long\Administrator,如图 4-23 所示。

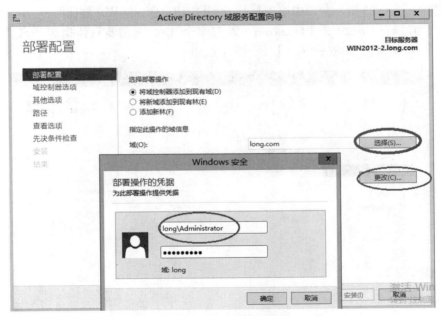

图 4-23　部署配置

STEP 4 单击【下一步】按钮,显示图 4-24 所示的"域控制器选项"对话框。

① 选择是否在此服务器上安装 DNS 服务器(默认会)。

② 选择是否将其设定为全局编录服务器(默认会)。

③ 选择是否将其设置为只读域控制器(默认不会)。

④ 设置目录服务还原模式的密码。

图 4-24 "域控制器选项"对话框

STEP 5 单击【下一步】按钮,显示"DNS 选项"的警告对话框,目前不会有影响,因此不必理会它,直接单击【下一步】按钮。

STEP 6 在图 4-25 所示窗口中单击【下一步】按钮,会直接从其他任何一台域控制器(目前只有 win2012-1.long.com,若有多个 DC 则需要具体指定)来复制 Active Directory。完成后单击【下一步】按钮。

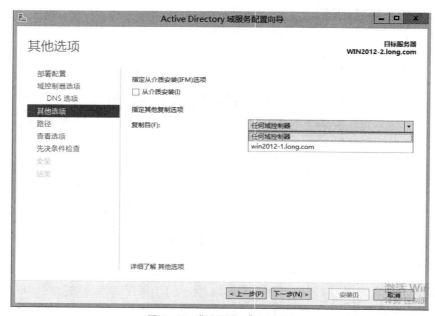

图 4-25 "其他选项"对话框

STEP 7 显示"数据库、日志文件和 SYSVOL 的位置"对话框,可以单击【浏览】按钮更改为其他路径。单击【下一步】按钮。

STEP 8 出现"查看选项"对话框，单击【下一步】按钮。

STEP 9 在"先决条件检查"对话框中，如果顺利通过检查，就直接单击【安装】按钮，否则要按提示先排除问题。安装完成后会自动重新启动。

STEP 10 重新启动计算机，升级为 Active Directory 域控制器之后，必须使用域用户账户登录，格式为域名\用户账户（见图 4-21），按左侧箭头可以更换登录用户（见图 4-22）。需要说明一点的是：这里的 Administrator 域用户是 Win2012-1 域控制器中的管理员账户，不是 win2012-2 的，请读者务必注意。

注　意　　在服务器 win2012-1（第一台域控制器）还没有升级成为域控制器之前，原本位于本地安全性数据库内的本地账户，会在升级后被转移到 Active Directory 数据库内，而且是被放置到 Users 容器内。并且这台域控制器的计算机账户会被放置到 Domain Controllers 组织单位内，其他加入域的计算机账户默认会被放置到 Computers 容器内。

　　只有在创建域内的第一台域控制器时，该服务器原来的本地账户才会被转移到 Active Directory 数据库，其他域控制器（例如本范例中的 win2012-2）原来的本地账户并不会被转移到 Active Directory 数据库，而是被删除。

4.3.5　任务 5　转换服务器角色

Windows Server 2012 服务器在域中可以有 3 种角色：域控制器、成员服务器和独立服务器。当一台 Windows Server 2012 成员服务器安装了活动目录后，服务器就成为域控制器，域控制器可以对用户的登录等进行验证；然而 Windows Server 2012 成员服务器可以仅仅加入域中，而不安装活动目录，这时服务器的主要目的是为了提供网络资源，这样的服务器称为成员服务器。严格说来，独立服务器和域没有什么关系，如果服务器不加入域中，也不安装活动目录，服务器就称为独立服务器。服务器的这 3 个角色的改变如图 4-26 所示。

1. 域控制器降级为成员服务器

在域控制器上把活动目录删除，服务器就降级为成员服务器了。下面以图 4-4 中的 win2012-2 降级为例，介绍具体步骤。

（1）删除活动目录注意要点

用户删除活动目录也就是将域控制器降级为独立服务器。降级时要注意以下 3 点。

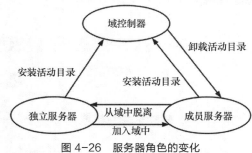

图 4-26　服务器角色的变化

①　如果该域内还有其他域控制器，则该域会被降级为该域的成员服务器。

②　如果这个域控制器是该域的最后一个域控制器，则被降级后，该域内将不存在任何域控制器。因此，该域控制器被删除，而该计算机被降级为独立服务器。

③　如果这台域控制器是"全局编录"，则将其降级后，它将不再担当"全局编录"的角色，因此要先确定网络上是否还有其他"全局编录"域控制器。如果没有，则要先指派一台域控制器来担当"全局编录"的角色，否则将影响用户的登录操作。

指派"全局编录"的角色时，可以依次打开【开始】→【管理工具】→【Active Directory 站点和服务】→【Sites】→【Default–First–Site–Name】→【Servers】，展开要担当"全局编录"角色的服务器名称，右键单击【NTDS Settings 属性】选项，在弹出的快捷菜单中选择【属性】选项，在显示的"NTDS Settings 属性"对话框中选中【全局编录】复选框。

（2）删除活动目录

STEP 1 以管理员身份登录 win2012-2，单击左下角的服务器管理器图标，在图 4-27 所示的窗口中单击右上方的"管理"菜单下的【删除角色和功能】。

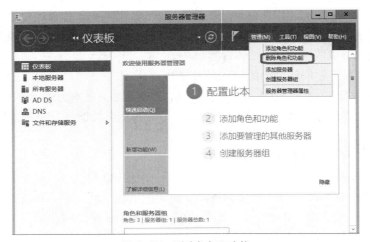

图 4-27　删除角色和功能

STEP 2 在图 4-28 所示的对话框中取消勾选【Active Directory 域服务】、单击【删除功能】按钮。

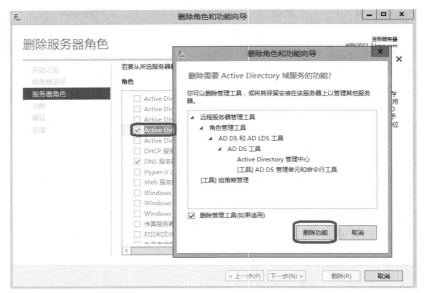

图 4-28　删除服务器角色和功能

STEP 3 出现图 4-29 所示的界面时，单击【确定】按钮即将此域控制器降级。

图 4-29　验证结果

STEP 4 如果在图 4-30 所示界面中当前的用户有权删除此域控制器，请单击【下一步】按钮，否则单击【更改】按钮来输入新的账户与密码。

图 4-30　"凭据"窗口

提　示　如果因故无法删除此域控制器（例如，在删除域控制器时，需要能够先连接到其他域控制器，但是却一直无法连接），或者是最后一个域控制器，此时勾选图中的【强制删除此域控制器】复选框。

STEP 5 在图 4-31 所示界面中勾选【继续删除】复选框后，单击【下一步】安钮。

图 4-31　"警告"窗口

STEP 6 如图 4-32 中所示，为这台即将被降级为独立或成员服务器的计算机设置本地 Administrator 的新密码后，单击【下一步】按钮。

STEP 7 在查看选项界面中单击【降级】按钮。

STEP 8 完成后会自动重新启动计算机，请重新登录。（以域管理员登录，图 4-32 中设置的是降级后的计算机 WIN2012-2 的本地管理员密码。）

图 4-32　新管理员密码

注　意　虽然这台服务器已经不再是域控制器了，不过此时其 Active Directory 域服务组件仍然存在，并没有被删除。因此，如果现在要再将其升级为域控制器，可以参考 4.3.4 小节的说明。

STEP 9 在服务器管理器中单击"管理"菜单下的【删除角色和功能】。

STEP 10 出现"开始之前"界面，单击【下一步】按钮。

STEP 11 确认在选择目标服务器界面的服务器无误后单击【下一步】按钮。

STEP 12 在图 4-33 所示界面中取消勾选【Active Directory 域服务】复选框，单击【删除功能】按钮。

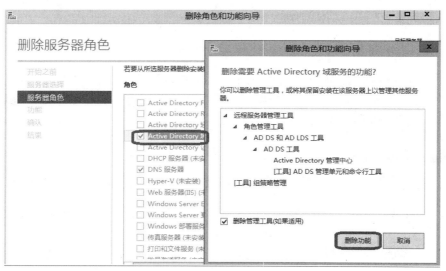

图 4-33　删除服务器角色和功能

STEP 13 回到"删除服务器角色"界面时，确认【Active Directory 域服务】已经被取消勾选（也可以一起取消勾选【DNS 服务器】）后单击【下一步】按钮。

STEP 14 出现"删除功能"界面时，单击【下一步】按钮。

STEP 15 在确认删除选择界面中单击【删除】按钮。

STEP 16 完成后，重新启动计算机。

2．成员服务器降级为独立服务器

win2012-2 删除 Active Directory 域服务后，降级为域 long.com 的成员服务器。现在将该成员服务器继续降级为独立服务器。

首先在 win2012-2 上以域管理员（long\administrator）或本地管理员（win2012-2\administrator）身份登录。登录成功后，单击【开始】→【控制面板】→【系统和安全】→【系统】→【高级系统设置】，弹出"系统属性"对话框，选择【计算机名】选项卡，单击【更改】按钮；弹出"计算机名/域更改"窗口；在"隶属于"选项区域中，选择【工作组】单选按钮，并输入从域中脱离后要加入的工作组的名字（本例为 WORKGROUP），单击【确定】按钮；输入有权限脱离该域的账户的名称和密码，确定后重新启动计算机即可。

4.3.6 任务 6 创建子域

本次任务要求创建 long.com 的子域 china.long.com。创建子域之前，读者需要先了解本任务实例部署的需求和实训环境。

1. 部署需求

在向现有域中添加域控制器前需满足以下要求。

- 设置域中父域控制器和子域控制器的 TCP/IP 属性，手工指定 IP 地址、子网掩码、默认网关和 DNS 服务器 IP 地址等。
- 部署域环境，父域域名为 long.com，子域域名为 china.long.com。

2. 部署环境

本任务所有实例被部署在域环境下，父域域名为 long.com，子域域名为 china.long.com。其中父域的域控制器主机名为 win2012-1，其本身也是 DNS 服务器，IP 地址为 192.168.10.1。子域的域控制器主机名为 win2012-2，其本身也是 DNS 服务器，IP 地址为 192.168.10.2。具体网络拓扑图如图 4-34 所示。

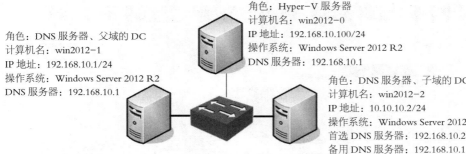

图 4-34 创建子域的网络拓扑图

　　　　win2012-1 和 win2012-2 是 Hyper-V 服务器（或者 VMWare）的 2 台虚拟机。读者在做实训时，为了不相互影响，建议将 Hyper-V 服务器中虚拟网络的模式选为"内部"（VMWare 为"NAT"）

3. 创建子域

在计算机"win2012-2"上安装 Active Directory 域服务，使其成为子域"china.long.com"中的域控制器，具体步骤如下。

STEP 1 在 win2012-2 上以管理员账户登录，打开"Internet 协议版本 4（TCP/IPv4）属性"对话框，按图 4-34 所示配置 win2012-2 计算机的 IP 地址、子网掩码、默认网关以及 DNS 服务器，其中 DNS 服务器一定要设置为自身的 IP 地址和父域的域控制器的 IP 地址。

STEP 2 添加 "Active Directory 域服务" 角色和功能的过程，请参见 4.3.1 小节中的 "3. 安装 Active Directory 域服务"，这里不再赘述。

STEP 3 启动 Active Directory 安装向导（启动方法请参考 4.3.2 小节中的 "4. 安装活动目录"），当显示 "部署配置" 窗口时，选择【将新域添加到现有林】单选按钮，单击 "未提供凭据" 后面的【更改】按钮，出现 "Windows 安全" 对话框，输入有权限的用户：long\administrator 及其密码，如图 4-35 所示。单击【确定】按钮。

图 4-35 "部署配置" 窗口

STEP 4 出现提供凭据的 "部署配置" 界面，如图 4-36 所示。请选择或输入父域：long.com，键入新域名：china。（注意不是 china.long.com！）

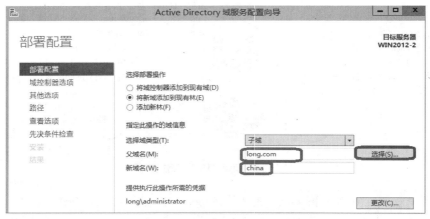

图 4-36 提供凭据的 "部署配置" 界面

STEP 5 单击【下一步】按钮，显示 "域控制器选项" 对话框。（请参见前面的相关类似内容，如图 4-24 所示。）
① 选择是否在此服务器上安装 DNS 服务器（默认会）。
② 选择是否将其设定为全局编录服务器（默认会）。
③ 选择是否将其设置为只读域控制器（默认不会）。
④ 设置目录服务还原模式的密码。

STEP 6 单击【下一步】按钮，显示 "DNS 选项" 的对话框，默认选中【创建 DNS 委派】复选按钮。单击【下一步】按钮，设置 "NetBIOS" 名称，单击【下一步】按钮。

STEP 7 持续单击【下一步】按钮，在"先决条件检查"对话框中，如果顺利通过检查，就直接单击【安装】按钮，否则要按提示先排除问题。安装完成后会自动重新启动。

STEP 8 重新启动计算机，升级为 Active Directory 域控制器之后，必须使用域用户账户登录，格式为域名\用户账户（见图 4-21），按左侧箭头可以更换登录用户（见图 4-22）。

注 意　　这里的 China\Administrator 域用户是 Win2012-2 子域控制器中的管理员账户，不是 win2012-1 的，请读者务必注意。

4. 创建验证子域

STEP 1 重新启动 win2012-2 计算机后，用管理员登录到子域中。依次单击【开始】→【管理工具】→【Active Directory 用户和计算机】选项，打开"Active Directory 用户和计算机"窗口，可以看到 china.long.com 子域，如图 4-37 所示。

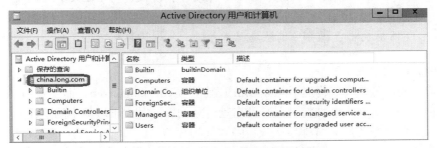

图 4-37　"Active Directory 用户和计算机"窗口

STEP 2 在 win2012-2 上，依次单击【开始】→【管理工具】→【DNS】选项，打开"DNS管理器"窗口，依次展开各选项，可以看到区域"china.long.com"，如图 4-38所示。

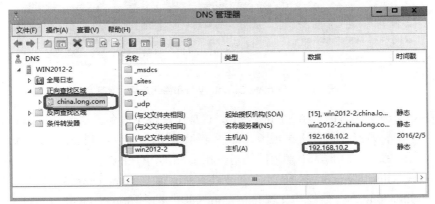

图 4-38　子域域控制器的 DNS 管理器

思 考　　请打开 win2012-1 的 DNS 服务器的"DNS 管理器"窗口，观察 china 区域下面有何记录。图 4-39 所示是父域域控制器中的 DNS 管理器。

项目 4　部署与管理 Active Directory 域服务环境

图 4-39　父域域控制器的 DNS 管理器

 　　在 Hyper-V 中再新建一台 Windows Server 2012 R2 的虚拟机，计算机名为 win2012-3，IP 地址为 192.168.10.3，子网掩码为 255.255.255.0，DNS 服务器第 1 种情况设置为 192.168.10.1，第 2 种情况设置为 192.168.10.2。将 DNS 服务器分 2 种情况分别加入到 china.long.com，都能成功吗？能否设置为主辅 DNS 服务器？做完后请认真思考。

5．验证父子信任关系

通过前面的任务，我们构建了 long.com 及其子域 china.long.com，而子域和父域的双向、可传递的信任关系是在安装域控制器时就自动建立的，同时由于域林中的信任关系是可传递的，因此同一域林中的所有域都显式或者隐式地相互信任。

STEP 1 在 win2012-1 上以域管理员身份登录，选择【开始】→【管理工具】→【Active Directory 域和信任关系】选项（或者在服务管理器中单击【工具】菜单，单击【Active Directory 域和信任关系】），弹出 "Active Directory 域和信任关系" 窗口，可以对域之间的信任关系进行管理，如图 4-40 所示。

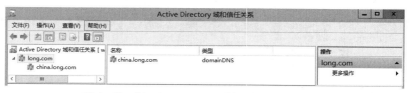

图 4-40　"Active Directory 域和信任关系" 窗口

STEP 2 在窗口左侧右键单击 "long.com"，选择【属性】命令，打开 "long.com 属性" 对话框，选择【信任】选项卡，如图 4-41 所示，可以看到 long.com 和其他域的信任关系。对话框的上部列出的是 long.com 所信任的域，表明 long.com 信任其子域 china.long.com；窗口下部列出的是信任 long.com 的域，表明其子域 china.long.com 信任其父域 long.com。也就是说，long.com 和 china.long.com 有双向信任关系。

STEP 3 在图 4-40 所示窗口中选择 china.long.com 域，查看其信任关系，如图 4-42 所示。可以发现，该域只是显式地信任其父域 long.com，而和另一域树中的根域 smile.com 并无显式的信任关系。可以直接创建它们之间的信任关系，以减少信任的路径。

图 4-41 long.com 的信任关系   图 4-42 china.long.com 的信任关系

4.3.7 任务 7 熟悉多台域控制器的情况

1．更改 PDC 操作主机

如果域内有多台域控制器，则你所设置的安全设置值，是先被存储到扮演 PDC 操作主机角色的域控制器内，而它默认由域内的第 1 台域控制器扮演，可以通过【开始】→【系统管理工具】→【Active Directory 用户和计算机】→选中域名 long.com 并单击鼠标右键→【操作主机】→选择图 4-43 所示的【PDC】标签的方法来得知 PDC 操作主机是哪一台域控制器（例如图中为 win2012-1.long.com）。

图 4-43 操作主机

2．更改域控制器

如果使用 Active Directory 用户和计算机，则可以从图 4-44 所示界面来查看所连接的域控制器为 win2012-1.long.com。

如果要更改连接到其他域控制器，请在图 4-44 所示中的"Active Directory 用户和计算机"窗口中，右击【long.com】域，可在弹出的快捷菜单中单击【更改域控制器】。

图 4-44　更改域控制器 win2012-1.long.com

3．登录疑难问题排除

当你在域控制器上利用普通用户账户登录时，如果出现图 4-45 所示的"不允许使用你正在尝试的登录方式……"警告界面，表示此用户账户在这台域控制器上没有允许本地登录的权限，可能原因是尚未被赋予此权限、策略设置值尚未被复制到此域控制器或尚未应用。解决问题的方法如下。

图 4-45　登录警告界面

除了域 Administrators 等少数组内的成员外，其他一般域用户账户默认无法在域控制器上登录，除非另外开放。

一般用户必须在域控制器上拥有允许本地登录的权限，才可以在域控制器上登录。此权限可以通过组策略来开放：请到任何一台域控制器上（如 win2012-1）进行如下操作。

STEP 1　【开始】→【系统管理工具】→【组策略管理】→展开林：long.com→展开域：long.com →展开 Domain Controllers，如图 4-46 所示。选中【Default Domain Controllers Policy】→单击鼠标右键→【编辑】。

STEP 2　接着在图 4-47 所示界面中双击"计算机配置"处的【策略】→【Windows 设置】 →【安全设置】→【本地策略】→【用户权限分配】，然后双击右侧的【允许本地登录】，接着单击【添加用户和组】按钮，然后将用户或组加入到列表内。本例将 yhl（或 long\yhl）添加进来。

STEP 3　接着，需要等设置值被应用到域控制器后才有效，而应用的方法有以下 3 种。
- 将域控制器重新启动。
- 等域控制器自动应用此新策略设置，可能需要等待 5 分钟或更久。

● 手动应用：到域控制器上运行 gpupdate 或 gpupdate/force。

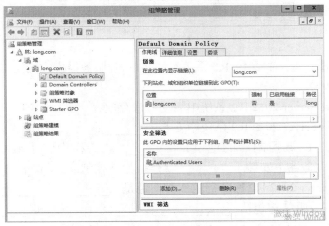

图 4-46 "组策略管理"界面

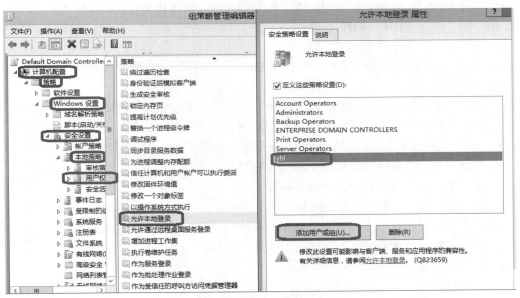

图 4-47 "组策略管理编辑器"界面

STEP 4 可以在已经完成应用的域控制器上，利用前面创建的新用户账户来测试是否能正常登录。本例可使用 yhl@long.com（或 long\yhl）在 win2012-1 上进行登录测试。

特别提示

　　虽然有关域与活动目录的内容感觉仍然有许多内容要写，如域组的使用规则 AGUDLP、使用组策略管理用户工作环境、利用组策略部署软件、限制软件运行、建立域树和林、管理域和林信任、AD DS 数据库的复制、操作主机的管理、AD DS 的维护、将资源发布到 AD DS 等，但限于篇幅，这些内容连同服务器配置将会在作者的另一本书《Windows Server 2012 活动目录与服务器配置》（杨云主编，人民邮电出版社）中做详细介绍，敬请读者关注。

项目 4　部署与管理 Active Directory 域服务环境

4.4 习题

一、填空题

1. 通过 Windows Server 2012 R2 系统组建客户机/服务器模式的网络时，应该将网络配置为_____。

2. 在 Windows Server 2012 R2 系统中活动目录存放在_____中。

3. 在 Windows Server 2012 R2 系统中安装_____后，计算机即成为一台域控制器。

4. 同一个域中的域控制器的地位是_____。域树中，子域和父域的信任关系是_____。独立服务器上安装了_____就升级为域控制器。

5. Windows Server 2012 R2 服务器的 3 种角色是_____、_____、_____。

6. 活动目录的逻辑结构包括_____、_____、_____和_____。

7. 物理结构的 3 个重要概念是_____、_____和_____。

8. 无论 DNS 服务器服务是否与 AD DS 集成，都必须将其安装在部署的 AD DS 目录林根级域的第_____个域控制器上。

9. Active Directory 数据库文件保存在_____。

10. 解决在 DNS 服务器中未能正常注册 SRV 记录的问题，需要重新启动_____服务。

二、判断题

1. 在一台 Windows Server 2012 R2 计算机上安装 AD 后，计算机就成了域控制器。(   )

2. 客户机在加入域时，需要正确设置首选 DNS 服务器地址，否则无法加入。　　(   )

3. 在一个域中，至少有一个域控制器(服务器)，也可以有多个域控制器。　　(   )

4. 管理员只能在服务器上对整个网络实施管理。　　(   )

5. 域中所有账户信息都存储于域控制器中。　　(   )

6. OU 是可以应用组策略和委派责任的最小单位。　　(   )

7. 一个 OU 只指定一个受委派管理员，不能为一个 OU 指定多个管理员。　　(   )

8. 同一域林中的所有域都显式或者隐式地相互信任。　　(   )

9. 一个域目录树不能称为域目录林。　　(   )

三、简答题

1. 什么时候需要安装多个域树？

2. 简述什么是活动目录、域、活动目录树和活动目录林。

3. 简述什么是信任关系。

4. 为什么在域中常常需要 DNS 服务器？

5. 活动目录中存放了什么信息？

实训项目　部署与管理活动目录

一、实训目的

- 掌握规划和安装局域网中的活动目录的方法。
- 掌握创建目录林根级域的方法。
- 掌握安装额外域控制器的方法。

- 掌握创建子域的方法。
- 掌握创建双向可传递的林信任的方法。
- 掌握备份与恢复活动目录的方法。
- 掌握将服务器 3 种角色相互转换的方法。

二、项目环境

随着公司的发展壮大，已有的工作组式的网络已经不能满足公司的业务需要，需要构筑新的网络结构。经过多方论证，确定了公司新的服务器拓扑结构如图 4-3 所示。

三、项目要求

根据图 4-3 所示的公司域环境，构建满足公司需要的域环境。具体要求如下。

- 创建域 long.com，域控制器的计算机名称为 win2012-1。
- 检查安装后的域控制器。
- 安装域 long.com 的额外域控制器，域控制器的计算机名称为 win2012-2。
- 创建子域 china.long.com，其域控制器的计算机名称为 win2012-3，成员服务器的计算机名称为 win2012-4。
- 创建域 smile.com，域控制器的计算机名称为 Server1。
- 创建 long.com 和 smile.com 双向可传递的林信任关系。
- 备份 smile.com 域中活动目录，并利用备份进行恢复。
- 建立组织单位 sales，在其下建立用户 testdomain，并委派对 OU 的管理。

四、做一做

根据实训项目录像进行项目的实训，检查学习效果。

PART 5

项目 5
管理用户账户和组

项目背景

当安装完操作系统并完成操作系统的环境配置后，管理员应规划一个安全的网络环境，为用户提供有效的资源访问服务。Windows Server 2012 R2 通过建立账户（包括用户账户和组账户）并赋予账户合适的权限，保证使用网络和计算机资源的合法性，以确保数据访问、存储和交换服从安全需要。

如果是单纯工作组模式的网络，需要使用"计算机管理"工具来管理本地用户和组；如果是域模式的网络，则需要通过"Active Directory 用户和计算机"工具管理整个域环境中的用户和组。

项目目标

- 理解用户和组的概念
- 掌握管理本地用户的方法
- 掌握管理本地组的方法
- 掌握管理域用户和组的方法

5.1 相关知识

保证 Windows Server 2012 安全性的主要方法有以下 4 点。

① 严格定义各种账户权限，阻止用户可能进行具有危害性的网络操作。

② 使用组规划用户权限，简化账户权限的管理。

③ 禁止非法计算机连入网络。

④ 应用本地安全策略和组策略制定更详细的安全规则（详见项目 13）。

5.1.1 用户账户概述

用户账户是计算机的基本安全组件，计算机通过用户账户来辨别用户身份，让有使用权限的用户登录计算机，访问本地计算机资源或从网络访问这台计算机的共享资源。

指派不同用户不同的权限，可以让用户执行不同的计算机管理任务。所以每台运行 Windows Server 2012 的计算机都需要用户账户才能登录。在登录过程中，当计算机验证用户输入的账户和密码与本地安全数据库中的用户信息一致时，才能让用户登录到本地计算机或从网络上获取对资源的访问权限。用户登录时，本地计算机验证用户账户的有效性，如用户提供了正确的用户名和密码，则本地计算机分配给用户一个访问令牌（Access Token），该令牌定义了用户在本地计算机上的访问权限，资源所在的计算机负责对该令牌进行鉴别，以保证用户只能在管理员定义的权限范围内使用本地计算机上的资源。对访问令牌的分配和鉴别是由本地计算机的本地安全权限（LSA）负责的。

Windows Server 2012 支持两种用户账户：域账户和本地账户。域账户可以登录到域上，并获得访问该网络的权限；本地账户则只能登录到一台特定的计算机上，并访问其资源。

5.1.2　本地用户账户

本地用户账户仅允许用户登录并访问创建该账户的计算机。当创建本地用户账户时，Windows Server 2012 仅在%Systemroot%\system32\config 文件夹下的安全数据库（SAM）中创建该账户，如 C:\Windows\system32\config\sam。

Windows Server 2012 默认只有 Administrator 账户和 Guest 账户。Administrator 账户可以执行计算机管理的所有操作；而 Guest 账户是为临时访问用户而设置的，默认是禁用的。

Windows Server 2012 为每个账户提供了名称，如 Administrator、Guest 等，这些名称是为了方便用户记忆、输入和使用而设置的。在本地计算机中的用户账户是不允许相同的。而系统内部则使用安全标识符（Security Identifier，SID）来识别用户身份，每个用户账户都对应一个唯一的安全标识符，这个安全标识符在用户创建时由系统自动产生。系统指派权利、授权资源访问权限等都需要使用安全标识符。当删除一个用户账户后，重新创建名称相同的账户并不能获得先前账户的权利。用户登录后，可以在命令提示符状态下输入“whoami /logonid”命令查询当前用户账户的安全标识符。下面介绍系统内置账户。

- Administrator：使用内置 Administrator 账户可以对整台计算机或域配置进行管理，如创建修改用户账户和组、管理安全策略、创建打印机、分配允许用户访问资源的权限等。作为管理员，应该创建一个普通用户账户，在执行非管理任务时使用该用户账户，仅在执行管理任务时才使用 Administrator 账户。Administrator 账户可以更名，但不可以删除。
- Guest：一般的临时用户可以使用它进行登录并访问资源。为保证系统的安全，Guest 账户默认是禁用的，但若安全性要求不高，可以使用它且常常分配给它一个口令。

5.1.3　本地组概述

对用户进行分组管理可以更加有效并且灵活地进行权限的分配设置，以方便管理员对 Windows Server 2012 的具体管理。如果 Windows Server 2012 计算机被安装为成员服务器（而不是域控制器），将自动创建一些本地组。如果将特定角色添加到计算机，还将创建额外的组，用户可以执行与该组角色相对应的任务。例如，如果计算机被配置成 DHCP 服务器，将创建管理和使用 DHCP 服务的本地组。

可以在“计算机管理”管理单元的“本地用户和组”下的“组”文件夹中查看默认组。常用的默认组包括以下几种。

- Administrators：其成员拥有没有限制的、在本地或远程操作和管理计算机的权利。默认情况下，本地 Administrator 和 Domain Admins 组的所有成员都是该组的成员。
- Backup Operators：其成员可以本地或者远程登录，备份和还原文件夹和文件，关闭计算机。注意，该组的成员在自己本身没有访问权限的情况下也能够备份和还原文件夹和文件，这是因为 Backup Operators 组权限的优先级要高于成员本身的权限。默认情况下，该组没有成员。
- Guests：只有 Guest 账户是该组的成员，但 Windows Server 2012 中的 Guest 账户默认被禁用。该组的成员没有默认的权利或权限。如果 Guest 账户被启用，当该组成员登录到计算机时，将创建一个临时配置文件；在注销时，该配置文件将被删除。
- Power Users：该组的成员可以创建用户账户，并操作这些账户。他们可以创建本地组，然后在已创建的本地组中添加或删除用户。还可以在 Power Users 组、Users 组和 Guests 组中添加或删除用户。默认情况下该组没有成员。
- Print Operators：该组的成员可以管理打印机和打印队列。默认情况下该组没有成员。
- Remote Desktop Users：该组的成员可以远程登录服务器。
- Users：该组的成员可以执行一些常见任务，例如运行应用程序、使用打印机。组成员不能创建共享或打印机（但他们可以连接到网络打印机，并远程安装打印机）。在域中创建的任何用户账户都将成为该组的成员。

除了上述默认组以及管理员自己创建的组外，系统中还有一些特殊身份的组。这些组的成员是临时和瞬间的，管理员无法通过配置改变这些组中的成员。有以下几种特殊组。

- Anonymous Logon：代表不使用账户名、密码或域名而通过网络访问计算机及其资源的用户和服务。在运行 Windows NT 及其以前版本的计算机上，Anonymous Logon 组是 Everyone 组的默认成员。在运行 Windows Server 2012（和 Windows 2000）的计算机上，Anonymous Logon 组不是 Everyone 组的成员。
- Everyone：代表所有当前网络的用户，包括来自其他域的来宾和用户。所有登录到网络的用户都将自动成为 Everyone 组的成员。
- Network：代表当前通过网络访问给定资源的用户（不是通过从本地登录到资源所在的计算机来访问资源的用户）。通过网络访问资源的任何用户都将自动成为 Network 组的成员。
- Interactive：代表当前登录到特定计算机上并且访问该计算机上给定资源的所有用户（不是通过网络访问资源的用户）。访问当前登录的计算机上资源的所有用户都将自动成为 Interactive 组的成员。

5.2 项目设计及准备

本项目所有实例都部署在图 5-1 所示的环境下。其中 win2012-1 和 win2012-2 是 Hyper-V 服务器的 2 台虚拟机，win2012-1 是域 long.com 的域控制器，win2012-2 是域 long.com 的成员服务器。本地用户和组的管理在 win2012-2 上进行；域用户和组的管理在 win2012-1 上进行，在 win2012-2 上进行测试。

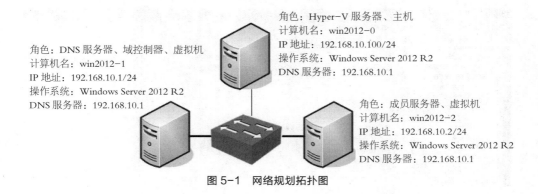

角色：Hyper-V 服务器、主机
计算机名：win2012-0
IP 地址：192.168.10.100/24
操作系统：Windows Server 2012 R2
DNS 服务器：192.168.10.1

角色：DNS 服务器、域控制器、虚拟机
计算机名：win2012-1
IP 地址：192.168.10.1/24
操作系统：Windows Server 2012 R2
DNS 服务器：192.168.10.1

角色：成员服务器、虚拟机
计算机名：win2012-2
IP 地址：192.168.10.2/24
操作系统：Windows Server 2012 R2
DNS 服务器：192.168.10.1

图 5-1　网络规划拓扑图

5.3　项目实施

按图 5-1 所示，配置好 win2012-1 和 win2012-2 的所有参数，保证 win2012-1 和 win2012-2 之间通信畅通。建议将 Hyper-V 中虚拟网络的模式设置为"内部"。

5.3.1　任务 1　创建本地用户账户

本任务在 win2012-2 独立服务器上实现（先不加入域 long.com），以 administrator 身份登录该计算机。

1．规划新的用户账户

遵循以下规则和约定可以简化账户创建后的管理工作。

（1）命名约定

● 账户名必须唯一：本地账户必须在本地计算机上唯一。
● 账户名不能包含以下字符：★ ; ? / \ [ ] : | = , + < > "
● 账户名最长不能超过 20 个字符。

（2）密码原则

● 一定要给 Administrator 账户指定一个密码，以防止他人随便使用该账户。
● 确定是管理员还是用户拥有密码的控制权。用户可以给每个用户账户指定一个唯一的密码，并防止其他用户对其进行更改，也可以允许用户在第一次登录时输入自己的密码。一般情况下，用户应该可以控制自己的密码。
● 密码不能太简单，应该不容易让他人猜出。
● 密码最多可由 128 个字符组成，推荐最小长度为 8 个字符。
● 密码应由大小写字母、数字以及合法的非字母数字的字符混合组成，如"P@$$word"。

2．创建本地用户账户

用户可以用"计算机管理"中的"本地用户和组"管理单元来创建本地用户账户，而且用户必须拥有管理员权限。创建本地用户账户"student1"的步骤如下。

STEP 1 执行【开始】→【管理工具】→【计算机管理】命令，打开"计算机管理"对话框。

STEP 2 在"计算机管理"窗口中，展开"本地用户和组"，在"用户"目录上右键单击，在弹出的快捷菜单中选择【新用户】选项，如图 5-2 所示。

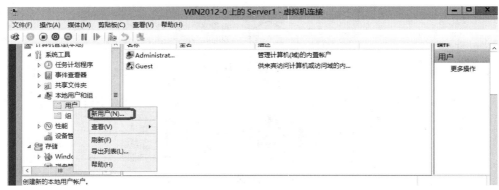

图 5-2 选择【新用户】选项

STEP 3 打开"新用户"对话框后，输入用户名、全名和描述，并且输入密码，如图 5-3 所示。可以设置密码选项，包括"用户下次登录时需更改密码""用户不能更改密码""密码永不过期""账户已禁用"等。设置完成后，单击【创建】按钮新增用户账户。创建完用户后，单击【关闭】按钮，返回"计算机管理"对话框。

图 5-3 "新用户"对话框

有关密码的选项描述如下。

- 密码：要求用户输入密码，系统用"●"显示。
- 确认密码：要求用户再次输入密码，以确认输入正确与否。
- 用户下次登录时须更改密码：要求用户下次登录时必须修改该密码。
- 用户不能更改密码：通常用于多个用户共用一个用户账户，如 Guest 等。
- 密码永不过期：通常用于 Windows Server 2012 的服务账户或应用程序所使用的用户账户。
- 账户已禁用：禁用用户账户。

5.3.2 任务 2 设置本地用户账户的属性

用户账户不只包括用户名和密码等信息，为了管理和使用的方便，一个用户还包括其他一些属性，如用户隶属的用户组、用户配置文件、用户的拨入权限、终端用户设置等。

在"本地用户和组"的右窗格中，双击刚刚建立的"student1"用户，将打开图 5-4 所示的"student1 属性"对话框。

1．"常规"选项卡

可以设置与账户有关的一些描述信息，包括全名、描述、账户选项等。管理员可以设置密码选项或禁用账户。如果账户已经被系统锁定，管理员可以解除锁定。

2．"隶属于"选项卡

在"隶属于"选项卡中，可以设置将该账户加入其他本地组中。为了管理的方便，通常都需要对用户组进行权限的分配与设置。用户属于哪个组，就具有该用户组的权限。新增的用户账户默认加入 users 组，users 组的用户一般不具备特殊权限，如安装应用程序、修改系统设置等。所以当要分配给这个用户一些权限时，可以将该用户账户加入其他的组，也可以单击【删除】按钮将用户从一个或几个用户组中删除。"隶属于"选项卡如图 5-5 所示。例如，将"student1"添加到管理员组的操作步骤如下。

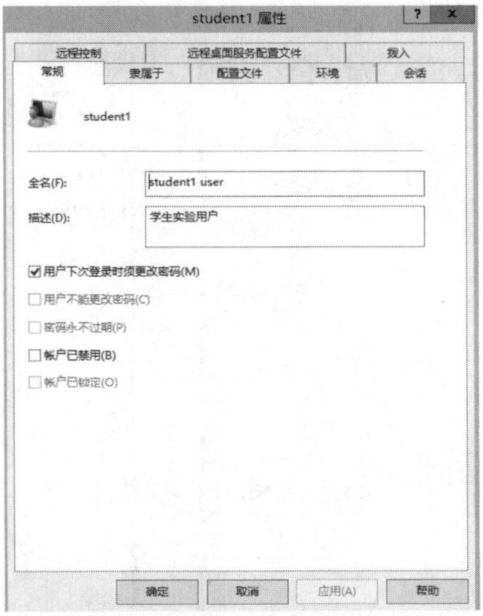

图 5-4　"student1 属性"对话框

单击图 5-5 所示界面中的【添加】按钮，在图 5-6 所示的"选择组"对话框中直接输入组的名称，例如管理员组的名称"Administrators"、高级用户组名称"Power users"。输入组名称后，如需要检查名称是否正确，则单击【检查名称】按钮，名称会变为"WIN2012-2\Administrators"。前面部分表示本地计算机名称，后面部分为组名称。如果输入了错误的组名称，检查时，系统将提示找不到该名称，并提示更改，再次搜索。

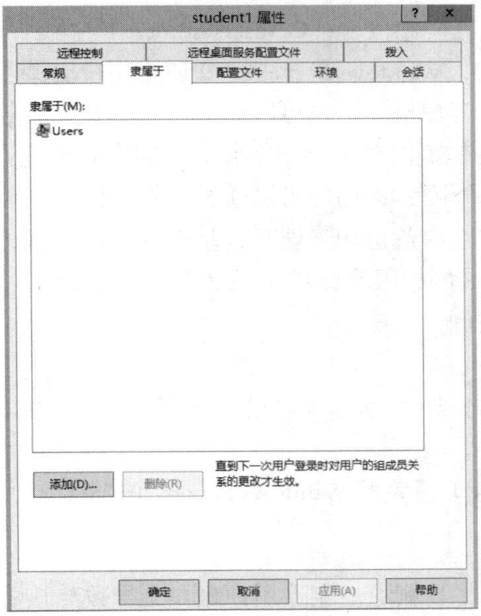

图 5-5　"隶属于"选项卡

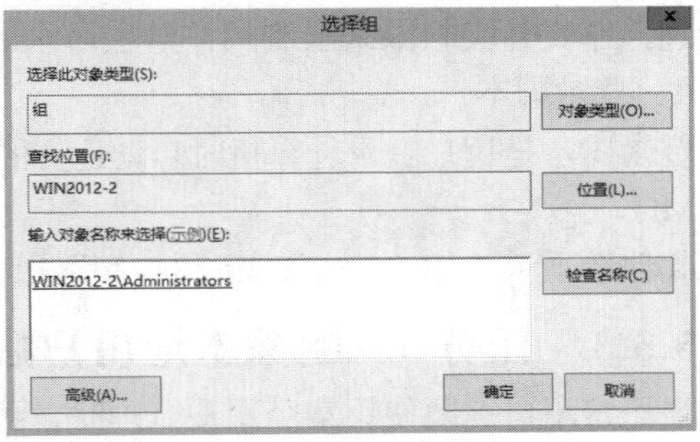

图 5-6　"选择组"对话框

如果不希望手动输入组名称，也可以单击【高级】按钮，再单击【立即查找】按钮，从列表中选择一个或多个组（同时按<CTRL>键或<SHIFT>键），如图 5-7 所示。

3."配置文件"选项卡

在"配置文件"选项卡中可以设置用户账户的配置文件路径、登录脚本和主文件夹路径。"配置文件"选项卡如图 5-8 所示。

图 5-7　查找可用的组　　　　　图 5-8　"配置文件"选项卡

用户配置文件是存储当前桌面环境、应用程序设置以及个人数据的文件夹和数据的集合，还包括所有登录到该台计算机上所建立的网络连接。由于用户配置文件提供的桌面环境与用户最近一次登录到该计算机上所用的桌面相同，因此就保持了用户桌面环境及其他设置的一致性。

当用户第一次登录到某台计算机上时，Windows Server 2012 根据默认用户配置文件自动创建一个用户配置文件，并将其保存在该计算机上。默认用户配置文件位于"C:\users\ default"下，该文件夹是隐藏文件夹，用户 student1 的配置文件位于 "C:\users\student1"下。

除了"C:\用户\用户名\我的文档"文件夹外，Windows Server 2012 还为用户提供了用于存放个人文档的主文件夹。主文件夹可以保存在客户机上，也可以保存在一个文件服务器的共享文件夹里。用户可以将所有的用户主文件夹都定位在某个网络服务器的中心位置上。

管理员在为用户实现主文件夹时，应考虑以下因素：用户可以通过网络中任意一台联网的计算机访问其主文件夹。在实现对用户文件的集中备份和管理时，基于安全性考虑，应将用户主文件夹存放在 NTFS 卷中，可以利用 NTFS 的权限来保护用户文件（放在 FAT 卷中只能通过共享文件夹权限来限制用户对主目录的访问）。

4.登录脚本

登录脚本是用户登录计算机时自动运行的脚本文件，脚本文件的扩展名可以是 VBS、BAT或 CMD。

其他选项卡（如"拨入""远程控制"选项卡）请参考 Windows Server 2012 的帮助文件。

5.3.3　任务 3　删除本地用户账户

当用户不再需要使用某个用户账户时，可以将其删除。删除用户账户会导致与该账户有关的所有信息的遗失，所以在删除之前，最好确认其必要性或者考虑用其他方法，如禁用该账户。许多企业给临时员工设置了 Windows 账户，当临时员工离开企业时将账户禁用，而新来的临时员工需要用该账户时，只需改名即可。

在"计算机管理"控制台中，右键单击要删除的用户账户，可以执行删除功能，但是系统内置账户如 Administrator、Guest 等无法删除。

在前面提到，每个用户都有一个名称之外的唯一标识符 SID 号，SID 号在新增账户时由系统自动产生，不同账户的 SID 不会相同。由于系统在设置用户的权限、访问控制列表中的资源访问能力信息时，内部都使用 SID 号，所以一旦用户账户被删除，这些信息也就跟着消失了。重新创建一个名称相同的用户账户，也不能获得原先用户账户的权限。

5.3.4　任务 4　使用命令行创建用户

重新以管理员的身份登录 win2012-2 计算机，然后使用命令行方式创建一个新用户，命令格式如下：（注意密码要满足密码复杂度要求。）

```
net user username password /add
```

例如要建立一个名为 mike、密码为 P@ssw0rd2（必须符合密码复杂度要求）的用户，可以使用命令：

```
net user mike P@ssw0rd2 /add
```

要修改旧账户的密码，可以按如下步骤操作。

STEP 1 打开"计算机管理"对话框。

STEP 2 在对话框中，单击【本地用户和组】。

STEP 3 右键单击要为其重置密码的用户账户，然后在弹出的快捷菜单中选择【设置密码】选项。

STEP 4 阅读警告消息，如果要继续，单击【继续】按钮。

STEP 5 在"新密码"和"确认密码"文本框中，输入新密码，然后单击【确定】按钮。

或者使用命令行方式：

```
net user username password
```

例如将用户 mike 的密码设置为 P@ssw0rd3（必须符合密码复杂度要求），可以运行命令：

```
net user mike P@ssw0rd3
```

5.3.5　任务 5　管理本地组

1. 创建本地组

Windows Server 2012 计算机在运行某些特殊功能或应用程序时，可能需要特定的权限。为这些任务创建一个组，并将相应的成员添加到组中是一个很好的解决方案。对于计算机被指定的大多数角色来说，系统都会自动创建一个组来管理该角色。例如，如果计算机被指定为 DHCP 服务器，相应的组就会添加到计算机中。

要创建一个新组"common"，首先打开"计算机管理"对话框。右键单击【组】文件夹，在弹出的快捷菜单中选择【新建组】选项。在"新建组"对话框中，输入组名和描述，然后单击【添加】按钮向组中添加成员，如图 5-9 所示。

图 5-9　新建组

另外也可以使用命令行方式创建一个组，命令格式如下：

```
net localgroup groupname /add
```

例如要添加一个名为 sales 的组，可以输入命令：

```
net localgroup sales /add
```

2．为本地组添加成员

可以将对象添加到任何组。在域中，这些对象可以是本地用户、域用户，甚至是其他本地组或域组。但是在工作组环境中，本地组的成员只能是用户账户。

为了将成员 mike 添加到本地组 common，可以执行以下操作。

STEP 1 打开【开始】→【管理工具】→【计算机管理】对话框。

STEP 2 在左窗格中展开"本地用户和组"对象；双击【组】对象，在右窗格中显示本地组。

STEP 3 双击要添加成员的组【common】，打开组的"属性"对话框。

STEP 4 单击【添加】按钮，选择要加入的用户 mike 即可。

使用命令行的话，可以使用命令：

```
net localgroup groupname username /add
```

例如要将用户 mike 加入 administrators 组中，可以使用命令：

```
net localgroup administrators mike /add
```

5.3.6　任务 6　管理域用户

任务 6 和任务 7 的完成过程中，win2012-2 的角色是 long.com 的成员服务器。

1．域用户账户

域用户账户用来使用户能够登录到域或其他计算机中，从而获得对网络资源的访问权。经常访问网络的用户都应拥有网络唯一的用户账户。如果网络中有多个域控制器，可以在任何域控制器上创建新的用户账户，因为这些域控制器都是对等的。当在一个域控制器上创建新的用户账户时，这个域控制器会把信息复制到其他域控制器，从而确保该用户可以登录并访问任何一个域控制器。

安装完活动目录,就已经添加了一些内置域账户,它们位于 Users 容器中,如 Administrator、Guest,这些内置账户是在创建域的时候自动创建的。每个内置账户都有各自的权限。

Administrator 账户具有对域的完全控制权,并可以为其他域用户指派权限。默认情况下,Administrator 账户是以下组的成员:

Administrators、Domain Admins、Enterprise Admins、Group Policy Creator Owners 和 Schema Admins。

注意不能删除 Administrator 账户,也不能从 Administrators 组中删除它。但是可以重命名或禁用此账户,这么做通常是为了增加恶意用户尝试非法登录的难度。

2.创建域用户账户

下面在 win2012-1 域控制器上建立域用户 yangyun。

STEP 1 以域管理员身份登录 win2012-1。打开【开始】→【管理工具】→【Active Directory 用户和计算机】工具。在 "Active Directory 用户和计算机" 中,展开【long.com】域。Windows Server 2012 把创建用户的过程进行了分解,首先创建用户和相应的密码,然后在另外一个步骤中配置用户的详细信息,包括组成员身份。

STEP 2 右键单击 Users 容器,在弹出的快捷菜单中选择【新建】→【用户】选项,打开 "新建对象-用户" 对话框,如图 5-10 所示。在其中输入姓、名,系统可以自动填充完整的姓名。

STEP 3 输入用户登录名。域中的用户账户是唯一的。通常情况下,账户采用用户姓和名的第一个声母。如果只使用姓名的声母导致账户重复,则可以使用名的全拼,或者采用其他方式。这样既使用户间能够相互区别,又便于用户记忆。

STEP 4 接下来设置用户密码,如图 5-11 所示。默认情况下,Windows Server 2012 强制用户下次登录时必须更改密码。这意味着可以为每个新用户指定公司的标准密码,然后当用户第一次登录时,让他们创建自己的密码。用户的初始密码应当采用英文大小写、数字和其他符号的组合。同时,密码与用户名既不要相同,也不要相关,以保证账户的访问安全。其中各选项含义如下。

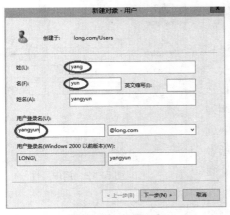

图 5-10　新建用户

图 5-11　设置用户密码

- "用户下次登录时须更改密码":强制用户下次登录网络时更改密码。当希望该用户成为唯一知道其密码的人时,应当使用该选项。
- "用户不能更改密码":阻止用户更改其密码。当希望保留对用户账户(如来宾或临时账户）的控制权时，或者该账户由多个用户使用时，应当使用该选项。此时，"用户下次登录时须更改密码"复选框必须清空。

- "密码永不过期"：防止用户密码过期。建议"服务"账户启用该选项，并且应使用强密码。
- "账户已禁用"：防止用户使用选定的账户登录。当用户暂时离开企业时，可以使用该选项，以便日后迅速启用。也可以禁用一个可能有威胁的账户，当排除问题之后，再重新启用该账户。许多管理员将禁用的账户用作公用用户账户的模板。以后再使用该账户时，可以在该账户上右键单击，并在弹出的快捷菜单中选择【启用账户】选项。

弱密码会使得攻击者易于访问计算机和网络，而强密码则难以破解，即使使用密码破解软件也难以办到。密码破解软件使用下面 3 种方法之一：巧妙猜测、词典攻击和自动尝试字符的各种可能的组合。只要有足够多的时间，这种自动方法可以破解任何密码。即便如此，破解强密码也远比破解弱密码困难得多。因为安全的计算机需要对所有用户账户都使用强密码。强密码具有以下特征：

- 长度至少有 7 个字符。
- 不包含用户名、真实姓名或公司名称。
- 不包含完整的字典词汇。
- 包含全部下列 4 组字符类型：大写字母（A，B，C...）、小写字母（a，b，c...）、数字（0，1，2，3，4，5，6，7，8，9）、键盘上的符号（键盘上所有未定义为字母和数字的字符，如`~!@#$%^&（）*_ + - {}[]|\/?:";'<>,.）。

图 5-12　用户属性

STEP 5 选择想要实行的密码选项，单击【下一步】按钮查看总结，然后单击【完成】按钮，在 Active Directory 中创建新用户。配置域用户的更多选项，需要在用户账户属性中进行设置。要为域用户配置或修改属性，可选择左窗格中的 Users 容器，这样，右窗格将显示用户列表。然后，双击想要配置的用户。如图 5-12 所示，可以进行多类属性的配置。

STEP 6 当添加多个用户账号时，可以以一个设置好的用户账号作为模板。右键单击要作为模板的账号，并在弹出的快捷菜单中选择【复制】选项，即可复制该模板账号的所有属性，而不必再一一设置，从而提高账号添加效率。

试一试　　域用户账户提供了比本地用户账户更多的属性，例如登录时间和登录到哪台计算机的限制等。在"用户属性"对话框中选择相应的选项卡即可进行修改。读者不妨一试。

思 考　将 win2012-2 加入域 long.com，重新启动 win2012-2。在域控制器 win2012-1 上，观察"Active Directory 用户和计算机"工具的"computers"容器在 win2012-2 加入域前后的变化。理解计算机账号的意义。

3．验证域用户账户

现在验证 yangyun 域用户能否在 win2012-2 计算机（已加入域 long.com）上登录域。

STEP 1 在 win2012-2 上注销，在登录窗口单击【切换用户】→【其他用户】。

STEP 2 输入用户名：yangyun，密码：输入建立该域用户的密码。按回车键登录域 long.com。

 思 考　① 该用户在 win2012-1 上能否直接登录？请参考前面项目 4 中的"4.3.5 任务 5 熟悉多台域控制器的情况"相关内容。② 用户名若以下面的格式输入：yangyun@long.com，long\yangyun，能否成功登录？请试一试。

5.3.7　任务 7　管理域中的组账户

根据服务器的工作模式，组分为本地组和域组。5.3.5 小节已经介绍了本地组，下面介绍域组。

1．创建组 sales 和 common

用户和组都可以在 Active Directory 中添加，但必须以 AD 中 Account Operators 组、Domain Admins 组或 Enterprise Admins 组成员的方式登录 Windows，或者必须有管理该活动目录的权限。除可以添加用户和组外，还可以添加联系人、打印机及共享文件夹等。

STEP 1 以域管理员身份登录域控制器 win2012-1，打开"Active Directory 用户和计算机"对话框，展开左窗格中的控制台目录树，右键单击目录树中的【Users】选项，或者选择【Users】选项并在右窗格的空白处右键单击，在弹出的快捷菜单中选择【新建】→【组】选项，或者直接单击工具栏中的【添加组】图标，均可打开"新建对象-组"对话框，如图 5-13 所示。

图 5-13　"新建对象-组"对话框

STEP 2 在"组名"文本框中输入 sales，"组名（Windows 2000 以前版本）"文本框可采用默认值。

STEP 3 在"组作用域"选项组中选择组的作用域，即该组可以在网络上的哪些地方使用。本地域组只能在其所属域内使用，只能访问域内的资源；通用组则可以在所有的域内（如果网络内有 2 个以上的域，并且域之间建立了信任关系）使用，可以访问每一个域内的资源。组作用域有 3 个选项。

113

项目 5　管理用户账户和组

① 本地域组。本地域组的概念是在 Windows 2000 中引入的。本地域组主要用于指定其所属域内的访问权限，以便访问该域内的资源。对于只拥有一个域的企业而言，建议选择【本地域】选项。它的特征如下。

- 本地域组内的成员可以是任何一个域内的用户、通用组与全局组，也可以是同一个域内的本地域组，但不能是其他域内的域本地组。
- 本地域组只能访问同一个域内的资源，无法访问其他不同域内的资源。也就是说，当在某台计算机上设置权限时，可以设置同一域内的本地域组的权限，但无法设置其他域内的本地域组的权限。

② 全局组。全局组主要用于组织用户，即可以将多个被赋予相同权限的用户账户加入到同一个全局组内。其特征如下。

- 全局组内的成员只能包含所属域内的用户与全局组，即只能将同一个域内的用户或其他全局组加入到全局组内。
- 全局组可以访问任何一个域内的资源，即可以在任何一个域内设置全局组的使用权限，无论该全局组是否在同一个域内。

③ 通用组。通用组可以设置在所有域内的访问权限，以便访问所有域资源。其特征如下。

- 通用组成员可以包括整个域林（多个域）中任何一个域内的用户，但无法包含任何一个域内的本地域组。
- 通用组可以访问任何一个域内的资源，也就是说，可以在任何一个域内设置通用组的权限，无论该通用组是否在同一个域内。

这意味着，一旦将适当的成员添加到通用组，并赋予通用组执行任务的权利和赋予成员适当的访问资源权限，成员就可以管理整个企业。管理企业最有效的方式就是使用通用组，而不必使用其他类型的组。

STEP 4 在"组类型"选项组中选择组的类型，包括 2 个选项。

① 安全组。安全组是可以列在随机访问控制列表（DACL）中的组，该列表用于定义对资源和对象的权限。"安全组"也可用作电子邮件实体。给这种组发送电子邮件的同时，也会将该邮件发给组中的所有成员。

② 通讯组。通讯组是仅用于分发电子邮件并且没有启用安全性的组。不能将"通讯组"列在用于定义资源和对象权限的随机访问控制列表中。"通讯组"只能与电子邮件应用程序（如 Microsoft Exchange）一起使用，以便将电子邮件发送到用户集合。如果仅仅为了安全，可以选择创建"通讯组"，而不要创建"安全组"。

STEP 5 单击【确定】按钮，完成组"sales"的创建。同理创建"common"组。

2. 认识常用的内置组

- Domain Admins：该组的成员具有对该域的完全控制权。默认情况下，该组是加入该域中的所有域控制器、所有域工作站和所有域成员服务器上的 Administrators 组的成员。Administrator 账户是该组的成员，除非其他用户具备经验和专业知识，否则不要将他们添加到该组。
- Domain Computers：该组包含加入此域的所有工作站和服务器。
- Domain Controllers：该组包含此域中的所有域控制器。
- Domain Guests：该组包含所有域来宾。
- Domain Users：该组包含所有域用户，即域中创建的所有用户账户都是该组成员。

- Enterprise Admins：该组只出现在林根域中。该组的成员具有对林中所有域的完全控制作用，并且该组是林中所有域控制器上 Administrators 组的成员。默认情况下，Administrator 账户是该组的成员。除非用户是企业网络问题专家，否则不要将他们添加到该组。

- Group Policy Creator Owners：该组的成员可修改此域中的组策略。默认情况下，Administrator 账户是该组的成员。除非用户了解组策略的功能和应用的后果，否则不要将他们添加到该组。

- Schema Admins：该组只出现在林根域中。该组的成员可以修改 Active Directory 架构。默认情况下，Administrator 账户是该组的成员。修改活动目录架构是对活动目录的重大修改，除非用户具备 Active Directory 方面的专业知识，否则不要将他们添加到该组。

3．为组 sales 指定成员

用户组创建完成后，还需要向该组中添加组成员。组成员可以包括用户账户、联系人、其他组和计算机。例如，可以将一台计算机加入某组，使该计算机有权访问另一台计算机上的共享资源。

当新建一个用户组之后，可以为组指定成员，向该组中添加用户和计算机。下面向组 sales 添加"yangyun"用户和"win2012-2"计算机账户。

STEP 1 仍以域管理员身份登录域控制器 win2012-1，打开"Active Directory 用户和计算机"对话框，展开左窗格中的控制台目录树，选择【Users】选项，在右窗格中右键单击要添加组成员的组"sales"，在弹出的快捷菜单中选择【属性】选项，打开"sales 属性"对话框，选择【成员】选项卡，如图 5-14 所示。

STEP 2 单击【添加】按钮，打开"选择用户、联系人、计算机、服务账户或组"对话框，如图 5-15 所示。

图 5-14　"成员"选项卡　　　图 5-15　"选择用户、联系人、计算机、服务账户或组"对话框

STEP 3 单击【对象类型】按钮，打开"对象类型"对话框，如图 5-16 所示，选择【计算机】和【用户】复选框，单击【确定】按钮返回。

STEP 4 单击【位置】按钮，打开"位置"对话框，选择在"long.com"域中查找，如图 5-17 所示，单击【确定】按钮返回。

图 5-16 "对象类型"对话框　　　　图 5-17 "位置"对话框

STEP 5 单击【高级】按钮，打开"选择用户、联系人、计算机、服务账户或组"对话框，如图 5-18 所示，单击【立即查找】按钮，列出所有用户和计算机账户。按<Ctrl>+鼠标左键点选用户账户"yangyun"和计算机账户"win2012-2"。

STEP 6 单击【确定】按钮，所选择的计算机和用户账户将被添加至该组，并显示在"输入对象名称来选择（示例）（E）"列表框中，如图 5-19 所示。当然，也可以直接在"输入对象名称来选择"列表框中直接输入要添加至该组的用户，用户之间用半角的"；"分隔。

图 5-18 选择所有欲添加到组的用户

图 5-19 将计算机和用户账户添加到组

STEP 7 单击【确定】按钮，返回"sales 属性"对话框，所有被选择的计算机和用户账户被添加至该组，如图 5-20 所示。

4．将用户添加至组

新建一个用户之后，可以将该用户添加至某个或某几个组。现在将"yangyun"用户添加到"sales"和"common"组，步骤如下。

STEP 1 仍以域管理员身份登录域控制器 win2012-1，打开"Active Directory 用户和计算机"对话框，展开左窗格中的控制台目录树，选择【Users】选项，在右窗格中右键单击要添加至用户组的用户名"yangyun"，在弹出的快捷菜单中选择【添加到组】选项，即可打开"选择组"对话框。

STEP 2 单击【添加】按钮，直接在"输入对象名称来选择"列表框中输入要添加到的组"sales"和"administrators"，组之间用半角的"；"隔开，如图 5-21 所示；也可以采用浏览的方式，查找并选择要添加到的组。在图 5-21 所示的对话框中单击【高级】按钮，打开"搜索结果"对话框，单击【立即查找】按钮，列出所有用户组。在列表中选择要将该用户添加到的组。

图 5-20 "sales 属性"对话框   图 5-21 "选择组"对话框

STEP 3 单击【确定】按钮，用户被添加到所选择的组中。

5．查看用户组 sales 的属性

STEP 1 仍以域管理员身份登录域控制器 win2012-1，打开"Active Directory 用户和计算机"对话框，展开左窗格中的控制台目录树，选择【users】选项，在右窗格中右键单击欲查看的用户组"sales"，在弹出的快捷菜单中选择【属性】选项，即可打开图 5-20 所示的"sales 属性"对话框，选择【成员】选项卡，显示用户组"sales"所拥有的所有计算机和用户账户。

STEP 2 在"Active Directory 用户和计算机"对话框中右键单击用户"yangyun"，并在弹出的快捷菜单中选择【属性】选项，打开"用户属性"对话框，选择【隶属于】选项卡，显示该用户属于的所有用户组。

5.3.8 任务 8 掌握组的使用原则

为了让网络管理更为容易，同时也为了减少以后维护的负担，在您利用组来管理网络资源时，建议您尽量采用下面的原则，尤其是大型网络。

- A、G、DL、P 原则
- A、G、G、DL、P 原则
- A、G、U、DL、P 原则
- A、G、G、U、DL、P 原则

其中，A 代表用户账户（user Account）、G 代表全局组（Global group）、DL 代表本地域组（Domain Local group）、U 代表通用组（Universal group）、P 代表权限（Permission）。

1．A、G、DL、P 原则

A、G、DL、P 原则就是先将用户账户（A）加入到全局组（G），再将全局群组加入到本地域组（DL）内，然后设置本地域组的权限（P），如图 5-22 所示。以此图为例来说，只要针对图中的本地域组来设置权限，则隶属于该域本地组的全局组内的所有用户都自动会具备该权限。

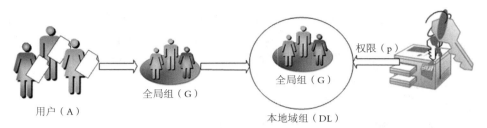

图 5-22　A、G、DL、P 原则

举例来说，若甲域内的用户需要访问乙域内资源的话，则由甲域的系统管理员负责在甲域建立全局组，将甲域用户账户加入到此组内；而乙域的系统管理员则负责在乙域建立本地域组，设置此组的权限，然后将甲域的全局群组加入到此组内；之后由甲域的系统管理员负责维护全局组内的成员，而乙域的系统管理员则负责维护权限的设置，如此便可以将管理的负担分散。

2．A、G、G、DL、P 原则

A、G、G、DL、P 原则就是先将用户账户（A）加入到全局组（G），将此全局组加入到另一个全局组（G）内，再将此全局组加入到本地域组（DL）内，然后设置本地域组的权限（P），如图 5-23 所示。图中的全局组（G3）内包含 2 个全局组（G1 与 G2），它们必须是同一个域内的全局组，因为全局组内只能够包含位于同一个域内的用户账户与全局组。

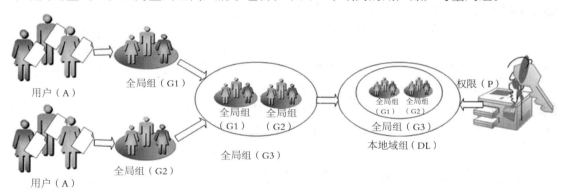

图 5-23　A、G、G、DL、P 原则

3．A、G、U、DL、P 原则

图 5-23 所示的全局组 G1 与 G2 若不是与 G3 在同一个域内，则无法采用 A、G、G、DL、P 原则，因为全局组（G3）内无法包含位于另外一个域内的全局组，此时需将全局组 G3 改为通用组，也就是需要改用 A、G、U、DL、P 原则（见图 5-24），此原则是先将用户账户（A）加入到全局组（G），将此全局组加入到通用组（U）内，再将此通用组加入到本地域组（DL）内，然后设置本地域组的权限（P）。

4．A、G、G、U、DL、P 原则

A、G、G、U、DL、P 原则与前面 2 种类似，在此不再重复说明。

您也可以不遵循以上的原则来使用组，不过会有一些缺点，举例如下。

- 直接将用户账户加入到本地域组内，然后设置此组的权限。它的缺点是您无法在其他域内设置此本地域组的权限，因为本地域组只能够访问所属域内的资源。
- 直接将用户账户加入到全局组内，然后设置此组的权限。它的缺点是如果您的网络内

包含多个域，而每个域内都有一些全局组需要对此资源具备相同的权限，则您需要分别替每一个全局组设置权限，这种方法比较浪费时间，会增加网络管理的负担。

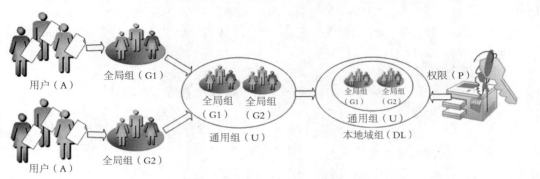

图 5-24 A、G、U、DL、P 原则

5.4 习题

一、填空题

1. 账户的类型分为_____、_____、_____。
2. 根据服务器的工作模式，组分为_____、_____。
3. 工作组模式下，用户账户存储在_____中；域模式下，用户账户存储在_____中。
4. 活动目录中，组按照能够授权的范围，分为_____、_____、_____。

二、选择题

1. 在设置域账户属性时，（   ）项目是不能被设置的。
   A. 账户登录时间　　　　　　　　　B. 账户的个人信息
   C. 账户的权限　　　　　　　　　　D. 指定账户登录域的计算机
2. 下列（   ）账户名不是合法的账户名。
   A. abc_234　　　　B. Linux book　　　　C. doctor★　　　　D. addeofHELP
3. 下面（   ）用户不是内置本地域组成员。
   A. Account Operator　　　　　　　B. Administrator
   C. Domain Admins　　　　　　　　D. Backup Operators

三、简答题

1. 简述工作组和域的区别。
2. 简述通用组、全局组和本地域组的区别。

实训项目　管理用户和组

一、实训目的

● 掌握创建组和用户账户的方法。
● 掌握管理组和用户账户的方法。
● 掌握组的使用原则。

二、项目环境

本项目部署在图 5-1 所示的环境下。其中 win2012-1 和 win2012-2 是 Hyper-V 服务器的 2 台虚拟机，win2012-1 是域 long.com 的域控制器，win2012-2 是域 long.com 的成员服务器。本地用户和组的管理在 win2012-1 上进行，域用户和组的管理在 win2012-1 上进行，在 win2012-2 上进行测试。

三、项目要求

根据图 5-1 所示的公司网络环境，管理用户和组。具体要求如下。

① 在 win2012-2 上创建用户账户和组账户。

② 在 win2012-2 上管理用户账户和组账户。

③ 在 win2012-1 上创建域用户账户和组账户。

④ 在 win2012-1 上管理域用户账户和组账户。

⑤ 实践组的使用原则。

四、思考

① 分析组与组织单元有何不同。

② 分析用户、组和组织单元的关系。

③ 简述用户账户的管理方法与注意事项。

④ 简述组的管理方法。

五、做一做

根据实训项目录像进行项目的实训，检查学习效果。

PART 6
项目 6
管理文件系统与共享资源

项目背景

　　网络中最重要的是安全，安全中最重要的是权限。在网络中，网络管理员首先面对的是权限，日常解决的问题也是权限问题，最终出现漏洞还是由于权限设置出问题。权限决定着用户可以访问的数据、资源，也决定着用户享受的服务。更甚者，权限决定着用户拥有什么样的桌面。理解 NTFS 和它的能力，对于高效地在 Windows Server 2012 R2 中实现这种功能来说是非常重要的。

项目目标

- 掌握设置共享资源和访问共享资源的方法
- 掌握卷影副本的使用方法
- 掌握使用 NTFS 控制资源访问的方法
- 掌握使用文件系统加密文件的方法
- 掌握压缩文件的方法

6.1　FAT 与 NTFS 文件系统

　　文件和文件夹是计算机系统组织数据的集合单位。Windows Server 2012 提供了强大的文件管理功能，其 NTFS 文件系统具有高安全性能，用户可以十分方便地在计算机或网络上处理、使用、组织、共享和保护文件及文件夹。

　　文件系统是指文件命名、存储和组织的总体结构，运行 Windows Server 2012 的计算机的磁盘分区可以使用 3 种类型的文件系统：FAT16、FAT32 和 NTFS。

6.1.1　FAT 文件系统

　　FAT（File Allocation Table）指的是文件分配表，包括 FAT16 和 FAT32 两种。FAT 是一种适合小卷集、对系统安全性要求不高、需要双重引导的用户应选择使用的文件系统。在推出 FAT32 文件系统之前，通常 PC 机使用的文件系统是 FAT16，如 MS-DOS、

Windows 95 等系统。FAT16 支持的最大分区是 2^{16}（即 65 536）个簇，每簇 64 个扇区，每扇区 512 字节，所以最大支持分区为 2.147 GB。FAT16 最大的缺点就是簇的大小是和分区有关的，这样当外存中存放较多小文件时，会浪费大量的空间。FAT32 是 FAT16 的派生文件系统，支持大到 2TB（2 048 GB）的磁盘分区。它使用的簇比 FAT16 小，从而有效地节约了磁盘空间。

FAT 文件系统是一种最初用于小型磁盘和简单文件夹结构的简单文件系统。它向后兼容，最大的优点是适用于所有的 Windows 操作系统。另外，FAT 文件系统在容量较小的卷上使用比较好，因为 FAT 启动只使用非常少的开销。FAT 在容量低于 512 MB 的卷上工作最好，当卷容量超过 1.024 GB 时，效率就显得很低。对于 400MB～500 MB 的卷，FAT 文件系统相对于 NTFS 文件系统来说是个比较好的选择；不过对于使用 Windows Server 2012 的用户来说，FAT 文件系统则不能满足系统的要求。

6.1.2 NTFS 文件系统

NTFS（New Technology File System）是 Windows Server 2012 推荐使用的高性能文件系统。它支持许多新的文件安全、存储和容错功能，而这些功能也正是 FAT 文件系统所缺少的。

NTFS 是从 Windows NT 开始使用的文件系统，它是一个特别为网络和磁盘配额、文件加密等管理安全特性设计的磁盘格式。NTFS 文件系统包括文件服务器和高端个人计算机所需的安全特性，它还支持对于关键数据以及十分重要的数据访问控制和私有权限。除了可以赋予计算机中的共享文件夹特定权限外，NTFS 文件和文件夹无论共享与否都可以赋予权限，NTFS 是唯一允许为单个文件指定权限的文件系统。但是，当用户从 NTFS 卷移动或复制文件到 FAT 卷时，NTFS 文件系统权限和其他特有属性将会丢失。

NTFS 文件系统设计简单但功能强大，从本质上讲，卷中的一切都是文件，文件中的一切都是属性。从数据属性到安全属性，再到文件名属性，NTFS 卷中的每个扇区都分配给了某个文件，甚至文件系统的超数据（描述文件系统自身的信息）也是文件的一部分。

如果安装 Windows Server 2012 系统时采用了 FAT 文件系统，用户也可以在安装完毕之后，使用命令 convert.exe 把 FAT 分区转化为 NTFS 分区，如下所示。

```
Convert   D:/FS:NTFS
```

上面的命令是将 D 盘转换成 NTFS 格式。无论是在运行安装程序中还是在运行安装程序之后，相对于重新格式化磁盘来说，这种转换不会使用户的文件受到损害。但由于 Windows 95/98 系统不支持 NTFS 文件系统，所以在要配置双重启动系统时，即在同一台计算机上同时安装 Windows Server 2012 和其他操作系统（如 Windows 98），则可能无法从计算机上的另一个操作系统访问 NTFS 分区上的文件。

6.2 项目设计及准备

本项目所有实例都部署在图 6-1 所示的环境下。其中 win2012-0 是物理主机，也是 Hyper-V 服务器，win2012-1 和 win2012-2 是 Hyper-V 服务器的 2 台虚拟机。在 win2012-1 与 win2012-2 上可以测试资源共享情况，而资源访问权限的控制、加密文件系统与压缩、分布式文件系统等在 win2012-1 上实施并测试。

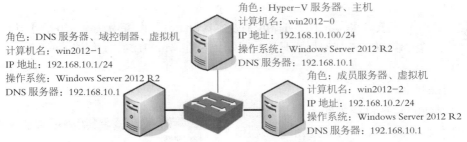

角色：Hyper-V 服务器、主机
计算机名：win2012-0
IP 地址：192.168.10.100/24
操作系统：Windows Server 2012 R2
DNS 服务器：192.168.10.1

角色：DNS 服务器、域控制器、虚拟机
计算机名：win2012-1
IP 地址：192.168.10.1/24
操作系统：Windows Server 2012 R2
DNS 服务器：192.168.10.1

角色：成员服务器、虚拟机
计算机名：win2012-2
IP 地址：192.168.10.2/24
操作系统：Windows Server 2012 R2
DNS 服务器：192.168.10.1

图 6-1 管理文件系统与共享资源网络拓扑图

6.3 项目实施

按图 6-1 所示，配置好 win2012-1 和 win2012-2 的所有参数。保证 win2012-1 和 win2012-2 之间通信畅通。建议将 Hyper-V 中虚拟网络的模式设置为"专用"。

6.3.1 任务 1 设置资源共享

为安全起见，默认状态下，服务器中所有的文件夹都不被共享。而创建文件服务器时，又只创建一个共享文件夹。因此，若要授予用户某种资源的访问权限，必须先将该文件夹设置为共享，然后赋予授权用户相应的访问权限。创建不同的用户组，并将拥有相同访问权限的用户加入同一用户组，会使用户权限的分配变得简单而快捷。

1．在"计算机管理"对话框中设置共享资源

STEP 1 在 win2012-1 上执行【开始】→【管理工具】→【计算机管理】→【共享文件夹】命令，展开左窗格中的"共享文件夹"，如图 6-2 所示。该"共享文件夹"中提供了有关本地计算机上的所有共享、会话和打开文件的相关信息，可以查看本地和远程计算机的连接和资源使用概况。

图 6-2 "计算机管理——共享文件夹"窗口

注　意　　共享名称后带有"$"符号的是隐藏共享。对于隐藏共享，网络上的用户无法通过网上邻居直接浏览到。

STEP 2 在左窗格中右键单击【共享】图标，在弹出的快捷菜单中选择【新建共享】选项，即可打开"创建共享文件夹向导"对话框。注意权限的设置，如图 6-3 所示。其他操作过程不再详述。

做一做 请读者将 win2012-1 的文件夹"c:\share1"设置为共享，并赋予管理员完全访问权限，其他用户只读权限。提前在 win2012-1 上创建 student1 用户。

2．特殊共享

前面提到的共享资源中有一些是系统自动创建的，如 C$、IPC$等。这些系统自动创建的共享资源就是这里所指的"特殊共享"，它们是 Windows Server 2012 用于本地管理和系统使用的。一般情况下，用户不应该删除或修改这些特殊共享。

由于被管理计算机的配置情况不同，共享资源中所列出的这些特殊共享也会有所不同。

下面列出了一些常见的特殊共享。

driveletter$：为存储设备的根目录创建的一种共享资源。显示形式为 C$、D$等。例如，D$号是一个共享名，管理员通过它可以从网络上访问驱动器。值得注意的是，只有

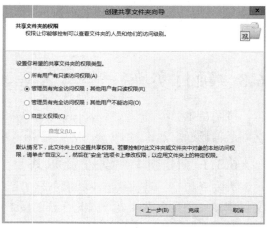

图 6-3 "共享文件夹权限"对话框

Administrators 组、Power Users 组和 Server Operators 组的成员才能连接这些共享资源。

ADMIN$：在远程管理计算机的过程中系统使用的资源。该资源的路径通常指向 Windows Server 2012 系统目录的路径。同样，只有 Administrators 组、PowerUsers 组和 Server Operators 组的成员才能连接这些共享资源。

IPC$：共享命名管道的资源，它对程序之间的通信非常重要。在远程管理计算机的过程及查看计算机的共享资源时使用。

PRINT$：在远程管理打印机的过程中使用的资源。

6.3.2　任务 2　访问网络共享资源

企业网络中的客户端计算机，可以根据需要采用不同方式访问网络共享资源。

1．利用网络发现

提　示 必须确保 win2012-1 和 win2012-2 开启了网络发现功能，并且运行了要求的 3 个服务（自动、启动）。请再次参考项目 2 中的相关内容。

下面分别以 student1 和 administrator 的身份访问 win2012-1 中所设的共享 share1。步骤如下。

STEP 1 在 win2012-2 上，单击左下角的资源管理器图标，打开"资源管理器"窗口，单击窗口左下角的【网络】链接，打开 win2012-2 的"网络"对话框，如图 6-4 所示。

STEP 2 双击"win2012-1"计算机，弹出"Windows 安全"对话框。输入 student1 用户及密码，连接到 win2012-1，如图 6-5 所示。（用户 student1 是 win2012-1 下的用户。）

图 6-4 "网络"窗口

图 6-5 "Windows 安全"对话框

STEP 3 单击【确定】按钮,打开"win2012-1"上的共享文件夹,如图 6-6 所示。

STEP 4 双击"share1"共享文件夹,尝试在下面新建文件,失败。

STEP 5 注销 win2012-2,重新执行 **STEP 1** ~ **STEP 4** 操作。注意本次输入 win2012-1 的 administrator 用户及密码,连接到 win2012-1。验证任务 1 设置的共享的权限情况。

2. 使用 UNC 路径

UNC(Universal Namimg Conversion,通用命名标准)是用于命名文件和其他资源的一种约定,以两个反斜杠"\"开头,指明该资源位于网络计算机上。UNC 路径的格式如下:

```
\\Servername\sharename
```

其中 Servername 是服务器的名称,也可以用 IP 地址代替,而 sharename 是共享资源的名称。目录或文件的 UNC 名称也可以把目录路径包括在共享名称之后,其语法格式如下:

```
\\Servername\sharename\directory\filename
```

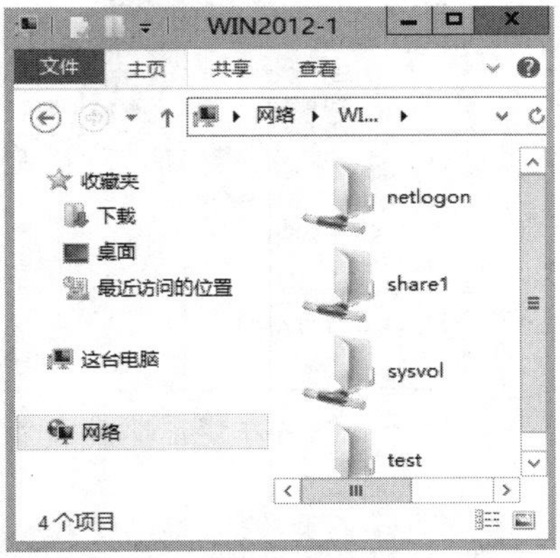

本例在 win2012-2 的运行中输入以下命令,并分别以不同用户连接到 win2012-1 上来测试任务 1 所设共享。

图 6-6 win2012-1 上的共享文件夹

```
\\192.168.10.2\share1   或者
\\win2012-1\share1
```

6.3.3 任务 3 使用卷影副本

用户可以通过"共享文件夹的卷影副本"功能,让系统自动在指定的时间将所有共享文件夹内的文件复制到另外一个存储区内备用。当用户通过网络访问共享文件夹内的文件,将文件删除或者修改文件的内容后,却反悔想要救回该文件或者想要还原文件的原来内容时,可以通过"卷影副本"存储区内的旧文件来达到目的,因为系统之前已经将共享文件夹内的所有文件都复制到"卷影副本"存储区内。

1. 启用"共享文件夹的卷影副本"功能

在 win2012-1 上,在共享文件夹 share1 下建立 test1 和 test2 两个文件夹,并在该共享文件夹所在的计算机 win2012-1 上启用"共享文件夹的卷影副本"功能,步骤如下。

STEP 1 执行【开始】→【管理工具】→【计算机管理】命令，打开"计算机管理"对话框。

STEP 2 右键单击【共享文件夹】，在弹出的快捷菜单中选择【所有任务】→【配置卷影副本】选项，如图 6-7 所示。

STEP 3 在"卷影副本"选项卡下，选择要启用"卷影复制"的驱动器（例如 C:），单击【启用】按钮，如图 6-8 所示。单击【是】按钮。此时，系统会自动为该磁盘创建第 1 个"卷影副本"，也就是将该磁盘内所有共享文件夹内的文件都复制到"卷影副本"存储区内，而且系统默认以后会在星期一至星期五的上午 7:00 与下午 12:00 两个时间点，分别自动添加一个"卷影副本"，也就是在这 2 个时间到达时会将所有共享文件夹内的文件复制到"卷影副本"存储区内备用。

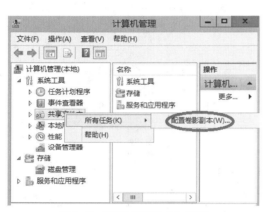

图 6-7 "配置卷影副本"选项

图 6-8 启用卷影副本

提 示　　用户还可以在资源管理器中双击【这台电脑】，然后右键单击任意一个磁盘分区，选择【属性】→【卷影副本】，同样能启用"共享文件夹的卷影复制"。

STEP 4 如图 6-8 所示，C:磁盘已经有 2 个"卷影副本"，用户还可以随时单击图中的【立即创建】按钮，自行创建新的"卷影副本"。用户在还原文件时，可以选择在不同时间点所创建的"卷影副本"内的旧文件来还原文件。

注 意　　"卷影副本"内的文件只可以读取，不可以修改，而且每个磁盘最多只可以有 64 个"卷影副本"。如果达到此限制，则最旧版本的"卷影副本"会被删除。

STEP 5 系统会以共享文件夹所在磁盘的磁盘空间决定"卷影副本"存储区的容量大小，默认配置该磁盘空间的 10%作为"卷影副本"的存储区，而且该存储区最小需要 100 MB。如果要更改其容量，单击图 6-8 所示的【设置】按钮，打开如图 6-9 所示的"设置"对话框。然后在"最大值"处更改设置，还可以单击【计划】按钮来更改自动创建"卷影副本"的时间点。用户还可以通过图中的"位于此卷"来更改存储"卷影副本"的磁盘，不过必须在启用"卷影副本"功能前更改，启用后就无法更改了。

2．客户端访问"卷影副本"内的文件

本例任务：先将 win2012-1 上的 share1 下面的 test1 删除，再用此前的卷影副本进行还原，测试是否恢复了 test1 文件夹。

`STEP 1` 在 win2012-2 上，以 win2012-1 计算机的 administrator 身份连接到 win2012-1 上的共享文件夹。删除 share1 下面的 test1 文件夹。

`STEP 2` 右键单击"share1"文件夹，打开"share1 属性"对话框。单击【以前的版本】选项卡，如图 6-10 所示。

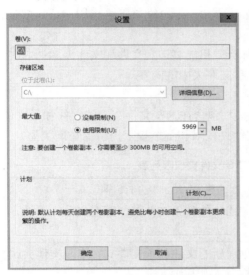

图 6-9 "设置"对话框

图 6-10 "share1 属性"对话框

`STEP 3` 选中"share1 2016/2/14/19:20"版本，通过单击【打开】按钮可查看该时间点内的文件夹内容，通过单击【复制】按钮可以将该时间点的"share1"文件夹复制到其他位置，通过单击【还原】按钮可以将文件夹还原到该时间点的状态。在此单击【还原】按钮，还原误删除的 test1 文件夹。

`STEP 4` 打开"share1"文件夹，检查"test1"是否被恢复。

提　示　　如果要还原被删除的文件，可在连接到共享文件夹后，右键单击文件列表对话框中空白的区域，在弹出的快捷菜单中选择【属性】选项，选择【以前的版本】选项卡，选择旧版本的文件夹，单击【打开】按钮，然后复制需要还原的文件。

6.3.4　任务 4　认识 NTFS 权限

利用 NTFS 权限，可以控制用户账号和组对文件夹及个别文件的访问。

NTFS 权限只适用于 NTFS 磁盘分区。NTFS 权限不能用于由 FAT 或者 FAT32 文件系统格式化的磁盘分区。

Windows 2012 只为用 NTFS 进行格式化的磁盘分区提供 NTFS 权限。为了保护 NTFS 磁盘分区上的文件和文件夹，要为需要访问该资源的每一个用户账号授予 NTFS 权限。用户必须获得明确的授权才能访问资源。用户账号如果没有被组授予权限，它就不能访问相应的文件或者文件夹。不管用户是访问文件还是访问文件夹，也不管这些文件或文件夹是在计算机上还是在网络上，NTFS 的安全性功能都有效。

对于 NTFS 磁盘分区上的每一个文件和文件夹，NTFS 都存储一个远程访问控制列表（ACL）。ACL 中包含那些被授权访问该文件或者文件夹的所有用户账号、组和计算机，还包含它们被授予的访问类型。为了让一个用户访问某个文件或者文件夹，针对用户账号、组或者该用户所属的计算机，ACL 中必须包含一个相对应的元素，这样的元素叫作访问控制元素（ACE）。为了让用户能够访问文件或者文件夹，访问控制元素必须具有用户所请求的访问类型。如果 ACL 中没有相应的 ACE 存在，Windows Server 2012 就拒绝该用户访问相应的资源。

1．NTFS 权限的类型

可以利用 NTFS 权限指定哪些用户、组和计算机能够访问文件和文件夹。NTFS 权限也指明哪些用户、组和计算机能够操作文件中或者文件夹中的内容。

（1）NTFS 文件夹权限

可以通过授予文件夹权限，控制对文件夹和包含在这些文件夹中的文件和子文件夹的访问。表 6-1 列出了可以授予的标准 NTFS 文件夹权限和各个权限提供的访问类型。

表 6-1　标准 NTFS 文件夹权限列表

NTFS 文件夹权限	允许访问类型
读取（Read）	查看文件夹中的文件和子文件夹，查看文件夹属性、拥有人和权限
写入（Write）	在文件夹内创建新的文件和子文件夹，修改文件夹属性，查看文件夹的拥有人和权限
列出文件夹内容（List Folder Contents）	查看文件夹中的文件和子文件夹的名称
读取和运行（Read & Execute）	遍历文件夹，执行允许"读取"权限和"列出文件夹内容"权限的动作
修改（Modify）	删除文件夹，执行"写入"权限和"读取和运行"权限的动作
完全控制（Full Control）	改变权限，成为拥有人，删除子文件夹和文件，以及执行允许所有其他 NTFS 文件夹权限进行的动作

注　意

"只读""隐藏""归档"和"系统文件"等都是文件夹属性，不是 NTFS 权限。

（2）NTFS 文件权限

可以通过授予文件权限，控制对文件的访问。表 6-2 列出了可以授予的标准 NTFS 文件权限和各个权限提供给用户的访问类型。

表 6-2　标准 NTFS 文件权限列表

NTFS 文件权限	允许访问类型
读取（Read）	读文件，查看文件属性、拥有人和权限
写入（Write）	覆盖写入文件，修改文件属性，查看文件拥有人和权限
读取和运行(Read & Execute)	运行应用程序，执行由"读取"权限进行的动作
修改（Modify）	修改和删除文件，执行由"写入"权限和"读取和运行"权限进行的动作
完全控制（Full Control）	改变权限，成为拥有人，执行允许所有其他 NTFS 文件权限进行的动作

注　意　　　无论有什么权限保护文件，被准许对文件夹进行"完全控制"的组或用户都可以删除该文件夹内的任何文件。尽管"列出文件夹内容"和"读取和运行"看起来有相同的特殊权限，但这些权限在继承时却有所不同。"列出文件夹内容"可以被文件夹继承而不能被文件继承，并且它只在查看文件夹权限时才会显示。"读取和运行"可以被文件和文件夹继承，并且在查看文件和文件夹权限时始终出现。

2．多重 NTFS 权限

如果将针对某个文件或者文件夹的权限授予个别用户账号，又授予某个组，而该用户是该组的一个成员，那么该用户就对同样的资源有了多个权限。关于 NTFS 如何组合多个权限，存在一些规则和优先权。除此之外，在复制或者移动文件和文件夹时，对权限也会产生影响。

（1）权限是累积的

一个用户对某个资源的有效权限是授予这一用户账号的 NTFS 权限与授予该用户所属组的 NTFS 权限的组合。例如，如果用户 Long 对文件夹 Folder 有"读取"权限，该用户 Long 是某个组 Sales 的成员，而该组 Sales 对该文件夹 Folder 有"写入"权限，那么该用户 Long 对该文件夹 Folder 就有"读取"和"写入"两种权限。

（2）文件权限超越文件夹权限

NTFS 的文件权限超越 NTFS 的文件夹权限。例如，某个用户对某个文件有"修改"权限，那么即使他对于包含该文件的文件夹只有"读取"权限，他仍然能够修改该文件。

（3）拒绝权限超越其他权限

可以拒绝某用户账号或者组对特定文件或者文件夹的访问，为此，将"拒绝"权限授予该用户账号或者组即可。这样，即使某个用户作为某个组的成员具有访问该文件或文件夹的权限，但是因为将"拒绝"权限授予该用户，所以该用户具有的任何其他权限也被阻止了。因此，对于权限的累积规则来说，"拒绝"权限是一个例外。应该避免使用"拒绝"权限，因为允许用户和组进行某种访问比明确拒绝他们进行某种访问更容易做到。应该巧妙地构造组和组织文件夹中的资源，使用各种各样的"允许"权限就足以满足需要，从而可避免使用"拒绝"权限。

例如，用户 Long 同时属于 Sales 组和 Manager 组，文件 File1 和 File2 是文件夹 Folder 下面的两个文件。其中，Long 拥有对 Folder 的读取权限，Sales 拥有对 Folder 的读取和写入权限，

Manager 则被禁止对 File2 的写操作。那么 Long 的最终权限是什么？

由于使用了"拒绝"权限，用户 Long 拥有对 Folder 和 File1 的读取和写入权限，但对 File2 只有读取权限。

 在 Windows Server 2012 中，用户不具有某种访问权限和明确地拒绝用户的访问权限，这二者之间是有区别的。"拒绝"权限是通过在 ACL 中添加一个针对特定文件或者文件夹的拒绝元素而实现的。这就意味着管理员还有另一种拒绝访问的手段，而不仅仅是不允许某个用户访问文件或文件夹。

3．共享文件夹权限与 NTFS 文件系统权限的组合

如何快速有效地控制对 NTFS 磁盘分区上网络资源的访问呢？答案就是利用默认的共享文件夹权限共享文件夹，然后，通过授予 NTFS 权限控制对这些文件夹的访问。当共享的文件夹位于 NTFS 格式的磁盘分区上时，该共享文件夹的权限与 NTFS 权限进行组合，用以保护文件资源。

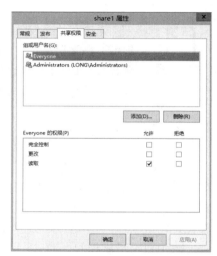

图 6-11 "share1 属性"对话框

要为共享文件夹设置 NTFS 权限，可在 win2012-1 上的共享文件夹（见图 6-2）的属性窗口中选择【共享权限】选项卡，即可打开"share1 属性"对话框，如图 6-11 所示。

共享文件夹权限具有以下特点。

- 共享文件夹权限只适用于文件夹，而不适用于单独的文件，并且只能为整个共享文件夹设置共享权限，而不能对共享文件夹中的文件或子文件夹进行设置。所以，共享文件夹不如 NTFS 文件系统权限详细。
- 共享文件夹权限并不对直接登录到计算机上的用户起作用，只适用于通过网络连接该文件夹的用户，即共享权限对直接登录到服务器上的用户是无效的。
- 在 FAT/FAT32 系统卷上，共享文件夹权限是保证网络资源被安全访问的唯一方法。原因很简单，就是 NTFS 权限不适用于 FAT/FAT32 卷。
- 默认的共享文件夹权限是读取，并被指定给 Everyone 组。

共享权限分为读取、修改和完全控制。不同权限以及对用户访问能力的控制如表 6-3 所示。

表 6-3　共享文件夹权限列表

权　　限	允许用户完成的操作
读取	显示文件夹名称、文件名称、文件数据和属性，运行应用程序文件，改变共享文件夹内的文件夹
修改	创建文件夹，向文件夹中添加文件，修改文件中的数据，向文件中追加数据，修改文件属性，删除文件夹和文件，执行"读取"权限所允许的操作

权　　限	允许用户完成的操作
完全控制	修改文件权限，获得文件的所有权执行"修改"和"读取"权限所允许的所有任务 默认情况下，Everyone 组具有该权限

当管理员对 NTFS 权限和共享文件夹的权限进行组合时，结果是组合的 NTFS 权限，或者是组合的共享文件夹权限，哪个范围更窄取哪个。

当在 NTFS 卷上为共享文件夹授予权限时，应遵循以下规则。

● 可以对共享文件夹中的文件和子文件夹应用 NTFS 权限。可以对共享文件夹中包含的每个文件和子文件夹应用不同的 NTFS 权限。

● 除共享文件夹权限外,用户必须有该共享文件夹包含的文件和子文件夹的 NTFS 权限，才能访问那些文件和子文件夹。

● 在 NTFS 卷上必须要求 NTFS 权限。默认 Everyone 组具有"完全控制"权限。

6.3.5　任务 5　继承与阻止 NTFS 权限

1．使用权限的继承性

默认情况下，授予父文件夹的任何权限也将应用于包含在该文件夹中的子文件夹和文件。当授予访问某个文件夹的 NTFS 权限时，就将授予该文件夹的 NTFS 权限授予了该文件夹中任何现有的文件和子文件夹，以及在该文件夹中创建的任何新文件和新的子文件夹。

如果想让文件夹或者文件具有不同于它们父文件夹的权限，必须阻止权限的继承性。

2．阻止权限的继承性

阻止权限的继承，也就是阻止子文件夹和文件从父文件夹继承权限。为了阻止权限的继承，要删除继承来的权限，只保留被明确授予的权限。

被阻止从父文件夹继承权限的子文件夹现在就成为新的父文件夹。包含在这一新的父文件夹中的子文件夹和文件将继承授予它们父文件夹的权限。

以 test2 文件夹为例，若要禁止权限继承，打开该文件夹的"属性"对话框，单击【安全】选项卡，单击【高级】→【权限】按钮，出现图 6-12 所示的"高级安全设置"对话框。选中某个要阻止继承的权限，单击【禁止继承】按钮，在弹出的"阻止继承"菜单中单击【将已继承的权限转换为此对象的显示权限】或【从此对象中删除所有已继承的权限】。

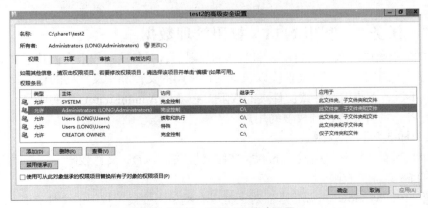

图 6-12　test2 的高级安全设置

6.3.6　任务 6　复制和移动文件及文件夹

1．复制文件和文件夹

当从一个文件夹向另一个文件夹复制文件或文件夹时，或者从一个磁盘分区向另一个磁盘分区复制文件或文件夹时，这些文件或文件夹具有的权限可能发生变化。复制文件或文件夹对 NTFS 权限产生下述效果。

当在单个 NTFS 磁盘分区内或在不同的 NTFS 磁盘分区之间复制文件夹或文件时，文件夹或文件的复件将继承目的地文件夹的权限。

当将文件或文件夹复制到非 NTFS 磁盘分区（如文件分配表 FAT 格式的磁盘分区）时，因为非 NTFS 磁盘分区不支持 NTFS 权限，所以这些文件夹或文件就丢失了它们的 NTFS 权限。

 为了在单个 NTFS 磁盘分区之内或者在 NTFS 磁盘分区之间复制文件和文件夹，必须具有对源文件夹的"读取"权限，并且具有对目的地文件夹的"写入"权限。

2．移动文件和文件夹

当移动某个文件或文件夹的位置时，针对这些文件或文件夹的权限可能发生变化，这主要依赖于目的地文件夹的权限情况。移动文件或文件夹对 NTFS 权限产生下述效果。

当在单个 NTFS 磁盘分区内移动文件夹或文件时，该文件夹或文件保留它原来的权限。

当在 NTFS 磁盘分区之间移动文件夹或文件时，该文件夹或文件将继承目的地文件夹的权限。当在 NTFS 磁盘分区之间移动文件夹或文件时，实际是将文件夹或文件复制到新的位置，然后从原来的位置删除它。

当将文件或文件夹移动到非 NTFS 磁盘分区时，因为非 NTFS 磁盘分区不支持 NTFS 权限，所以这些文件夹和文件就丢失了它们的 NTFS 权限。

 为了在单个 NTFS 磁盘分区之内或者多个 NTFS 磁盘分区之间移动文件和文件夹，必须对目的地文件夹具有"写入"权限，并且对于源文件夹具有"修改"权限。之所以要求"修改"权限，是因为移动文件或者文件夹时，在将文件或者文件夹复制到目的地文件夹之后，Windows 2012 将从源文件夹中删除该文件。

6.3.7　任务 7　利用 NTFS 权限管理数据

在 NTFS 磁盘中，系统会自动设置默认的权限值，并且这些权限会被其子文件夹和文件所继承。为了控制用户对某个文件夹以及该文件夹中的文件和子文件夹的访问，就需指定文件夹权限。不过，要设置文件或文件夹的权限，必须是 Administrators 组的成员、文件或者文件夹的拥有者、具有完全控制权限的用户。

1．授予标准 NTFS 权限

授予标准 NTFS 权限包括授予 NTFS 文件夹权限和 NTFS 文件权限。

（1）NTFS 文件夹权限

STEP 1 打开 Windows 资源管理器对话框，右键单击要设置权限的文件夹，如 Network，在弹出的快捷菜单中选择【属性】选项，打开"network 属性"对话框，选择【安全】选项卡，如图 6-13 所示。

STEP 2 默认已经有一些权限设置，这些设置是从父文件夹（或磁盘）继承来的。例如，在该图"Administrator"用户的权限中，灰色阴影对勾的权限就是继承的权限。

STEP 3 如果要给其他用户指派权限，可单击【编辑】按钮，出现图 6-14 所示的"network 的权限"对话框。

图 6-13 "network 属性"对话框　　　　图 6-14 "network 的权限"对话框

STEP 4 单击【添加】→【高级】→【立即查找】按钮，从本地计算机上添加拥有对该文件夹访问和控制权限的用户或用户组，如图 6-15 所示。

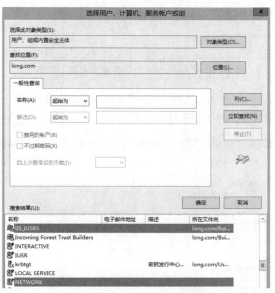

图 6-15 "选择用户、计算机、服务账户或组"对话框

STEP 5 选择后单击【确定】按钮，拥有对该文件夹访问和控制权限的用户或用户组就被添加到"组或用户名"列表框中，如图 6-14 所示。由于新添加的用户 sales 的权

限不是从父项继承的，因此他们所有的权限都可以被修改。

STEP 6 如果不想继承上一层的权限，可参照"任务5　继承与阻止 NTFS 权限"的内容进行修改。这里不再赘述。

（2）NTFS 文件权限

文件权限的设置与文件夹权限的设置类似。要想对 NTFS 文件指派权限，直接在文件上右键单击，在弹出的快捷菜单上选择【属性】选项，再选择【安全】选项卡，即可为该文件设置相应权限。

2．授予特殊访问权限

标准的 NTFS 权限通常能提供足够的能力，用以控制对用户的资源的访问，以保护用户的资源。但是，如果需要更为特殊的访问级别，就可以使用 NTFS 的特殊访问权限。

在文件或文件夹属性的"安全"选项卡中，单击【高级】→【权限】按钮，打开"高级安全设置"对话框，选中"sales"用户项，如图 6-16 所示。

图 6-16　"network 的高级安全设置"对话框

单击【编辑】按钮，打开图 6-17 所示的"network 的权限项目"对话框，可以更精确地设置"sales"用户的权限。其中"显示基本权限"和"显示高级权限"在单击后交替出现。

图 6-17　"network 的权限项目"对话框

特殊访问权限有 14 项，把它们组合在一起就构成了标准的 NTFS 权限。例如，标准的"读取"权限包含"列出文件夹/读取数据""读取属性""读取权限"及"读取扩展属性"等特殊访问权限。

其中有 2 个特殊访问权限对于管理文件和文件夹的访问来说特别有用。

（1）更改权限

如果为某用户授予这一权限，该用户就具有了针对文件或者文件夹修改权限的能力。

可以将针对某个文件或者文件夹修改权限的能力授予其他管理员和用户，但是不授予他们对该文件或者文件夹的"完全控制"权限。通过这种方式，这些管理员或用户就不能删除或者写入该文件或文件夹，但是可以为该文件或者文件夹授权。

为了将修改权限的能力授予管理员，将针对该文件或文件夹的"更改权限"的权限授予 Administrators 组即可。

（2）取得所有权

如果为某用户授予这一权限，该用户就具有了取得文件和文件夹的所有权的能力。

可以将文件和文件夹的拥有权从一个用户账号或者组转移到另一个用户账号或者组。也可以将"所有者"权限给予某个人。而作为管理员，也可以取得某个文件或者文件夹的所有权。

对于取得某个文件或者文件夹的所有权来说，需要应用下述规则。

● 当前的拥有者或者具有"完全控制"权限的任何用户，可以将"完全控制"这一标准权限或者"取得所有权"这一 Special 访问权限授予另一个用户账号或者组。这样，该用户账号或者该组的成员就能取得所有权。

● Administrators 组的成员可以取得某个文件或者文件夹的所有权，而不管为该文件夹或者文件授予了怎样的权限。如果某个管理员取得了所有权，则 Administrators 组也取得了所有权。因而该管理员组的任何成员都可以修改针对该文件或者文件夹的权限，并且可以将"取得所有权"这一权限授予另一个用户账号或者组。例如，如果某个雇员离开了原来的公司，某个管理员即可取得该雇员的文件的所有权，将"取得所有权"这一权限授予另一个雇员，然后这一雇员就取得了前一雇员的文件的所有权。

提　示　　为了成为某个文件或者文件夹的拥有者，具有"取得所有权"这一权限的某个用户或者组的成员必须明确地获得该文件或者文件夹的所有权。不能自动将某个文件或者文件夹的所有权授予任何一个人。文件的拥有者、管理员组的成员，或者任何一个具有"完全控制"权限的人都可以将"取得所有权"权限授予某个用户账号或者组，这样就使他们获得了所有权。

6.4　习题

一、填空题

1. 可供设置的标准 NTFS 文件权限有_____、_____、_____、_____、_____、_____。

2. Windows Server 2012 系统通过在 NTFS 文件系统下设置_____，限制不同用户对文件的访问级别。

3. 相对于以前的 FAT、FAT32 文件系统来说，NTFS 文件系统的优点包括可以对文件设置_____、_____、_____、_____。

4. 创建共享文件夹的用户必须属于_____、_____、_____等用户组的成员。

5. 在网络中可共享的资源有_____和_____。

6. 要设置隐藏共享，需要在共享名的后面加_____符号。

7. 共享权限分为_____、_____和_____3 种。

二、判断题

1. 在 NTFS 文件系统下，可以对文件设置权限；而 FAT 和 FAT32 文件系统只能对文件夹设置共享权限，不能对文件设置权限。 （ ）

2. 通常在管理系统中的文件时，要由管理员给不同用户设置访问权限，普通用户不能设置或更改权限。 （ ）

3. NTFS 文件压缩必须在 NTFS 文件系统下进行，离开 NTFS 文件系统时，文件将不再压缩。 （ ）

4. 磁盘配额的设置不能限制管理员账号。 （ ）

5. 将已加密的文件复制到其他计算机后，以管理员账号登录就可以打开了。 （ ）

6. 文件加密后，除加密者本人和管理员账号外，其他用户无法打开此文件。 （ ）

7. 对于加密的文件不可执行压缩操作。 （ ）

三、简答题

1. 简述 FAT、FAT32 和 NTFS 文件系统的区别。

2. 重装 Windows Server 2012 后，原来加密的文件为什么无法打开？

3. 特殊权限与标准权限的区别是什么？

4. 如果一位用户拥有某文件夹的 Write 权限，而且还是该文件夹 Read 权限的成员，那么该用户对该文件夹的最终权限是什么？

5. 如果某员工离开公司，怎样将他或她的文件所有权转给其他员工？

6. 如果一位用户拥有某文件夹的 Write 权限和 Read 权限，但被拒绝对该文件夹内某文件有 Write 权限，该用户对该文件的最终权限是什么？

实训项目　管理文件系统与共享资源

一、实训目的

- 掌握设置共享资源和访问共享资源的方法。
- 掌握卷影副本的使用方法。
- 掌握使用 NTFS 控制资源访问的方法。
- 掌握使用文件系统加密文件的方法。
- 掌握压缩文件的方法。

二、项目环境

其网络拓扑图如图 6-18 所示。

三、项目要求

完成以下各项任务。

① 在 win2012-1 上设置共享资源\test。

角色：DNS 服务器、域控制器、虚拟机
计算机名：win2012-1
IP 地址：192.168.10.1/24
操作系统：Windows Server 2012 R2
DNS 服务器：192.168.10.1

角色：Hyper-V 服务器、主机
计算机名：win2012-0
IP 地址：192.168.10.100/24
操作系统：Windows Server 2012 R2
DNS 服务器：192.168.10.1

角色：成员服务器、虚拟机
计算机名：win2012-2
IP 地址：192.168.10.2/24
操作系统：Windows Server 2012 R2
DNS 服务器：192.168.10.1

图 6-18　使用 NTFS 控制资源访问网络拓扑图

② 在 win2012-2 上使用多种方式访问网络共享资源。

③ 在 win2012-1 上设置卷影副本，在 win2012-2 上使用卷影副本。

④ 观察共享权限与 NTFS 文件系统权限组合后的最终权限。

⑤ 设置 NTFS 权限的继承性。

⑥ 观察复制和移动文件夹后 NTFS 权限的变化情况。

⑦ 利用 NTFS 权限管理数据。

⑧ 加密特定文件或文件夹。

⑨ 压缩特定文件或文件夹。

四、做一做

根据实训项目录像进行项目的实训，检查学习效果。

项目 7
配置与管理基本磁盘和动态磁盘

项目背景

　　Windows Server 2012 R2 的存储管理无论是技术上还是功能上，都比以前的 Windows 版本有了很多改进和提高，磁盘管理提供了更好的管理界面和性能。

　　学好基本磁盘和动态磁盘的配置与管理，学好为用户分配磁盘配额，是对一个网络管理员最基础的要求。

项目目标

● 掌握基本磁盘管理的方法
● 掌握动态磁盘管理的方法
● 掌握磁盘配额管理的方法
● 掌握常用的磁盘管理命令

7.1　磁盘的分类

　　从 Windows 2000 开始，Windows 系统将磁盘分为基本磁盘和动态磁盘两种类型。

1. 基本磁盘

　　基本磁盘是平常使用的默认磁盘类型，通过分区来管理和应用磁盘空间。一个基本磁盘可以划分为主磁盘分区（Primary Partition）和扩展磁盘分区（Extended Partition），但是最多只能建立一个扩展磁盘分区。一个基本磁盘最多可以分为 4 个区，即 4 个主磁盘分区或 3 个主磁盘分区和 1 个扩展磁盘分区。主磁盘分区通常用来启动操作系统，一般可以将分完主磁盘分区后的剩余空间全部分给扩展磁盘分区，扩展磁盘分区再分成若干逻辑分区。基本磁盘中的分区空间是连续的。从 Windows Server 2003 开始，用户可以扩展基本磁盘分区的尺寸，这样做的前提是磁盘上存在连续的未分配空间。

2. 动态磁盘

　　动态磁盘使用卷（Volume）来组织空间，使用方法与基本磁盘分区相似。动态磁盘卷可建立在不连续的磁盘空间上，且空间大小可以动态地变更。动态卷的创建数量也不受限制。在动态磁盘中可以建立多种类型的卷，以提供高性能的磁盘存储能力。

7.2　项目设计及准备

① 已安装好 Windows Server 2012 R2，并且 Hyper-V 服务器正确配置。

② 利用"Hyper-V 管理器"已建立 2 台虚拟机。

本项目的参数配置及网络拓扑图如图 7-1 所示。

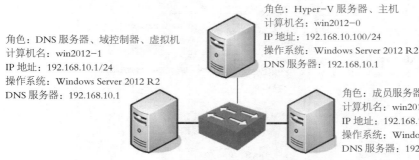

角色：Hyper-V 服务器、主机
计算机名：win2012-0
IP 地址：192.168.10.100/24
操作系统：Windows Server 2012 R2
DNS 服务器：192.168.10.1

角色：DNS 服务器、域控制器、虚拟机
计算机名：win2012-1
IP 地址：192.168.10.1/24
操作系统：Windows Server 2012 R2
DNS 服务器：192.168.10.1

角色：成员服务器、虚拟机
计算机名：win2012-2
IP 地址：192.168.10.2/24
操作系统：Windows Server 2012 R2
DNS 服务器：192.168.10.1

图 7-1　管理磁盘网络拓扑图

③ 在 win2012-2 启动前，先对其进行虚拟机设置，添加 4 块 SCSI 硬盘，每块硬盘容量为 127GB，步骤如下。

STEP 1 打开"Hyper-V 服务管理器"，右键单击"win2012-2"虚拟机，单击【设置】按钮，出现如图 7-2 所示的设置窗口。单击【硬件】→【添加硬件】选项，在右侧的允许添加的硬件列表中，选中"SCSI 控制器"。

图 7-2　"添加硬件"窗口

STEP 2 单击【添加】按钮，选择【硬盘驱动器】，再次单击【添加】按钮，出现图 7-3 所示的设置窗口。

STEP 3 在"位置"处选择一个没使用的位置。本例要增加 4 块硬盘，先选取 2，单击【新建】按钮，创建一个虚拟硬盘 vhd1.vhdx（如果存在建好的虚拟硬盘，可以直接单击【浏览】按钮）。然后单击窗口右下角的【应用】按钮，将 vhd1.vhdx 硬盘挂载到 SCSI 2 上。

图 7-3 "硬盘驱动器"窗口

STEP 4 同理添加另外 3 块 SCSI 硬盘（一定从"添加硬件"重新开始）。

● "添加硬件"→添加"SCSI 控制器"→添加"硬盘驱动器"→挂载第 2 块 SCSI 硬盘到一空闲位置；

● "添加硬件"→添加"SCSI 控制器"→添加"硬盘驱动器"→挂载第 3 块 SCSI 硬盘到一空闲位置；

● "添加硬件"→添加"SCSI 控制器"→添加"硬盘驱动器"→挂载第 4 块 SCSI 硬盘到一空闲位置。

注　意　在添加多块硬盘时，一定在关机状态！并且，SCSI 控制器要与硬盘驱动器一一对应，所以添加 4 块硬盘就需要同时添加 4 个 SCSI 控制器，所添加的硬盘挂载到 SCSI 控制器上。

7.3　项目实施

7.3.1　任务 1　管理基本磁盘

在安装 Windows Server 2012 时，硬盘将自动初始化为基本磁盘。基本磁盘上的管理任务包括磁盘分区的建立、删除、查看以及分区的挂载和磁盘碎片整理等。

1. 使用磁盘管理工具

Windows Server 2012 提供了一个界面非常友好的磁盘管理工具，使用该工具可以很轻松地完成各种基本磁盘和动态磁盘的配置和管理维护工作。可以使用多种方法打开该工具。

（1）使用"计算机管理"对话框打开

STEP 1 以管理员身份登录 win2012-2，打开"计算机管理"对话框。选择"存储"项目中的【磁盘管理】选项，出现图 7-4 所示的窗口，要求对新添加的磁盘进行初始化。

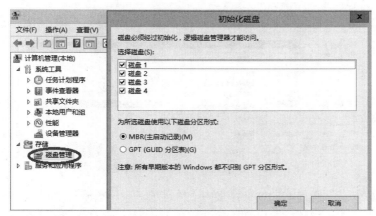

图 7-4 磁盘管理

 注 意　　如果没有弹出"初始化磁盘"对话框或者弹出的对话框中要进行初始化的磁盘少于预期，请在相应的新加磁盘上右击，然后单击【联机】，完成后再右击该磁盘，单击【初始化磁盘】，对该磁盘进行单独初始化。

STEP 2 单击【确定】按钮，初始化新加的 4 块硬盘。完成后，win2012-2 就新加了 4 块新磁盘。

（2）使用系统内置的 MSC 控制台文件打开

执行【开始】→【运行】命令，输入"diskmgmt.msc"，并单击【确定】按钮。

磁盘管理工具分别以文本和图形的方式显示出所有磁盘和分区（卷）的基本信息，这些信息包括分区（卷）的驱动器号、磁盘类型、文件系统类型以及工作状态等。在磁盘管理工具的下部，以不同的颜色表示不同的分区（卷）类型，利于用户分辨不同的分区（卷）。

2. 新建基本卷

基本磁盘上的分区和逻辑驱动器称为基本卷，基本卷只能在基本磁盘上创建。现在在win2012-2 的磁盘 1 上创建主分区和扩展分区，并在扩展分区中创建逻辑驱动器。具体过程如下。

（1）创建主分区

STEP 1 打开 win2012-2 计算机的【计算机管理】→【磁盘管理】。右键单击【磁盘 1】，选择【新建简单卷】，如图 7-5 所示。

STEP 2 打开"新建简单卷"向导，单击【下一步】按钮，设置卷的大小为 500 MB。

STEP 3 单击【下一步】按钮，分配驱动器号，如图 7-6 所示。

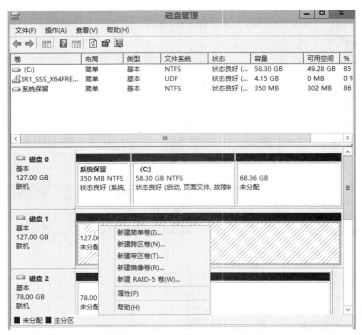

图 7-5　磁盘管理——新建简单卷

- 选择【装入以下空白 NTFS 文件夹中】单选项，表示指派一个在 NTFS 文件系统下的空文件夹来代表该磁盘分区。例如，用 C:\data 表示该分区，则以后所有保存到 C:\data 的文件都被保存到该分区中。该文件夹必须是空的文件夹，且位于 NTFS 卷内。这个功能特别适用于 26 个磁盘驱动器号（A: ~ Z:）不够使用时的网络环境。
- 选择【不分配驱动器号或驱动器路径】单选项，表示可以事后再指派驱动器号或指派某个空文件夹来代表该磁盘分区。

STEP 4　单击【下一步】按钮，选择格式化的文件系统，如图 7-7 所示。格式化结束，单击【完成】按钮完成主分区的创建。本例划分给主分区 500 MB 空间，赋予驱动器号为 E。

图 7-6　分配驱动器号

图 7-7　格式化分区

STEP 5　可以重复以上步骤创建其他主分区。

（2）创建扩展分区

Windows Server 2012 的磁盘管理中不能直接创建扩展分区，必须先创建完 3 个主分区才能创建扩展磁盘分区。步骤如下。

STEP 1 继续在 win2012-2 的磁盘 1 上再创建 2 个主分区。

STEP 2 完成 3 个主分区创建后，在该磁盘未分区空间单击右键，选择【新建简单卷】。

STEP 3 后面的过程与创建主分区相似，不同的是当创建完成，显示"状态良好"的分区信息后，系统自动将刚才这个分区设置为扩展分区的一个逻辑驱动器，如图 7-8 所示。

图 7-8　3 个主分区、1 个扩展分区

3．指定活动的磁盘分区

如果计算机中安装了多个无法直接相互访问的不同操作系统，如 Windows Server 2012、Linux 等，则计算机在启动时会启动被设为"活动"的磁盘分区内的操作系统。

假设当前第 1 个磁盘分区中安装的是 Windows Server 2012，第 2 个磁盘分区中安装的是 Linux，如果第 1 个磁盘分区被设为"活动"，则计算机启动时就会启动 Windows Server 2012。若要下一次启动时启动 Linux，只需将第 2 个磁盘分区设为"活动"即可。

由于用来启动操作系统的磁盘分区必须是主磁盘分区，因此，只能将主磁盘分区设为"活动"的磁盘分区。要指定"活动"的磁盘分区，右键单击 win2012-2 的磁盘 1 的主分区 E，在弹出的快捷菜单中选择【将分区标为活动分区】选项即可。

4．更改驱动器号和路径

Windows Server 2012 默认为每个分区（卷）分配一个驱动器号字母，该分区就成为一个逻辑上的独立驱动器。有时出于管理的目的，可能需要修改默认分配的驱动器号。

还可以使用磁盘管理工具在本地 NTFS 分区（卷）的任何空文件夹中连接或装入一个本地驱动器。当在空的 NTFS 文件夹中装入本地驱动器时，Windows Server 2012 为驱动器分配一个路径而不是驱动器字母，可以装载的驱动器数量不受驱动器字母限制的影响，因此可以使用挂载的驱动器在计算机上访问 26 个以上的驱动器。Windows Server 2012 确保驱动器路径与驱动器的关联，因此可以添加或重新排列存储设备而不会使驱动器路径失效。

另外，当某个分区的空间不足并且难以扩展空间尺寸时，也可以通过挂载一个新分区到该分区某个文件夹的方法，达到扩展磁盘分区尺寸的目的。因此，挂载的驱动器使数据更容易访问，并增加了基于工作环境和系统使用情况管理数据存储的灵活性。例如，可以在 C:\Document and Settings 文件夹处装入带有 NTFS 磁盘配额以及启用容错功能的驱动器，这样用户就可以跟踪或限制磁盘的使用，并保护装入的驱动器上的用户数据，而不用在 C:驱动器上做同样的工作。也可以将 C:\Temp 文件夹设为挂载驱动器，为临时文件提供额外的磁盘空间。

如果 C 盘上的空间较小，可将程序文件移动到其他大容量驱动器上，比如 E，并将它作为 C:\mytext 挂载。这样所有保存在 C:\mytext 下的文件事实上都保存在 E 分区上。下面完成这个例子。（保证 C:\mytext 在 NTFS 分区，并且是空白的文件夹。）

STEP 1 在"磁盘管理"对话框中，右键单击目标驱动器 E，在弹出的快捷菜单中选择【更改驱动器号和路径】选项，打开图 7-9 所示的对话框。

STEP 2 单击【更改】按钮，可以更改驱动器号；单击【添加】按钮，打开"添加驱动器号或路径"对话框，如图 7-10 所示。

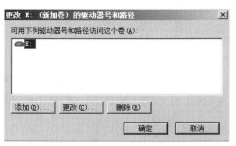

图 7-9　更改驱动器号和路径　　　　图 7-10　"添加驱动器号或路径"对话框

STEP 3 输入完成后，单击【确定】按钮。

STEP 4 测试。在 C:\text 下新建文件，然后查看 E 盘信息，发现文件实际存储在 E 盘上。

提　示　　要装入的文件夹一定是事先建立好的空文件夹，该文件夹所在的分区必须是 NTFS 文件系统。

7.3.2　任务 2　认识动态磁盘

1．RAID 技术简介

如何增加磁盘的存取速度，如何防止数据因磁盘故障而丢失，如何有效地利用磁盘空间，这些问题一直困扰着计算机专业人员和用户。廉价磁盘冗余阵列（RAID）技术的产生一举解决了这些问题。

廉价磁盘冗余阵列是把多个磁盘组成一个阵列，当作单一磁盘使用。它将数据以分段（Striping）的方式储存在不同的磁盘中，存取数据时，阵列中的相关磁盘一起动作，从而大幅减少了数据的存取时间，同时有更佳的空间利用率。磁盘阵列所利用的不同的技术，称为 RAID 级别。不同的级别针对不同的系统及应用，以解决数据访问性能和数据安全的问题。

RAID 技术的实现可以分为硬件实现和软件实现两种。现在很多操作系统，如 Windows NT 以及 UNIX 等都提供软件 RAID 技术，性能略低于硬件 RAID，但成本较低，配置管理也非常简单。目前 Windows Server 2003 支持的 RAID 级别包括 RAID 0、RAID 1、RAID 4 和 RAID-5。

RAID 0：通常被称作"条带"，它是面向性能的分条数据映射技术。这意味着被写入阵列的数据被分割成条带，然后被写入阵列中的磁盘成员，从而允许低费用的高效 I/O 性能，但是不提供冗余性。

RAID 1：称为"磁盘镜像"。通过在阵列中的每个成员磁盘上写入相同的数据来提供冗余性。由于镜像的简单性和高度的数据可用性，目前仍然很流行。RAID 1 提供了极佳的数据可靠性，并提高了读取任务繁重程序的执行性能，但是它的相对费用也较高。

RAID 4：使用集中到单个磁盘驱动器上的奇偶校验来保护数据，更适合事务性的 I/O 而不是大型文件传输。专用的奇偶校验磁盘同时带来了固有的性能瓶颈。

RAID-5：目前使用最普遍的 RAID 类型。通过在某些或全部阵列成员磁盘驱动器中分布奇偶校验，RAID-5 避免了 RAID 4 中固有的写入瓶颈。唯一的性能瓶颈是奇偶计算进程。与 RAID 4 一样，其结果是非对称性能，读取大大超过写入性能。

2．动态磁盘卷类型

动态磁盘提供了更好的磁盘访问性能以及容错等功能。可以将基本磁盘转换为动态磁盘，而不损坏原有的数据。动态磁盘若要转换为基本磁盘，则必须先删除原有的卷。

在转换磁盘之前需要关闭这些磁盘上运行的程序。如果转换启动盘，或者要转化的磁盘中的卷或分区正在使用，则必须重新启动计算机才能成功转换。转换过程如下。

① 关闭所有正在运行的应用程序，打开"计算机管理"对话框中的"磁盘管理"对话框，在右窗格的底端右键单击要升级的基本磁盘，在弹出的快捷菜单中选择【转换到动态磁盘】选项。

② 在打开的对话框中，可以选择多个磁盘一起升级。选好之后，单击【确定】按钮，然后单击【转换】按钮即可。

Windows Server 2012 中支持的动态卷包括以下几类。

- 简单卷（Simple Volume）：与基本磁盘的分区类似，只是其空间可以扩展到非连续的空间上。
- 跨区卷（Spanned Volume）：可以将多个磁盘（至少 2 个，最多 32 个）上的未分配空间合成一个逻辑卷。使用时先写满一部分空间，再写入下一部分空间。
- 带区卷（Striped Volume）：又称条带卷 RAID 0，将 2～32 个磁盘空间上容量相同的空间组合成一个卷，写入时将数据分成 64 KB 大小相同的数据块，同时写入卷的每个磁盘成员的空间上。带区卷提供最好的磁盘访问性能，但是带区卷不能被扩展或镜像，并且没有容错功能。
- 镜像卷（Mirrored Volume）：又称 RAID 1 技术，是将两个磁盘上相同尺寸的空间建立为镜像，有容错功能，但空间利用率只有 50%，实现成本相对较高。
- 带奇偶校验的带区卷：采用 RAID-5 技术，每个独立磁盘进行条带化分割、条带区奇偶校验，校验数据平均分布在每块硬盘上。容错性能好，应用广泛，需要 3 个以上磁盘。其平均实现成本低于镜像卷。

7.3.3 任务 3 建立动态磁盘卷

在 Windows Server 2012 动态磁盘上建立卷，与在基本磁盘上建立分区的操作类似。下面以创建 RAID-5 卷为例建立 1000 MB 的动态磁盘卷。

STEP 1 以管理员身份登录 win2012-2，右击磁盘 1，在弹出的快捷菜单中，选择磁盘 1～磁盘 4，如图 7-11 所示，将这 4 个磁盘转换为动态磁盘。

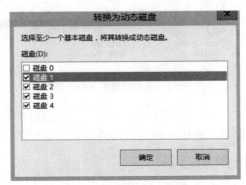

图 7-11　转换为动态磁盘

STEP 2 在磁盘 2 的未分配空间上右键单击，在弹出的快捷菜单中选择【新建 RAID-5 卷】选项，打开"新建卷向导"对话框。

STEP 3 单击【下一步】按钮，打开"选择磁盘"对话框，如图 7-12 所示。选择要创建的 RAID-5 卷需要使用的磁盘，选择空间容量为 1 000 MB。对于 RAID-5 卷来说，至少需要选择 3 个以上动态磁盘。这里选择磁盘 2~磁盘 4。

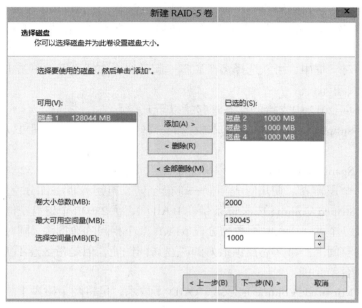

图 7-12   为 RAID-5 卷选择磁盘

STEP 4 为 RAID-5 卷指定驱动器号和文件系统类型，完成向导设置。
STEP 5 建立完成的 RAID-5 卷如图 7-13 所示。

磁盘 2	新加卷 (I:)	
动态	1000 MB NTFS	126.02 GB
127.00 GB	状态良好	未分配
联机		

磁盘 3	新加卷 (I:)	
动态	1000 MB NTFS	126.02 GB
127.00 GB	状态良好	未分配
联机		

磁盘 4	新加卷 (I:)	
动态	1000 MB NTFS	126.02 GB
127.00 GB	状态良好	未分配
联机		

图 7-13   建立完成的 RAID-5 卷

建立其他类型动态卷的方法与此类似，右键单击动态磁盘的未分配空间，出现选择菜单，按需要在菜单中选择相应选项，完成不同类型动态卷的建立即可。这里不再一一叙述。

7.3.4   任务 4   维护动态卷

1．维护镜像卷

在 win2012-2 上提前建立镜像卷 J，容量为 50 MB，使用磁盘 1 和磁盘 2。在 J 盘上存储一个文件夹 test，供测试用。（驱动器号可能与读者的不一样，请注意！）

不再需要镜像卷的容错能力时，可以选择将镜像卷中断。方法是右键单击镜像卷，选择

【中断镜卷】【删除镜像】或【删除卷】。

- 如果选择【中断镜卷】，中断后的镜像卷成员会成为 2 个独立的卷，不再容错。
- 如果选择【删除镜像】，则选中的磁盘上的镜像卷被删除，不再容错。
- 如果选择【删除卷】，则镜像卷成员会被删除，数据将会丢失。

如果包含部分镜像卷的磁盘已经断开连接，磁盘状态会显示为"脱机"或"丢失"。要重新使用这些镜像卷，可以尝试重新连接并激活磁盘。方法是在要重新激活的磁盘上右键单击，并在弹出的快捷菜单中选择【重新激活磁盘】选项。

如果包含部分镜像卷的磁盘丢失并且该卷没有返回到"良好"状态，则应当用另一个磁盘上的新镜像替换出现故障的镜像。具体方法如下。

STEP 1 构建故障：在虚拟机 win2012-2 的设置中，将第 1 块 SCSI 控制器上的硬盘删除并单击【应用】按钮。这时回到 win2012-2，可以看到磁盘 1 显示为"丢失"状态。

STEP 2 在显示为"丢失"或"脱机"的磁盘的镜像卷上右键单击删除镜像，如图 7-14 所示。然后查看系统日志，以确定磁盘或磁盘控制器是否出现故障。如果出现故障的镜像卷成员位于有故障的控制器上，则在有故障的控制器上安装新的磁盘并不能解决问题。本例直接删除后重建。删除镜像后仍能在 J 盘上查到 test 文件夹，说明了镜像卷的容错能力。下面使用新磁盘替换损坏的磁盘重建镜像卷。

STEP 3 右键单击要重新镜像的卷（不是已删除的卷），然后在弹出的快捷菜单中选择【添加镜像】选项，打开图 7-15 所示的"添加镜像"对话框。选择合适的磁盘后，单击【添加镜像】按钮，系统会使用新的磁盘重建镜像。

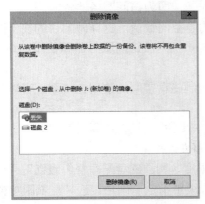

图 7-14　从损坏的磁盘上删除镜像

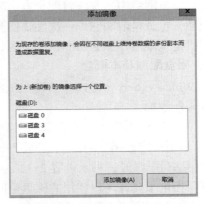

图 7-15　"添加镜像"对话框

2．维护 RAID-5

在 win2012-2 上提前建立 RAID-5 卷 E，容量为 50 MB，使用磁盘 2～磁盘 4。在 E 盘上存储一个文件夹 test，供测试用。（磁盘符号根据不同情况会有变化。）

对于 RAID-5 卷的错误，首先右键单击卷并选择【重新激活磁盘】选项进行修复。如果修复失败，则需要更换磁盘并在新磁盘上重建 RAID-5 卷。RAID-5 卷的故障恢复过程如下。

STEP 1 构建故障：在虚拟机 win2012-2 的设置中，将第 3 块 SCSI 控制器上的硬盘删除并单击【应用】按钮。这时回到 win2012-2，可以看到磁盘 3 显示为"丢失"状态。

STEP 2 在"磁盘管理"控制台右键单击将要修复的 RAID-5 卷（在"丢失"的磁盘上），选择【重新激活卷】选项。

STEP 3 由于卷成员磁盘失效，所以会弹出"缺少成员"的消息框，单击【确定】按钮。

STEP 4 再次右键单击将要修复的 RAID-5 卷，在弹出的快捷菜单中选择【修复卷】选项。

STEP 5 在图 7-16 所示的"修复 RAID-5 卷"对话框中，选择新添加的动态磁盘 1，然后单击【确定】按钮。

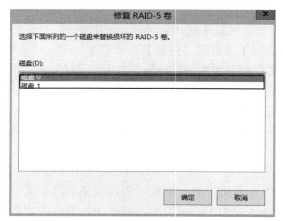

图 7-16 "修复 RAID-5 卷"对话框

STEP 6 在磁盘管理器中，可以看到 RAID-5 在新磁盘上重新建立，并进行数据的同步操作。同步完成后，RAID-5 卷的故障被修复成功。上面的文件夹 test 仍然存在。

7.3.5 任务 5 管理磁盘配额

在计算机网络中，系统管理员有一项很重要的任务，即为访问服务器资源的客户机设置磁盘配额，也就是限制它们一次性访问服务器资源的卷空间数量。这样做的目的在于防止某个客户机过量地占用服务器和网络资源，导致其他客户机无法访问服务器和使用网络。

1. 磁盘配额基本概念

在 Windows Server 2012 中，磁盘配额跟踪以及控制磁盘空间的使用，使系统管理员可将 Windows 配置为

- 用户超过所指定的磁盘空间限额时，阻止进一步使用磁盘空间和记录事件；
- 当用户超过指定的磁盘空间警告级别时记录事件。

启用磁盘配额时，可以设置 2 个值："磁盘配额限度"和"磁盘配额警告级别"。"磁盘配额限度"指定了允许用户使用的磁盘空间容量。警告级别指定了用户接近其配额限度的值。例如，可以把用户的磁盘配额限度设为 50 MB，并把磁盘配额警告级别设为 45 MB。这种情况下，用户可在卷上存储不超过 50 MB 的文件。如果用户在卷上存储的文件超过 45 MB，则把磁盘配额系统记录为系统事件。如果不想拒绝用户访问卷，但想跟踪每个用户的磁盘空间使用情况，启用配额但不限制磁盘空间使用将非常有用。

默认的磁盘配额不应用到现有的卷用户上。可以通过在"配额项目"对话框中添加新的配额项目，将磁盘空间配额应用到现有的卷用户上。

磁盘配额是以文件所有权为基础的，并且不受卷中用户文件的文件夹位置的限制。例如，如果用户把文件从一个文件夹移到相同卷上的其他文件夹，则卷空间用量不变。

磁盘配额只适用于卷，且不受卷的文件夹结构及物理磁盘的布局的限制。如果卷有多个文件夹，则分配给该卷的配额将应用于卷中所有文件夹。

如果单个物理磁盘包含多个卷，并把配额应用到每个卷，则每个卷配额只适用于特定的卷。例如，如果用户共享 2 个不同的卷，分别是 F 卷和 G 卷，即使这 2 个卷在相同的物理磁盘上，也分别对这 2 个卷的配额进行跟踪。

如果一个卷跨越多个物理磁盘，则整个跨区卷使用该卷的同一配额。例如，如果 F 卷有 50 MB 的配额限度，则不管 F 卷是在物理磁盘上还是跨越 3 个磁盘，都不能把超过 50 MB 的文件保存到 F 卷。

在 NTFS 文件系统中，卷使用信息按用户安全标识（SID）存储，而不是按用户账户名称存储。第一次打开"配额项目"对话框时，磁盘配额必须从网络域控制器或本地用户管理器上获得用户账户名称，将这些用户账户名与当前卷用户的 SID 匹配。

2．设置磁盘配额

STEP 1 在"磁盘管理"对话框中，右键单击要启用磁盘配额的磁盘卷，然后在弹出的快捷菜单中选择【属性】选项，打开"属性"对话框。

STEP 2 选择【配额】选项卡，如图 7-17 所示。

STEP 3 选择【启用配额管理】复选框，然后为新用户设置磁盘空间限制数值。

STEP 4 若需要对原有的用户设置配额，单击【配额项】按钮，打开图 7-18 所示的窗口。

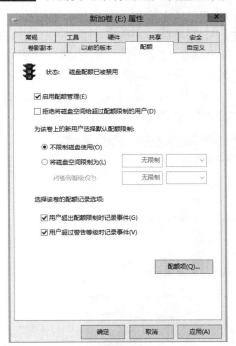

图 7-17 "配额"选项卡

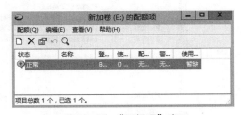

图 7-18 "配额项"窗口

STEP 5 选择【配额】→【新建配额项】选项，或单击工具栏上的【新建配额项】按钮，打开"选择用户"对话框。单击【高级】按钮，再单击【立即查找】按钮，即可在"搜索结果"列表框中选择当前计算机用户，并设置磁盘配额。关闭配额项窗口。图 7-19 所示为 yhl 用户设置磁盘配额。

STEP 6 回到图 7-17 所示的"配额"选项卡。如果需要限制受配额影响的用户使用超过配额的空间，则选择【拒绝将磁盘空间给超过配额限制的用户】复选框，单击【确定】按钮。

图 7-19 "添加新配额项"窗口

7.3.6 任务 6 碎片整理和优化驱动器

计算机磁盘上的文件，并非保存在一个连续的磁盘空间上，而是把一个文件分散存放在磁盘的许多地方，这样的分布会浪费磁盘空间，习惯称之为"磁盘碎片"。在经常进行添加和删除文件等操作的磁盘上，这种情况尤其严重。"磁盘碎片"会增加计算机访问磁盘的时间，降低整个计算机的运行性能。因而，计算机在使用一段时间后，就要对磁盘进行碎片整理。

碎片整理和优化驱动器程序可以重新安排计算机硬盘上的文件、程序以及未使用的空间，使得程序运行得更快，文件打开得更快。磁盘碎片整理并不影响数据的完整性。

依次单击【开始】→【管理工具】→【碎片整理和优化驱动器】命令，打开图 7-20 所示的"磁盘碎片整理程序"窗口。对驱动器进行"分析"和"优化"。

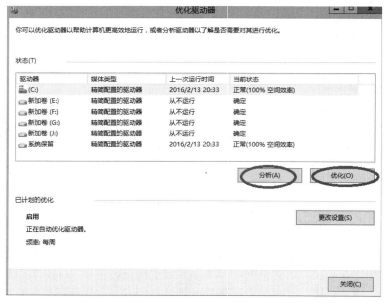

图 7-20 优化驱动器

一般情况下，选择要进行磁盘碎片整理的磁盘后，首先要分析一下磁盘分区状态。单击【分析】按钮，可以对所选的磁盘分区进行分析。系统分析完毕后会打开对话框，询问是否对磁盘进行碎片整理。如果需要对磁盘进行优化操作，选中磁盘后，直接单击【优化】按钮即可。

7.4 习题

一、填空题

1. 从 Windows 2000 开始，Windows 系统将磁盘分为_____和_____。

2. 一个基本磁盘最多可分为_____个区，即_____个主分区或_____个主分区和一个扩展分区。

3. 动态卷类型包括_____、_____、_____、_____、_____。

4. 要将 E 盘转换为 NTFS 文件系统，可以运行命令：_____。

5. 带区卷又称为_____技术，RAID 1 又称为_____卷，RAID-5 又称为_____卷。

6. 镜像卷的磁盘空间利用率只有_____，所以镜像卷的花费相对较高。与镜像卷相比，RAID-5 卷的磁盘空间有效利用率为_____。硬盘数量越多，冗余数据带区的成本越低，所以 RAID-5 卷的性价比较高，被广泛应用于数据存储领域。

二、简答题

1. 简述基本磁盘与动态磁盘的区别。
2. 磁盘碎片整理的作用是什么？
3. Windows Server 2012 支持的动态卷类型有哪些？各有何特点？
4. 基本磁盘转换为动态磁盘应注意什么问题？如何转换？
5. 如何限制某个用户使用服务器上的磁盘空间？

实训项目　配置与管理基本磁盘和动态磁盘

一、实训目的

- 掌握基本磁盘的管理方法。
- 掌握动态磁盘的管理方法。
- 学习磁盘阵列，以及 RAID 0、RAID 1、RAID-5 的知识。
- 掌握做磁盘阵列的条件及方法。

二、项目环境

随着公司的发展壮大，已有的工作组式的网络已经不能满足公司的业务需要。经过多方论证，确定了公司的服务器的拓扑结构，如图 7-1 所示。

三、项目要求

根据图 7-1 所示的公司磁盘管理示意图，完成管理磁盘的实训。具体要求如下。

（1）公司的服务器 win2012-1 中新增了 2 块硬盘，请完成以下任务。

① 初始化磁盘。

② 在两块磁盘新建分区，注意主磁盘分区和扩展磁盘分区的区别以及在一块磁盘上能建的主磁盘分区的数量等。

③ 格式化磁盘分区。

④ 标注磁盘分区为活动分区。

⑤ 向驱动器分配装入点文件夹路径。

指派一个在 NTFS 文件系统下的空文件夹代表某磁盘分区，如 C:\data 文件夹。

⑥ 对磁盘进行碎片整理。

（2）公司的服务器 win2012-2 中新增了 5 块硬盘，每块硬盘大小为 4 GB。请完成以下任务。

① 添加硬盘，初始化硬盘，并将磁盘转换成动态磁盘。

② 创建 RAID 1 的磁盘组，大小为 1 GB。

③ 创建 RAID-5 的磁盘组，大小为 2 GB。

④ 创建 RAID 0 磁盘组，大小为 800 MB×5=4 GB。

⑤ 对 D 盘进行扩容。

⑥ RAID-5 数据的恢复实验。

四、做一做

根据实训项目录像进行项目的实训，检查学习效果。

项目 8
配置与管理打印服务器

项目背景

　　某公司组建了单位内部的办公网络，但办公设备（尤其是打印设备）不能每人配备一台，需要配置网络打印供公司员工使用。打印机的型号及所在楼层各异，人员使用打印机的优先级也不尽相同。为了提高效率，网络管理员有责任建立起该公司打印系统的良好组织与管理机制。

项目目标

- 了解网络打印机的概念。
- 掌握安装打印服务器的方法
- 掌握打印服务器的管理的方法
- 掌握共享网络打印机的方法

8.1　相关知识

　　Windows Server 2012 家族中的产品支持多种高级打印功能。例如，无论运行 Windows Server 2012 家族操作系统的打印服务器计算机位于网络中的哪个位置，用户都可以对它进行管理。另一项高级功能是，不必在 Windows XP 客户端计算机上安装打印机驱动程序就可以使用网络打印机。当客户端连接运行 Windows Server 2012 家族操作系统的打印服务器计算机时，驱动程序将自动下载。

8.1.1　基本概念

为了建立网络打印服务环境，首先需要理解几个概念。

- 打印设备：实际执行打印的物理设备，可以分为本地打印设备和带有网络接口的打印设备。根据使用的打印技术，可以分为针式打印设备、喷墨打印设备和激光打印设备。
- 打印机：即逻辑打印机，打印服务器上的软件接口。当发出打印作业时，作业在发送到实际的打印设备之前先在逻辑打印机上进行后台打印。
- 打印服务器：连接本地打印机，并将打印机共享出来的计算机系统。网络中的打印客户端会将作业发送到打印服务器处理，因此打印服务器需要有较高的内存以处理作业。对于较频繁的或大尺寸文件的打印环境，还需要打印服务器有足够的磁盘空间以保存打印假脱机文件。

8.1.2 共享打印机的连接

在网络中共享打印机时，主要有 2 种不同的连接模式，即"打印服务器+打印机"模式和"打印服务器+网络打印机"模式。

- "打印服务器+打印机"模式就是将一台普通打印机安装在打印服务器上，然后通过网络共享该打印机，供局域网中的授权用户使用。打印服务器既可以由通用计算机担任，也可以由专门的打印服务器担任。

如果网络规模较小，则可采用普通计算机担任服务器，操作系统可以采用 Windows Server2008/Windows 7。如果网络规模较大，则应当采用专门的服务器，操作系统也应当采用 Windows Server 2012，从而便于对打印权限和打印队列进行管理，适应繁重的打印任务。

- "打印服务器+网络打印机"模式是将一台带有网卡的网络打印设备通过网线联入局域网，给定网络打印设备的 IP 地址，使网络打印设备成为网络上的一个不依赖于其他 PC 的独立节点，然后在打印服务器上对该网络打印设备进行管理，用户就可以使用网络打印机进行打印。网络打印设备通过 EIO 插槽直接连接网络适配卡，能够以网络的速度实现高速打印输出。打印设备不再是 PC 的外设，而成为一个独立的网络节点。
- 由于计算机的端口有限，因此，采用普通打印设备时，打印服务器所能管理的打印机数量也就较少。而由于网络打印设备采用以太网端口接入网络，因此一台打印服务器可以管理数量非常多的网络打印机，更适用于大型网络的打印服务。

8.2 项目设计及准备

本项目的所有实例都部署在图 8-1 所示的网络拓扑图的环境中。

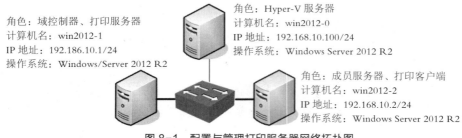

图 8-1 配置与管理打印服务器网络拓扑图

① 已安装好 Windows Server 2012 R2，并且 Hyper-V 服务器正确配置。
② 利用"Hyper-V 管理器"已建立 2 台虚拟机。
③ win2012-1 上安装打印服务器，win2012-2 上安装客户端打印机。

8.3 项目实施

8.3.1 任务 1 安装打印服务器

若要提供网络打印服务，必须先将计算机安装为打印服务器，安装并设置共享打印机，再为不同操作系统安装驱动程序，使得网络客户端在安装共享打印机时不再需要单独安装驱动程序。

1. 安装 Windows Server 2012 打印服务器角色

在 Windows Server 2012 中，若要对打印机和打印服务器进行管理，必须安装"打印服务器角色"。而"LPD 服务"和"Internet 打印"这两个角色则是可选项。

选择"LPD 服务"角色服务之后，客户端需安装"LPR 端口监视器"功能才可以打印到已启动 LPD 服务共享的打印机。UNIX 打印服务器一般都会使用 LPD 服务。选择"Internet 打印"角色服务之后，客户端需安装"Internet 打印客户端"功能后才可以通过 Internet 打印协议（IPP）经由 Web 来连接并打印到网络或 Internet 上的打印机。

现在将 win2012-1 配置成打印服务器，步骤如下。

STEP 1 打开【开始】→【管理工具】→【服务器管理器】→【仪表板】选项的【添加角色和功能】，持续单击【下一步】按钮，直到出现图 8-2 所示的"选择服务器角色"窗口时勾选【打印和文件服务】复选框，单击【添加功能】按钮。

STEP 2 在"选择服务器角色"窗口中，选择【打印和文件服务】选项，单击【下一步】按钮，再次单击【下一步】按钮。

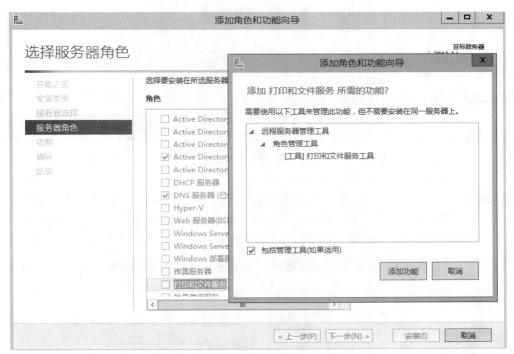

图 8-2　选择服务器角色

STEP 3 在"选择角色服务"对话框中，选择【打印服务器】【LPD 服务】以及【Internet 打印】选项。在选择【Internet 打印】选项时，会弹出安装 Web 服务器等功能的提示框，如图 8-3 所示，单击【添加功能】按钮，单击【下一步】按钮。

STEP 4 再次单击【下一步】按钮，进入 Web 服务器的安装界面。本例采用默认设置，直接单击【下一步】按钮。在"确认安装选项"对话框中，单击【安装】按钮进行"打印服务"和"Web 服务器"的安装。

图 8-3　选择角色服务

2．安装本地打印机

win2012-1 已成为网络中的打印管理服务器，在这台计算机上安装本地打印机，也可以管理其他打印服务器。设置过程如下。

STEP 1　确保打印设备已连接到 win2012-1 上，然后以管理员身份登录系统中，依次单击【开始】→【管理工具】→【打印管理】菜单，进入"打印管理"控制台窗口。

STEP 2　在"打印管理"控制台窗口中，展开【打印服务器】→【win2012-1（本地）】。单击【打印机】，在中间的详细窗格空白处右键单击，在弹出的快捷菜单中选择【添加打印机】选项，如图 8-4 所示。

STEP 3　在"打印机安装"窗口中，选择【使用现有的端口添加新打印机】选项，单击右边下拉列表按钮▼，然后在下拉列表框中根据具体的连接端口进行选择。本例选择【LPT1（打印机端口）】选项，如图 8-5 所示，然后单击【下一步】按钮。

图 8-4　添加打印机

图 8-5　选择连接端口

STEP 4 在"打印机驱动程序"对话框中，选择【安装新驱动程序】选项，然后单击【下一步】按钮。

STEP 5 在打印机安装向导中，需要根据计算机具体连接的打印设备情况选择打印设备生产厂商和打印机型号。选择完毕后，单击【下一步】按钮，如图 8-6 所示。

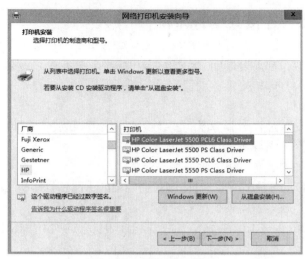

图 8-6　选择厂商和型号

STEP 6 在"打印机名称和共享设置"对话框中，选择【共享此打印机】选项，并设置共享名称，然后单击【下一步】按钮，如图 8-7 所示。

图 8-7　共享打印机

技　巧　也可以在打印机建立后，在其属性中设置共享，设置共享名为"hp1"。在共享打印机后，Windows 将在防火墙中启用"文件和打印共享"，以接受客户端的共享连接。

STEP 7 在打印机安装向导中，确认前面步骤的设置无误后，单击【下一步】按钮进行驱动程序和打印机的安装。安装完毕后，单击【完成】按钮，完成打印机的安装过程。

提　示　　读者还可以打开【打印管理器】→【打印服务器】，在空白处单击，在弹出的快捷菜单中选择【添加/删除服务器】选项，根据向导完成"管理其他服务器"的任务。

8.3.2　任务 2　连接共享打印机

打印服务器设置成功后，即可在客户端安装共享打印机。共享打印机的安装与本地打印机的安装过程非常相似，都需要借助"添加打印机向导"来完成。安装网络打印机时，在客户端不需要为要安装的打印机提供驱动程序。

1．添加网络打印机

客户端打印机的安装过程与服务器的安装设置有很多相似之处，但也不尽相同。其安装在"添加打印机向导"的引导下即可完成。

网络打印机的添加安装有以下 2 种方式。

① 在"服务器管理器"中单击"打印服务器"中的【添加打印机】超链接，运行"添加打印机向导"。（前提是在客户端安装了"打印服务器"角色。）

② 打开【控制面板】→【硬件】，在"硬件和打印机"选项下单击【添加打印机】按钮，运行"添加打印机向导"。

案例：打印服务器 win2012-1 已安装好，用户 print 需要通过网络服务器打印一份文档。

STEP 1 在 win2012-1 上利用"Active Directory 用户和计算机"控制台新建用户"print"。

STEP 2 打开【开始】→【管理工具】→【打印管理】，右键单击刚完成安装的打印机，选择【属性】菜单，然后单击【安全】选项卡，如图 8-8 所示。

图 8-8　设置 print 用户允许打印

STEP 3 删除"Everyone"用户,添加"print"用户,允许有"打印"权限。

STEP 4 以管理员身份登录 win2012-2,单击【开始】→【控制面板】→【硬件】→【高级打印机设置】。

STEP 5 出现图 8-9 所示的对话框。

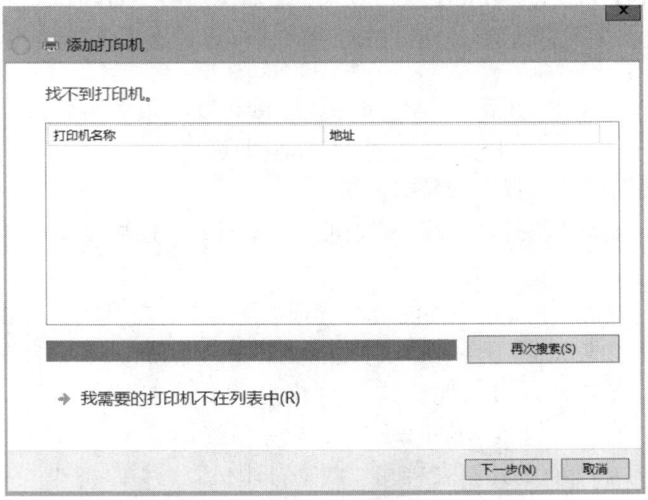

图 8-9 自动搜索要添加的打印机

STEP 6 单击【我需要的打印机不在列表中】按钮,在弹出的对话框中,选中【按名称选择共享打印机】单选项,单击【浏览】按钮查找共享打印机。出现网络上存在的计算机列表后,双击"win2012-1",弹出"输入网络密码"对话框,在此输入 print 及密码,如图 8-10 所示。

图 8-10 选择共享打印机时的网络凭证

STEP 7 单击【确定】按钮,显示 win2012-1 计算机上共享的打印机"hp1",单击"hp1"选中该共享打印机,按【选择】按钮返回"添加打印机向导"对话框。

STEP 8 单击【下一步】按钮,开始安装共享打印机。安装完成后,单击【完成】按钮。在此,如果单击【打印测试页】按钮,可以进一步测试所安装的打印机是否正常工作。

特别提示 ① 这里一定要保证开启了 2 个计算机的网络发现功能，参照项目 2 的相关内容。② 本例在域方式下完成。如果在工作组环境下，也需要为共享打印机的用户创建用户，比如 print1，并赋予该用户允许打印的权限。在连接共享打印机时，以用户 print1 身份登录，然后添加网络打印机。添加网络打印机的过程与域环境下基本一样，按向导完成即可，这里不再赘述。

STEP 9 用户在客户端成功添加网络打印机后，就可以打印文档了。打印时，在出现的"打印"对话框中，选择添加的网络打印机即可。

2．使用"网络"或"查找"安装打印机

除了可以采用"打印机安装向导"安装网络打印机外，还可以使用"网络"或"查找"的方式安装打印机。

① 在 win2012-2 上，单击左下角的资源管理器图标，打开"资源管理器"窗口，单击窗口左下角的【网络】链接，打开 win2012-2 的"网络"对话框，找到打印服务器 win2012-1，或者使用"查找"方式，以 IP 地址或计算机名称找到打印服务器，如在运行中输入 \\192.168.10.1。双击打开计算机 win2012-1，根据系统提示输入有访问权限的用户名和密码，如 print，然后显示其中所有的共享文档和"共享打印机"。

② 双击要安装的网络打印机，比如 hp1。该打印机的驱动程序将自动被安装到本地，并显示该打印机中当前的打印任务。或者右键单击共享打印机，在弹出的快捷菜单中单击【连接】，完成网络打印机的安装。

8.3.3　任务 3　管理打印服务器

在打印服务器上安装共享打印机后，可通过设置打印机的属性来进一步管理打印机。

1．设置打印优先级

高优先级的用户发送来的文档可以越过等候打印的低优先级的文档队列。如果 2 个逻辑打印机都与同一打印设备相关联，则 Windows Server 2012 操作系统首先将优先级最高的文档发送到该打印设备。

要利用打印优先级系统，需为同一打印设备创建多个逻辑打印机。为每个逻辑打印机指派不同的优先等级，然后创建与每个逻辑打印机相关的用户组。例如，Group1 中的用户拥有访问优先级为 1 的打印机的权利，Group2 中的用户拥有访问优先级为 2 的打印机的权利，以此类推。1 代表最低优先级，99 代表最高优先级。设置打印机优先级的方法如下。

① 在 win2012-1 中为 LPT1 的同一台设备安装 2 台打印机：hp1 已经安装，再安装一台 hp2。（请读者自行安装第 2 台打印机 hp2）

② 在"打印管理器"中，展开【打印服务器】→【win2012-1（本地）】→【打印机】。右键单击打印机列表中的打印机 hp1，在弹出的快捷菜单中选择【属性】选项，打开打印机属性对话框，选择【高级】选项卡，如图 8-11 所示。设置优先级为"1"。

③ 然后在打印属性对话框中选择【安全】选项卡，添加用户组"group1"允许打印。

④ 同理，设置 hp2 的优先级为"2"，添加用户组"group2"允许在 hp2 上打印。

2．设置打印机池

"打印机池"就是将多个相同的或者特性相同的打印设备集合起来，然后创建一个（逻辑）打印机映射到这些打印设备，也就是利用一个打印机同时管理多台相同的打印设备。当用户

将文档送到此打印机时，打印机会根据打印设备是否正在使用，决定将该文档送到"打印机池"中的哪一台打印设备打印。例如，当"A打印机"和"B打印机"忙碌时，有一个用户打印机文档，逻辑打印机就会直接转到"C打印机"打印。

设置打印机池的步骤如下。需要再在 LPT2 端口安装一台同型号的打印机，这个请读者自行完成，在此不再演示安装方法。

STEP 1 在图 8-11 所示的"属性"对话框中，选择【端口】选项卡。

STEP 2 选择【启用打印机池】复选框，再选中打印设备所连接的多个端口，如图 8-12 所示。必须选择一个以上的端口，否则会打开"打印机属性提示"对话框。然后单击【确定】按钮。

图 8-11 打印机属性"高级"选项卡　　　图 8-12 选择"启用打印机池"复选框

打印机池中的所有打印机必须是同一型号，使用相同的驱动程序。由于用户不知道指定的文档由池中的哪一台打印设备打印，因此应确保池中的所有打印设备位于同一位置。

3．管理打印队列

打印队列是存放等待打印文件的地方。当应用程序选择【打印】命令后，Windows 就创建一个打印工作且开始处理它。若打印机这时正在处理另一项打印作业，则在打印机文件夹中将形成一个打印队列，保存着所有等待打印的文件。

（1）查看打印队列中的文档

查看打印机打印队列中的文档不仅有利于用户和管理员确认打印文档的输出和打印状态，同时也有利于进行打印机的选择。

在 win2012-1 上，依次打开【开始】→【控制面板】→【硬件】→【查看设备和打印机】，双击要查看的打印机图标，单击【查看正在打印的内容】按钮，打开【打印机管理】窗口，如图 8-13 所示。其中列出了当前所有要打印的文件。

图 8-13 "打印机管理"窗口

（2）调整打印文档的顺序

用户可通过更改打印优先级来调整打印文档的打印次序，使急需的文档优先打印出来。要调整打印文档的顺序，可采用以下步骤。

STEP 1 在"打印机管理"对话框中，右键单击需要调整打印次序的文档，在弹出的快捷菜单中选择【属性】选项，打开"文档属性"对话框，单击【常规】选项卡，如图 8-14 所示。

图 8-14 "文档属性"对话框

STEP 2 在"优先级"选项区域中，拖动滑块即可改变被选文档的优先级。对于需要提前打印的文档，应提高其优先级；对于不需要提前打印的文档，应降低其优先级。

（3）暂停和继续打印一个文档

STEP 1 在图 8-13 所示的"打印机管理"对话框中，右键单击要暂停的打印文档，在弹出的快捷菜单中选择【暂停】选项，可以将该文档的打印工作暂停，状态栏中显示"已暂停"字样。

STEP 2 文档暂停之后，若想继续打印暂停的文档，只需在打印文档的快捷菜单中选择【继续】命令即可。不过如果用户暂停了打印队列中优先级别最高的打印作业，打印机将停止工作，直到继续打印。

（4）暂停和重新启动打印机的打印作业

STEP 1 在图 8-13 所示的"打印机管理"对话框中，执行【打印机】→【暂停打印】命令，即可暂停打印机的作业，此时标题栏中显示"已暂停"字样。

STEP 2 当需要重新启动打印机打印作业时，再次执行【打印机】→【暂停打印】命令即可使打印机继续打印，标题栏中的"已暂停"字样消失。

（5）删除打印文件

STEP 1 在图 8-13 所示的"打印机管理"对话框中，在打印队列中选择要取消打印的文档，然后执行【文档】→【取消】命令，即可将文档消除。

STEP 2 如果管理员要清除所有的打印文档，可执行【打印机】→【取消所有文档】命令。打印机没有还原功能，打印作业被取消之后不能再恢复，若要再次打印，则必须重新对打印队列的所有文档进行打印。

4．为不同用户设置不同的打印权限

打印机被安装在网络上后，系统会为它指派默认的打印机权限。该权限允许所有用户打印，并允许选择组对打印机、发送给它的文档或对这二者加以管理。

因为打印机可用于网络上的所有用户，所以可能需要通过指派特定的打印机权限以限制某些用户的访问权。

例如，可以给部门中所有无管理权的用户设置"打印"权限，而给所有管理人员设置"打印和管理文档"权限。这样，所有用户和管理人员都能打印文档，但管理人员还能更改发送给打印机的任何文档的打印状态。

STEP 1 在 win2012-1"打印机管理"中，展开【打印服务器】→【win2012-1（本地）】→【打印机】。右键单击打印机列表中的打印机，在弹出的快捷菜单中选择【属性】选项，打开打印机属性对话框。选择【安全】选项卡，如图 8-15 所示。Windows 提供了 3 种等级的打印安全权限：打印、管理打印机和管理文档。

STEP 2 当给一组用户指派了多个权限时，将应用限制性最少的权限。但是，应用"拒绝"权限时，它将优先于其他任何权限。

STEP 3 默认情况下，"打印"权限将指派给 Everyone 组中的所有成员。用户可以连接到打印机，并将文档发送到打印机。

图 8-15 "安全"选项卡

（1）管理打印机权限

用户可以执行与"打印"权限相关联的任务，并且具有对打印机的完全管理控制权。用户可以暂停和重新启动打印机、更改打印后台处理程序设置、共享打印机、调整打印机权限，还可以更改打印机属性。默认情况下，"管理打印机"权限将指派给服务器的 Administrators 组、域控制器上的 Print Operator 以及 Server Operator。

（2）管理文档权限

用户可以暂停、继续、重新开始和取消由其他所有用户提交的文档，还可以重新安排这些文档的顺序。但用户无法将文档发送到打印机，或控制打印机状态。

默认情况下，"管理文档"权限指派给 Creator Owner 组的成员。当用户被指派给"管理文档"权限时,用户将无法访问当前等待打印的现有文档。此权限只应用于在该权限被指派给用户之后发送到打印机的文档。

（3）拒绝权限

在前面为打印机指派的所有权限都会被拒绝。如果访问被拒绝,用户将无法使用或管理打印机,或者更改任何权限。

如图 8-15 所示,在"组或用户名"列表框中选择设置权限的用户,在"权限"列表框中可以选择要为用户设置的权限。

如果要设置新用户或组的权限,在图 8-15 所示的对话框中单击【添加】按钮,打开"选择用户或组"对话框,输入要为其设置权限的用户或组的名称即可。或者单击【高级】→【立即查找】按钮,在出现的用户或组列表中选择要为其设置权限的用户或用户组。

5. 设置打印机的所有者

默认情况下,打印机的所有者是安装打印机的用户。如果这个用户不能再管理这台打印机,就应由其他用户获得所有权以管理这台打印机。

以下用户或组成员能够成为打印机的所有者。

- 由管理员定义的具有管理打印机权限的用户或组成员。
- 系统提供的 Administrators 组、Print Operators 组、Server Operators 组和 Power Users 组的成员。

如果要成为打印机的所有者,首先要使用户具有管理打印机的权限,或者加入上述的组。设置打印机的所有者的步骤如下。

STEP 1 在图 8-15 所示的对话框的"安全"选项卡中,单击【高级】按钮,打开"高级安全设置"对话框。选择【更改】按钮,显示图 8-16 所示的更改所有者对话框。

STEP 2 当前所有者是管理员组的成员。如果想更改打印机所有者的组或用户,可在"输入要选择的对象名称"列表框中输入要成为打印机所有者的组或用户。（也可以单击【高级】→【立即查找】,查找要成为打印机所有者的组或用户并选择。）

图 8-16 "所有者"选项卡

注　意 打印机的所有权不能从一个用户指定到另一个用户，只有当原先具有所有权的用户无效时才能指定其他用户。不过，Administrator 可以把所有权指定给 Administrators 组。

8.4　习题

一、填空题

1. 在网络中共享打印机时，主要有 2 种不同的连接模式，即_____和_____。

2. Windows Server 2012 系统支持 2 种类型的打印机：_____和_____。

3. 要利用打印优先级系统，需为同一打印设备创建_____个逻辑打印机。为每个逻辑打印机指派不同的优先等级，然后创建与每个逻辑打印机相关的用户组，_____代表最低优先级，_____代表最高优先级。

4. _____就是用一台打印服务器管理多个物理特性相同的打印设备，以便同时打印大量文档。

5. 默认情况下，"管理打印机"权限将指派给_____、_____以及_____。

6. 根据使用的打印技术，打印设备可以分为_____、_____和激光打印设备。

7. 默认情况下，添加打印机向导会_____并在 Active Directory 中发布，除非在向导的"打印机名称和共享设置"对话框中不选择"共享打印机"复选框。

二、选择题

1. 下列权限中（　　）不是打印安全权限。

    A. 打印　　　　　　B. 浏览　　　　　　C. 管理打印机　　　　　D. 管理文档

2. Internet 打印服务系统是基于（　　）方式工作的文件系统。

    A. B/S　　　　　　B. C/S　　　　　　C. B2B　　　　　　　　D. C2C

3. 不能通过计算机的（　　）端口与打印设备相连。

    A. 串行口（COM）　　　　　　　　　　B. 并行口（LPT）

    C. 网络端口　　　　　　　　　　　　　D. RS232

4. 下列（　　）不是 Windows Server 2012 支持的其他驱动程序类型。

    A. x86　　　　　　B. x64　　　　　　C. 486　　　　　　　　D. Itanium

三、简答题

1. 简述打印机、打印设备和打印服务器的区别。

2. 简述共享打印机的好处，并举例。

3. 为什么用多个打印机连接同一打印设备？

实训项目　配置与管理打印服务器

一、实训目的

- 掌握打印服务器的安装方法。
- 掌握网络打印机的安装与配置方法。
- 掌握打印服务器的配置与管理方法。

二、项目环境

本项目根据图 8-1 所示的环境来部署打印服务器。

三、项目要求

完成以下 3 项任务。

① 安装打印服务器。

② 连接共享打印机。

③ 管理打印服务器。

四、做一做

根据实训项目录像进行项目的实训，检查学习效果。

项目背景

　　某高校组建了学校的校园网，为了使校园网中的计算机简单快捷地访问本地网络及 Internet 上的资源，需要在校园网中架设 DNS 服务器，用来提供域名转换成 IP 地址的功能。

　　在完成该项目之前，首先应当确定网络中 DNS 服务器的部署环境，明确 DNS 服务器的各种角色及其作用。

项目目标

- 了解 DNS 服务器的作用及其在网络中的重要性
- 理解 DNS 的域名空间结构及其工作过程
- 理解并掌握主 DNS 服务器的部署方法
- 理解并掌握辅助 DNS 服务器的部署方法
- 理解并掌握 DNS 客户机的部署方法
- 掌握 DNS 服务的测试以及动态更新方法

9.1　任务 1　理解 DNS 的基本概念与原理

　　在 TCP/IP 网络上，每个设备必须分配一个唯一的地址。计算机在网络上通信时只能识别如 202.97.135.160 之类的数字地址，而人们在使用网络资源的时候，为了便于记忆和理解，更倾向于使用有代表意义的名称，如域名 www.yahoo.com（雅虎网站）。

　　DNS（Domain Name System）服务器就承担了将域名转换成 IP 地址的功能。这就是在浏览器地址栏中输入如 www.yahoo.com 的域名后，就能看到相应的页面的原因。输入域名后，有一台称为 DNS 服务器的计算机自动把域名"翻译"成相应的 IP 地址。

　　DNS 实际上是域名系统的缩写，它的目的是为客户机对域名的查询（如 www.yahoo.com）提供该域名的 IP 地址，以便用户用易记的名字搜索和访问必须通过 IP 地址才能定位的本地网络或 Internet 上的资源。

　　DNS 服务使得网络服务的访问更加简单，对于一个网站的推广发布起到极其重要的作用。而且许多重要网络服务（如 E-mail 服务、Web 服务）的实现，也需要借助于 DNS 服务。因此，DNS 服务可视为网络服务的基础。另外，在稍具规模的局域网中，DNS 服务也被大量采用，因为 DNS 服务不仅可以使网络服务的访问更加简单，而且可以完美地实现与 Internet 的融合。

9.1.1 域名空间结构

域名系统 DNS 的核心思想是分级的，是一种分布式的、分层次型的、客户机/服务器式的数据库管理系统。它主要用于将主机名或电子邮件地址映射成 IP 地址。一般来说，每个组织有自己的 DNS 服务器，并维护域名称映射数据库记录或资源记录。每个登记的域都将自己的数据库列表提供给整个网络复制。

目前负责管理全世界 IP 地址的单位是 InterNIC（Internet Network Information Center），在 InterNIC 之下的 DNS 结构共分为若干个域（Domain）。图 9-1 所示的阶层式树状结构，称为域名空间（Domain Name Space）。

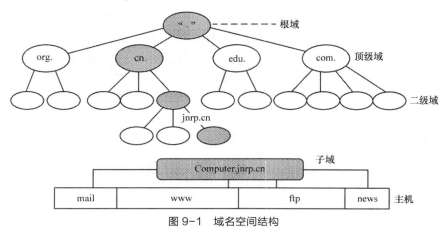

图 9-1　域名空间结构

　　　　域名和主机名只能用字母 a~z（在 Windows 服务器中大小写等效，而在 UNIX 中则不同）、数字 0~9 和连线"–"组成。其他公共字符，如连接符"&"、斜杠"/"、句点和下划线"_"都不能用于表示域名和主机名。

1. 根域

在图 9-1 中，位于层次结构最高端的是域名树的根，提供根域名服务，用"."表示。在 Internet 中，根域是默认的，一般都不需要表示出来。全世界共有 13 台根域服务器，它们分布于世界各大洲，并由 InterNIC 管理。根域名服务器中并没有保存任何网址，只具有初始指针指向第一层域，也就是顶级域，如 com、edu、net 等。

2. 顶级域

顶级域位于根域之下，数目有限，且不能轻易变动。顶级域也是由 InterNIC 统一管理的。在互联网中，顶级域大致分为两类：各种组织的顶级域（机构域）和各个国家地区的顶级域（地理域）。顶级域所包含的部分域名称如表 9-1 所示。

3. 子域

在 DNS 域名空间中，除了根域和顶级域之外，其他域都称为子域。子域是有上级域的域，一个域可以有许多个子域。子域是相对而言的，如 www.jnrp.edu.cn 中，jnrp.edu 是 cn 的子域，jnrp 是 edu.cn 的子域。表 9-2 中给出了域名层次结构中的若干层。

表 9-1　顶级域所包含的部分域名称

域　名　称	说　　明
com	商业机构
edu	教育、学术研究单位
gov	官方政府单位
net	网络服务机构
org	财团法人等非营利机构
mil	军事部门
其他国家或地区代码	代表其他国家/地区的代码，如 cn 表示中国，jp 表示日本

表 9-2　域名层次结构中的若干层

域　　名	域名层次结构中的位置
.	根是唯一没有名称的域
.cn	顶级域名称，中国子域
.edu.cn	二级域名称，中国的教育部门
.jnrp.edu.cn	子域名称，教育网中的济南铁道职业技术学院

和根域相比，顶级域实际是处于第二层的域，但它们还是被称为顶级域。根域从技术的含义上是一个域，但常常不被当作一个域。根域只有很少几个根级成员，它们的存在只是为了支持域名树的存在。

第二层域（顶级域）是属于单位团体或地区的，用域名的最后一部分（即域后缀）来分类。例如，域名 edu.cn 代表中国的教育系统。多数域后缀可以反映使用这个域名所代表的组织的性质，但并不总是很容易通过域后缀来确定所代表的组织、单位的性质。

4．主机

在域名层次结构中，主机可以存在于根以下的各层上。因为域名树是层次型的而不是平面型的，因此只要求主机名在每一连续的域名空间中是唯一的，而在相同层中可以有相同的名字。如 www.163.com、www.263.com 和 www.sohu.com 都是有效的主机名。也就是说，即使这些主机有相同的名字 www，但都可以被正确地解析到唯一的主机。即只要是在不同的子域，就可以重名。

9.1.2　DNS 名称的解析方法

DNS 名称的解析方法主要有 2 种，一种是通过 hosts 文件进行解析，另一种是通过 DNS 服务器进行解析。

1．hosts 文件

hosts 文件解析只是 Internet 中最初使用的一种查询方式。采用 hosts 文件进行解析时，必须由人工输入、删除、修改所有 DNS 名称与 IP 地址的对应数据，即把全世界所有的 DNS 名称写在一个文件中，并将该文件存储到解析服务器上。客户端如果需要解析名称，就到解析服务器上查询 hosts 文件。全世界所有的解析服务器上的 hosts 文件都需保持一致。当网络规模较小时，hosts 文件解析还是可以采用的。然而，当网络越来越大时，为保持网络里所有服务器中 hosts 文件的一致性，就需要大量的管理和维护工作。在大型网络中，这将是一项沉重的负担，此种方法显然是不适用的。

在 Windows Server 2012 中，hosts 文件位于%systemroot%\system32\drivers\etc 目录中，本例为 C:\windows\system32\drivers\etc。该文件是一个纯文本文件，如图 9-2 所示。

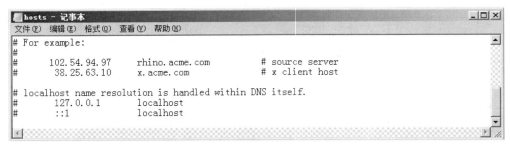

图 9-2　Windows Server 2012 中的 hosts 文件

2．DNS 服务器

DNS 服务器是目前 Internet 上最常用也是最便捷的名称解析方法。全世界有众多 DNS 服务器，各司其职，互相呼应，协同工作，构成了一个分布式的 DNS 名称解析网络。例如，jnrp.cn 的 DNS 服务器只负责本域内数据的更新，而其他 DNS 服务器并不知道也无须知道 jnrp.cn 域中有哪些主机，但它们知道 jnrp.cn 的 DNS 服务器的位置；当需要解析 www.jnrp.cn 时，它们就会向 jnrp.cn 的 DNS 服务器请求帮助。采用这种分布式解析结构时，一台 DNS 服务器出现问题并不会影响整个体系，而数据的更新操作也只在其中的一台或几台 DNS 服务器上进行，使整体的解析效率大大提高。

9.1.3　DNS 服务器的类型

DNS 服务器用于实现 DNS 名称和 IP 地址的双向解析。在网络中，主要有 4 种类型的 DNS 服务器：主 DNS 服务器、辅助 DNS 服务器、转发 DNS 服务器和唯缓存 DNS 服务器。

1．主 DNS 服务器

主 DNS 服务器（Primary Name Server）是特定 DNS 域所有信息的权威性信息源。它从域管理员构造的本地数据库文件（区域文件，Zone File）中加载域信息，该文件包含该服务器具有管理权的 DNS 域的最精确信息。

主 DNS 服务器保存着自主生成的区域文件，该文件是可读可写的。当 DNS 域中的信息发生变化时（如添加或删除记录），这些变化都会保存到主 DNS 服务器的区域文件中。

2．辅助 DNS 服务器

辅助 DNS 服务器（Secondary Name Server）可以从主 DNS 服务器中复制一整套域信息。该服务器的区域文件是从主 DNS 服务器中复制生成的，并作为本地文件存储。这种复制称为"区域传输"。在辅助 DNS 服务器中存有一个域所有信息的完整只读副本，可以对该域的解析请求提供权威的回答。由于辅助 DNS 服务器的区域文件仅是只读副本，因此无法进行更改，所有针对区域文件的更改必须在主 DNS 服务器上进行。在实际应用中，辅助 DNS 服务器主要用于均衡负载和容错。如果主 DNS 服务器出现故障，可以根据需要将辅助 DNS 服务器转换为主 DNS 服务器。

3．转发 DNS 服务器

转发 DNS 服务器（Forwarder Name Server）可以向其他 DNS 转发解析请求。当 DNS 服务器收到客户端的解析请求后，它首先会尝试从其本地数据库中查找；若未能找到，则需要向其他指定的 DNS 服务器转发解析请求；其他 DNS 服务器完成解析后会返回解析结果，转发 DNS 服务器将该解析结果缓存在自己的 DNS 缓存中，并向客户端返回解析结果。在缓存期内，如果客户端请求解析相同的名称，则转发 DNS 服务器会立即回应客户端；否则，将会再次发生转发解析的过程。

目前网络中所有的 DNS 服务器均被配置为转发 DNS 服务器，向指定的其他 DNS 服务器或根域服务器转发自己无法完成的解析请求。

4．唯缓存 DNS 服务器

唯缓存 DNS 服务器（Caching-only Name Server）可以提供名称解析服务器，但其没有任何本地数据库文件。唯缓存 DNS 服务器必须同时是转发 DNS 服务器，它将客户端的解析请求转发给指定的远程 DNS 服务器，并从远程 DNS 服务器取得每次解析的结果，并将该结果存储在 DNS 缓存中，以后收到相同的解析请求时就用 DNS 缓存中的结果。所有的 DNS 服务器都按这种方式使用缓存中的信息，但唯缓存服务器则依赖于这一技术实现所有的名称解析。

当刚安装好 DNS 服务器时，它就是一台缓存 DNS 服务器。

唯缓存服务器并不是权威性的服务器，因为它提供的所有信息都是间接信息。

① 所有的 DNS 服务器均可使用 DNS 缓存机制相应解析请求，以提高解析效率。
② 可以根据实际需要将上述几种 DNS 服务器结合，进行合理配置。
③ 一些域的主 DNS 服务器可以是另一些域的辅助 DNS 服务器。
④ 一个域只能部署一个主 DNS 服务器，它是该域的权威性信息源；另外至少应该部署一个辅助 DNS 服务器，将作为主 DNS 服务器的备份。
⑤ 配置唯缓存 DNS 服务器可以减轻主 DNS 服务器和辅助 DNS 服务器的负载，从而减少网络传输。

9.1.4　DNS 名称解析的查询模式

当 DNS 客户端向 DNS 服务器发送解析请求或 DNS 服务器向其他 DNS 服务器转发解析请求时，均需要使用请求其所需的解析结果。目前使用的查询模式主要有递归查询和迭代查询两种。

1．递归查询

递归查询是最常见的查询方式，域名服务器将代替提出请求的客户机（下级 DNS 服务器）进行域名查询。若域名服务器不能直接回答，则域名服务器会在域各树中的各分支的上下进行递归查询，最终返回查询结果给客户机。在域名服务器查询期间，客户机完全处于等待状态。

2．迭代查询（又称转寄查询）

当服务器收到 DNS 工作站的查询请求后，如果在 DNS 服务器中没有查到所需数据，该 DNS 服务器便会告诉 DNS 工作站另外一台 DNS 服务器的 IP 地址，然后由 DNS 工作站自行向此 DNS 服务器查询，以此类推，直到查到所需数据为止。如果到最后一台 DNS 服务器都没有查到所需数据，则通知 DNS 工作站查询失败。一般，在 DNS 服务器之间的查询请求属于转寄查询（DNS 服务器也可以充当 DNS 工作站的角色），在 DNS 客户端与本地 DNS 服务器之间的查询属于递归查询。"转寄"的意思就是若在某地查不到，该地就会告诉用户其他地方的地址，让用户转到其他地方去查。

下面以查询 www.163.com 为例介绍转寄查询的过程，如图 9-3 所示。

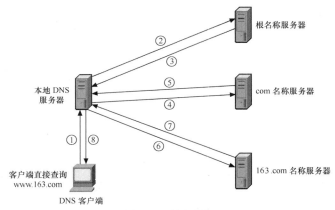

图 9-3　转寄查询

① 客户端向本地 DNS 服务器直接查询 www.163.com 的域名。

② 本地 DNS 无法解析此域名，先向根域服务器发出请求，查询.com 的 DNS 地址。

说　明

① 正确安装完 DNS 后，在 DNS 属性中的"根目录提示"选项卡中，系统显示了包含在解析名称中为要使用和参考的服务器所建议的根服务器的根提示列表，默认共有 13 个。

② 目前全球共有 13 个域名根服务器。1 个为主根服务器，放置在美国。其余 12 个均为辅助根服务器，其中美国 9 个、欧洲 2 个（英国和瑞典各 1 个）、亚洲 1 个（日本）。所有的根服务器均由 ICANN（互联网名称与数字地址分配机构）统一管理。

③ 根域 DNS 管理着.com，.net，.org 等顶级域名的地址解析。它收到请求后，把解析结果（管理.com 域的服务器地址）返回给本地的 DNS 服务器。

④ 本地 DNS 服务器得到查询结果后，接着向管理.com 域的 DNS 服务器发出进一步的查询请求，要求得到 163.com 的 DNS 地址。

⑤ .com 域把解析结果（管理 163.com 域的服务器地址）返回给本地 DNS 服务器。

⑥ 本地 DNS 服务器得到查询结果后，接着向管理 163.com 域的 DNS 服务器发出查询具体主机 IP 地址的请求（www），要求得到满足要求的主机 IP 地址。

⑦ 163.com 把解析结果返回给本地 DNS 服务器。

⑧ 本地 DNS 服务器得到了最终的查询结果。它把这个结果返回给客户端，从而使客户端能够和远程主机通信。

特别提示

为了便于根据实际情况来分散 DNS 名称管理工作的负荷，将 DNS 名称空间划分为区域（Zone）来进行管理。详细内容请参考人民邮电出版社网站资料"DNS 区域、DNS 规划与域名申请.pdf"。

9.2 任务2 添加 DNS 服务器

设置 DNS 服务器的首要任务就是建立 DNS 区域和域的树状结构。DNS 服务器以区域为单位来管理服务。区域是一个数据库，用来链接 DNS 名称和相关数据，如 IP 地址和网络服务，在 Internet 环境中一般用二级域名来命名，如 computer.com。而 DNS 区域分为 2 类：一类是正向搜索区域，即域名到 IP 地址的数据库，用于提供将域名转换为 IP 地址的服务；另一类是反向搜索区域，即 IP 地址到域名的数据库，用于提供将 IP 地址转换为域名的服务。

> **注意** DNS 数据库由区域文件、缓存文件和反向搜索文件等组成，其中区域文件是最主要的，它保存着 DNS 服务器所管辖区域的主机的域名记录。默认的文件名是"区域名.dns"，在 Windows NT/2000/2003/2008/2012 系统中，置于"windows\system32\dns"目录中。而缓存文件用于保存根域中的 DNS 服务器名称与 IP 地址的对应表，文件名为 Cache.dns。DNS 服务就是依赖于 DNS 数据库来实现的。

在架设 DNS 服务器之前，读者需要了解本实例部署的需求和实验环境。

9.2.1 子任务1 部署 DNS 服务器的需求和环境

1．部署需求

在部署 DNS 服务器前需满足以下要求。

- 设置 DNS 服务器的 TCP/IP 属性，手工指定 IP 地址、子网掩码、默认网关和 DNS 服务器地址等。
- 部署域环境，域名为 long.com。

2．部署环境

下面 9.2.2 小节～9.2.4 小节的所有实例部署在同一个域环境下，域名为 long.com。其中 DNS 服务器主机名为 win2012-1，其本身也是域控制器，IP 地址为 192.168.10.1。DNS 客户机主机名为 win2012-2，其本身是域成员服务器，IP 地址为 192.168.10.2。这 2 台计算机都是域中的计算机，具体网络拓扑图如图 9-4 所示。

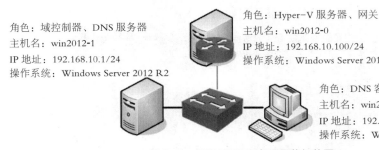

角色：域控制器、DNS 服务器
主机名：win2012-1
IP 地址：192.168.10.1/24
操作系统：Windows Server 2012 R2

角色：Hyper-V 服务器、网关
主机名：win2012-0
IP 地址：192.168.10.100/24
操作系统：Windows Server 2012 R2

角色：DNS 客户机
主机名：win2012-2
IP 地址：192.168.10.2/24
操作系统：Windows Server 2012 R2

图 9-4 架设 DNS 服务器网络拓扑图

9.2.2 子任务2 安装 DNS 服务器角色

在安装 Active Directory 域服务角色时，可以选择一起安装 DNS 服务器角色，如果没有安装，那么可以在计算机"win2012-1"上通过"服务器管理器"安装 DNS 服务器角色，具体步骤如下。

STEP 1 打开【开始】→【管理工具】→【服务器管理器】→ "仪表板"选项的【添加角色和功能】，持续单击【下一步】按钮，直到出现图 9-5 所示的"选择服务器角色"窗口时勾选【DNS 服务器】复选框。单击【添加功能】按钮。

图 9-5 "选择服务器角色"对话框

STEP 2 持续单击【下一步】按钮，最后单击【安装】按钮，开始安装 DNS 服务器。安装完毕后，单击【关闭】按钮，完成 DNS 服务器角色的安装。

9.2.3 子任务 3 DNS 服务的停止和启动

要启动或停止 DNS 服务，可以使用 net 命令、"DNS 管理器"控制台或"服务"控制台，各方法介绍如下。

1．使用 net 命令

以域管理员账户登录 win2012-1，单击左下角的 PowerShell 按钮，输入命令"net stop dns"停止 DNS 服务，输入命令"net start dns"启动 DNS 服务。

2．使用"DNS 管理器"控制台

单击【开始】→【管理工具】→【DNS】，打开 DNS 管理器控制台，在左侧控制台树中右键单击服务器 win2012-1，在弹出的快捷菜单中选择【所有任务】→【停止】或【启动】或【重新启动】，即可停止或启动 DNS 服务，如图 9-6 所示。

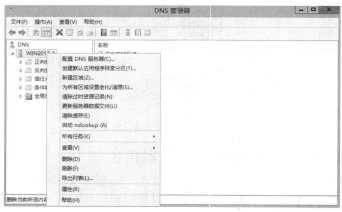

图 9-6 "DNS 管理器"窗口

3. 使用"服务"控制台

单击【开始】→【管理工具】→【DNS】，打开"服务"控制台，找到"DNS Server"服务，选择【启动】或【停止】操作即可启动或停止 DNS 服务。

9.3 任务 3 部署主 DNS 服务器的 DNS 区域

在域控制器上安装完 DNS 服务器角色之后，将存在一个与 Active Directory 域服务集成的区域 long.com。为了实现任务 3 实例，要将其删除。删除该域以后再完成以下任务。

9.3.1 子任务 1 创建正向主要区域

在 DNS 服务器上创建正向主要区域"long.com"，具体步骤如下。

STEP 1 在 win2012-1 上，单击【开始】→【管理工具】→【DNS】，打开 DNS 管理器控制台，展开 DNS 服务器目录树，如图 9-7 所示。右键单击【正向查找区域】选项，在弹出的快捷菜单中选择【新建区域】选项，显示"新建区域向导"。

STEP 2 单击【下一步】按钮，出现图 9-8 所示的"区域类型"窗口，用来选择要创建的区域的类型，有"主要区域""辅助区域"和"存根区域"3 种。若要创建新的区域，应当选中【主要区域】单选按钮。

图 9-7 DNS 管理器

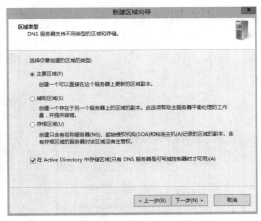

图 9-8 区域类型

注 意 如果当前 DNS 服务器上安装了 Active Directory 服务，则"在 Active Directory 中存储区域"复选框将自动选中。

STEP 3 单击【下一步】按钮，选择在网络上如何复制 DNS 数据，本例选择【至此域中域控制器上运行的所有 DNS 服务器（D）: long.com】选项，如图 9-9 所示。

STEP 4 单击【下一步】按钮，在"区域名称"框（见图 9-10）中设置要创建的区域名称，如 long.com。区域名称用于指定 DNS 名称空间的部分，由此实现 DNS 服务器管理。

STEP 5 单击【下一步】按钮，选择【只允许安全的动态更新】选项。

STEP 6 单击【下一步】按钮，显示新建区域摘要。单击【完成】按钮，完成区域创建。

图 9-9　Active Directory 区域传送作用域

图 9-10　区域名称

注　意

由于是活动目录集成的区域，不指定区域文件。否则指定区域文件 long.com.dns。

9.3.2　子任务 2　创建反向主要区域

反向查找区域用于通过 IP 地址来查询 DNS 名称。创建的具体过程如下。

STEP 1 在 DNS 控制台中，选择反向查找区域，单击右键，在弹出的快捷菜单中选择【新建区域】（见图 9-11），并在区域类型中选择【主要区域】（见图 9-12）。

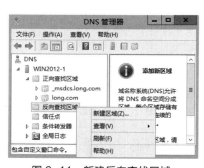

图 9-11　新建反向查找区域

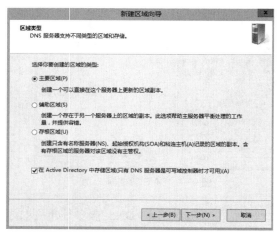

图 9-12　选择区域类型

STEP 2 在"反向查找区域名称"窗口中，选择【IPv4 反向查找区域】选项，如图 9-13 所示。

STEP 3 在图 9-14 所示的对话框中输入网络 ID 或者反向查找区域名称，本例中输入的是网络 ID，区域名称根据网络 ID 自动生成。例如，当输入网络 ID 为 192.168.10. 时，反向查找区域的名称自动为 10.168.192.in-addr.arpa。

STEP 4 单击【下一步】按钮，选择【只允许安全的动态更新】选项。

STEP 5 单击【下一步】按钮，显示新建区域摘要。单击【完成】按钮，完成区域创建。图 9-15 所示为创建后的效果。

图 9-13　反向查找区域名称——IPv4　　　　图 9-14　反向查找区域名称——网络 ID

图 9-15　创建正反向区域后的 DNS 管理器

9.3.3　子任务 3　创建资源记录

DNS 服务器需要根据区域中的资源记录提供该区域的名称解析。因此，在区域创建完成之后，需要在区域中创建所需的资源记录。

1．创建主机记录

创建 win2012-2 对应的主机记录。

STEP 1 以域管理员账户登录 win2012-1，打开 DNS 管理控制台，在左侧控制台树中选择要创建资源记录的正向主要区域 long.com，然后在右侧控制台窗口空白处右键单击或右键单击要创建资源记录的正向主要区域，在弹出的快捷菜单中选择相应功能项即可创建资源记录，如图 9-16 所示。

STEP 2 选择【新建主机】，打开"新建主机"对话框，通过此对话框可以创建 A 记录，如图 9-17 所示。

- 在"名称"文本框中输入 A 记录的名称，该名称即为主机名，本例为"win2012-2"。
- 在"IP 地址"文本框中输入该主机的 IP 地址，本例为 192.168.10.2。
- 若选中【创建相关的指针（PTR）记录】复选框，则在创建 A 记录的同时，可在已经存在的相对应的反向主要区域中创建 PTR 记录。若之前没有创建对应的反向主要区域，则不能成功创建 PTR 记录。本例不选中，后面单独建立 PTR 记录。

2．创建别名记录

win2012-1 同时还是 Web 服务器。为其设置别名 www 的步骤如下。

STEP 1 在图 9-16 所示的窗口中，选择【新建别名（CNAME）】，将打开"新建资源记录"对话框的"别名（CNAME）"选项卡，通过此选项卡可以创建 CNAME 记录，如图 9-18 所示。

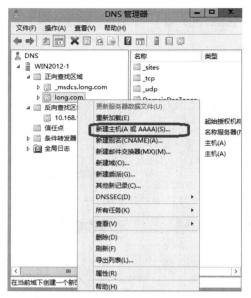

图 9-16 创建资源记录

图 9-17 创建 A 记录

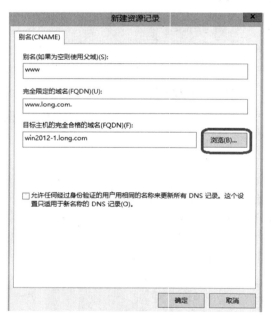

图 9-18 创建 CNAME 记录

STEP 2 在"别名"文本框中输入一个规范的名称（本例为 www），单击【浏览】按钮，选中起别名的目的服务器域名（本例为 win2012-1.long.com）。或者直接输入目的服务器的名字。在"目标主机的完全合格的域名（FQDN）"文本框中，输入需要定义别名的完整 DNS 域名。

3．创建邮件交换器记录

win2012-1 同时还是 mail 服务器。在图 9-16 所示菜单中，选择【新建邮件交换器（MX）】，将打开"新建资源记录"对话框的"邮件交换器（MX）"选项卡，通过此选项卡可以创建 MX 记录，如图 9-19 所示。

STEP 1 在"主机或子域"文本框中输入 MX 记录的名称，该名称将与所在区域的名称一起构成邮件地址中"@"右面的后缀。例如，邮件地址为 yy@long.com，则应将 MX 记录的名称设置为空（使用其中所属域的名称 long.com）；如果邮件地址为 yy@mail. long.com，则应将输入 mail 为 MX 记录的名称记录。本例输入"mail"。

STEP 2 在"邮件服务器的完全限定的域名（FQDN）"文本框中，输入该邮件服务器的名称（此名称必须是已经创建的对应于邮件服务器的 A 记录）。本例为"win2012-1. long.com"。

图 9-19　创建 MX 记录

STEP 3 在"邮件服务器优先级"文本框中设置当前 MX 记录的优先级；如果存在 2 个或更多的 MX 记录，则在解析时将首选优先级高的 MX 记录。

4．创建指针记录

STEP 1 以域管理员账户登录 win2012-1，打开 DNS 管理控制台。

STEP 2 在左侧控制台树中选择要创建资源记录的反向主要区域 10.168.192.in-addr.arpa，然后在右侧控制台窗口空白处右键单击或右键单击要创建资源记录的反向主要区域，在弹出的快捷菜单中选择【新建指针（PTR）】命令（见图 9-20），在打开的"新建资源记录"对话框的"指针（PTR）"选项卡中即可创建 PTR 记录（见图 9-21）。同理可创建 192.168.10.1 的指针记录。

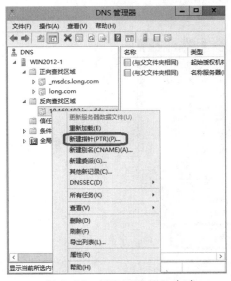

图 9-20　创建 PTR 记录（1）

图 9-21　创建 PTR 记录（2）

STEP 3 资源记录创建完成之后，在 DNS 管理控制台和区域数据库文件中都可以看到这些资源记录，如图 9-22 所示。

图 9-22　通过 DNS 管理控制台查看反向区域中的资源记录

 注意　　如果区域是和 Active Directory 域服务集成，那么资源记录将保存到活动目录中；如果不是和 Active Directory 域服务集成，那么资源记录将保存到区域文件中。默认 DNS 服务器的区域文件存储在 "C:\windows\system32\dns" 下。若不集成活动目录，则本例正向区域文件为 long.com.dns，反向区域文件为 10.168.192.in-addr.arpa.dns。这 2 个文件可以用记事本打开。

9.4　任务 4　配置 DNS 客户端并测试主 DNS 服务器

9.4.1　子任务 1　配置 DNS 客户端

我们可以通过手工方式配置 DNS 客户端，也可以通过 DHCP 自动配置 DNS 客户端（要求 DNS 客户端是 DHCP 客户端），步骤如下。

STEP 1 以管理员账户登录 DNS 客户端计算机 win2012-2，打开 "Internet 协议版本 4（TCP/ IPv4）属性" 对话框，在 "首选 DNS 服务器" 编辑框中设置所部署的主 DNS 服务器 win2012-1 的 IP 地址为 "192.168.10.1"，如图 9-23 所示。最后单击【确定】按钮即可。

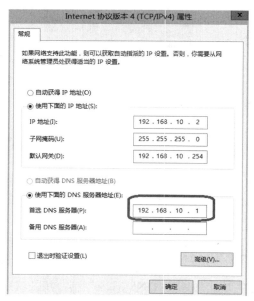

图 9-23　配置 DNS 客户端，指定 DNS 服务器的 IP 地址

STEP 2 通过 DHCP 自动配置 DNS 客户端，参考"项目 10　配置与管理 DHCP 服务器"。

9.4.2　子任务 2　测试 DNS 服务器

部署完主 DNS 服务器并启动 DNS 服务后，应该对 DNS 服务器进行测试，最常用的测试工具是 nslookup 和 ping 命令。

nslookup 是用来进行手动 DNS 查询的最常用工具，可以判断 DNS 服务器是否工作正常。如果有故障的话，可以判断可能的故障原因。它的一般命令用法如下：

```
nslookup [-option…] [host to find] [sever]
```

这个工具可以用于 2 种模式：非交互模式和交互模式。

1．非交互模式

非交互模式要从命令行输入完整的命令，如：

```
C:\>nslookup www.long.com
```

2．交互模式

键入 nslookup 并回车，不需要参数，就可以进入交互模式。在交互模式下，直接输入 FQDN 进行查询。

任何一种模式都可以将参数传递给 nslookup，但在域名服务器出现故障时更多地使用交互模式。在交互模式下，可以在提示符 ">" 下输入 help 或 "?" 来获得帮助信息。

下面在客户端 win2012-2 的交互模式下，测试上面部署的 DNS 服务器。

STEP 1 进入 PowerShell 或者在"运行"中输入"CMD"，进入 nslookup 测试环境。

```
管理员: Windows PowerShell
Windows PowerShell
版权所有 (C) 2013 Microsoft Corporation。保留所有权利

PS C:\Users\Administrator.WIN2012-2.000> nslookup
默认服务器:  win2012-1.long.com
Address:  192.168.10.1
```

STEP 2 测试主机记录。

```
管理员: Windows PowerShell
> win2012-2.long.com
服务器:   win2012-1.long.com
Address:  192.168.10.1

名称:     win2012-2.long.com
Address:  192.168.10.2
```

STEP 3 测试正向解析的别名记录。

```
管理员: Windows PowerShell
PS C:\Users\Administrator.WIN2012-2.000> nslookup
默认服务器:  win2012-1.long.com
Address:  192.168.10.1

> www.long.com
服务器:   win2012-1.long.com
Address:  192.168.10.1

名称:      win2012-1.long.com
Addresses: 192.168.10.20
           192.168.10.1
Aliases:   www.long.com
```

STEP 4 测试 MX 记录。

 set type 表示设置查找的类型。

set type=mx，表示查找邮件服务器记录；

set type=cname，表示查找别名记录；

set type=A，表示查找主机记录；

set type=PRT，表示查找指针记录；

set type=NS，表示查找区域。

STEP 5 测试指针记录。

STEP 6 查找区域信息，结束退出 nslookup 环境。

 可以利用"ping 域名或 IP 地址"简单测试 DNS 服务器与客户端的配置，读者不妨试一试。

9.4.3 子任务 3 管理 DNS 客户端缓存

① 进入 PowerShell 或者在"运行"中输入"CMD"，进入命令提示符。

② 查看 DNS 客户端缓存：

```
C:\>ipconfig /displaydns
```

③ 清空 DNS 客户端缓存：

```
C:\>ipconfig /flushdns
```

9.5 任务 5 部署唯缓存 DNS 服务器

尽管所有的 DNS 服务器都会缓存其已解析的结果,但唯缓存 DNS 服务器是仅执行查询、缓存解析结果的 DNS 服务器,不存储任何区域数据库。唯缓存 DNS 服务器对于任何域来说都不是权威的,并且它所包含的信息限于解析查询时已缓存的内容。

当唯缓存 DNS 服务器初次启动时,并没有缓存任何信息,只有在响应客户端请求时才会缓存。如果 DNS 客户端位于远程网络且该远程网络与主 DNS 服务器(或辅助 DNS 服务器)所在的网络通过慢速广域网链路进行通信,则在远程网络中部署唯缓存 DNS 服务器是一种合理的解决方案。因此,一旦唯缓存 DNS 服务器(或辅助 DNS 服务器)建立了缓存,其与主 DNS 服务器的通信量便会减少。此外,由于唯缓存 DNS 服务器不需要执行区域传输,因此不会出现因区域传输而导致网络通信量增大的情况。

9.5.1 子任务 1 部署唯缓存 DNS 服务器的需求和环境

9.5 节的所有实例按图 9-24 所示部署网络环境。在原有网络环境下增加主机名为 win2012-3 的 DNS 转发器,其 IP 地址为 192.168.10.3,首选 DNS 服务器是 192.168.10.1,该计算机是域 long.com 的成员服务器。

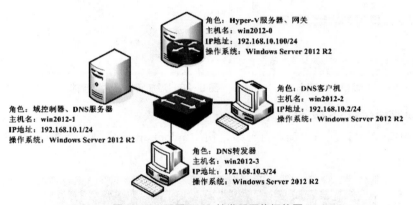

图 9-24 配置 DNS 转发器网络拓扑图

9.5.2 子任务 2 配置 DNS 转发器

1. 更改客户端 DNS 服务器 IP 地址指向

STEP 1 登录 DNS 客户端计算机 win2012-2,将其首选 DNS 服务器指向 192.168.10.3,备用 DNS 服务器设置为空。

STEP 2 打开命令提示符,输入 "**ipconfig /flushdns**" 命令,清空客户端计算机 win2012-2 上的缓存。输入 "**ping win2012-2.long.com**" 命令,发现不能解析,因为该记录存在于服务器 win2012-1 上,不存在于服务器 192.168.10.3 上。

2. 在唯缓存 DNS 服务器上安装 DNS 服务并配置 DNS 转发器

STEP 1 以具有管理员权限的用户账户登录将要部署唯缓存 DNS 服务器的计算机 win2012-3。

STEP 2 参考任务 1 安装 DNS 服务(不配置 DNS 服务器区域)。

STEP 3 打开 DNS 管理控制台,在左侧的控制台树中右键单击 DNS 服务器 win2012-3,

在弹出的快捷菜单中选择【属性】命令。

STEP 4 在打开的 DNS 服务器 "属性" 对话框中单击【转发器】，打开 "转发器" 选项卡，如图 9-25 所示。

STEP 5 单击【编辑】按钮，打开 "编辑转发器" 对话框。在 "转发服务器的 IP 地址" 选项区域中，添加需要转发到的 DNS 服务器地址为 "192.168.10.1"，该计算机能解析到相应服务器 FQDN，如图 9-26 所示。最后单击【确定】按钮即可。

STEP 6 采用同样的方法，根据需要配置其他区域的转发。

图 9-25 "转发器" 选项卡

图 9-26 添加解析转达请求的 DNS 服务器的 IP 地址

3．测试唯缓存 DNS 服务器

在 win2012-2 上打开命令提示符窗口，使用 nslookup 命令测试唯缓存 DNS 服务器，如图 9-27 所示。

图 9-27 在 win2012-2 上测试唯缓存 DNS 服务器

9.6 习题

一、填空题

1. _____是一个用于存储单个 DNS 域名的数据库，是域名称空间树状结构的一部分，它将域名空间分区为较小的区段。

2. DNS 顶级域名中表示官方政府单位的是_____。

3. _____表示电子邮件交换的资源记录。

4. 可以用来检测 DNS 资源创建是否正确的 2 个工具是_____、_____。

5. DNS 服务器的查询方式有_____、_____。

二、选择题

1. 某企业的网络工程师安装了一台基本的 DNS 服务器，用来提供域名解析。网络中的其他计算机都作为这台 DNS 服务器的客户机。他在服务器创建了一个标准主要区域，在一台客户机上使用 nslookup 工具查询一个主机名称，DNS 服务器能够正确地将其 IP 地址解析出来。可是当使用 nslookup 工具查询该 IP 地址时，DNS 服务器却无法将其主机名称解析出来。请问：应如何解决这个问题？（　　　）

    A. 在 DNS 服务器反向解析区域中，为这条主机记录创建相应的 PTR 指针记录

    B. 在 DNS 服务器区域属性上设置允许动态更新

    C. 在要查询的这台客户机上运行命令 Ipconfig /registerdns

    D. 重新启动 DNS 服务器

2. 在 Windows Server 2012 的 DNS 服务器上不可以新建的区域类型有（　　　）。

    A. 转发区域   B. 辅助区域   C. 存根区域   D. 主要区域

3. DNS 提供了一个（　　　）命名方案。

    A. 分级   B. 分层   C. 多级   D. 多层

4. DNS 顶级域名中表示商业组织的是（　　　）。

    A. COM   B. GOV   C. MIL   D. ORG

5. （　　　）表示别名的资源记录。

    A. MX   B. SOA   C. CNAME   D. PTR

三、简答题

1. DNS 的查询模式有哪几种？

2. DNS 的常见资源记录有哪些？

3. DNS 管理与配置的流程是什么？

4. DNS 服务器属性中的"转发器"的作用是什么？

5. 什么是 DNS 服务器的动态更新？

四、案例分析

某企业安装了自己的 DNS 服务器，为企业内部客户端计算机提供主机名称解析。然而企业内部的客户除了访问内部的网络资源外，还想访问 Internet 资源。作为企业的网络管理员，应该怎样配置 DNS 服务器？

实训项目　配置与管理 DNS 服务器

一、实训目的

- 掌握 DNS 的安装与配置方法。
- 掌握两个以上的 DNS 服务器的建立与管理方法。
- 掌握 DNS 正向查询和反向查询的功能及配置方法。
- 掌握各种 DNS 服务器的配置方法。
- 掌握 DNS 资源记录的规划和创建方法。

二、项目环境

本次实训项目所依据的网络拓扑图分别如图 9-4、图 9-24 所示。

三、项目要求

（1）依据图 9-4 完成任务：添加 DNS 服务器，部署主 DNS 服务器，配置 DNS 客户端并测试主 DNS 服务器的配置。

（2）依据图 9-24 完成任务：部署唯缓存 DNS 服务器，配置转发器，测试唯缓存 DNS 服务器。

四、做一做

根据实训项目录像进行项目的实训，检查学习效果。

PART 10

项目 10
配置与管理 DHCP 服务器

项目背景

　　某高校已经组建了学校的校园网，然而随着笔记本电脑的普及，教师移动办公以及学生移动学习的现象越来越多。当笔记本电脑从一个网络移动到另一个网络时，需要重新获知新网络的 IP 地址、网关等信息，并对计算机进行设置。这样，客户端就需要知道整个网络的部署情况，需要知道自己处于哪个网段、哪些 IP 地址是空闲的以及默认网关是多少等信息，不仅用户觉得繁琐，同时也对网络管理员规划网络分配 IP 地址带来了困难。网络中的用户需要无论处于网络中什么位置，都不需要配制 IP 地址、默认网关等信息就能够上网，这就需要在网络中部署 DHCP 服务器。

　　在完成该项目之前，首先应当对整个网络进行规划，确定网段的划分以及每个网段可能的主机数量等信息。

项目目标

- 了解 DHCP 服务器在网络中的作用
- 理解 DHCP 的工作过程
- 掌握 DHCP 服务器的基本配置方法
- 掌握 DHCP 客户端的配置和测试方法
- 掌握常用 DHCP 选项的配置方法
- 理解在网络中部署 DHCP 服务器的解决方案
- 掌握常见 DHCP 服务器的维护方法

10.1 任务 1 认识 DHCP 服务

　　手动设置每一台计算机的 IP 地址是管理员最不愿意做的一件事，于是出现了自动配置 IP 地址的方法，这就是动态主机配置协议（Dynamic Host Configuration Protocol，DHCP）。DHCP 可以自动为局域网中的每一台计算机分配 IP 地址，并完成每台计算机的 TCP/IP 配置，包括 IP 地址、子网掩码、网关及 DNS 服务器等。DHCP 服务器能够从预先设置的 IP 地址池中自动给主机分配 IP 地址，它不仅能够解决 IP 地址冲突的问题，还能及时回收 IP 地址以提高 IP 地址的利用率。

10.1.1　何时使用 DHCP 服务

网络中每一台主机的 IP 地址与相关配置，可以采用以下 2 种方式获得：手工配置和自动获得（自动向 DHCP 服务器获取）。

在网络主机数目少的情况下，可以手工为网络中的主机分配静态的 IP 地址，但有时工作量很大，这就需要动态 IP 地址方案。在该方案中，每台计算机并不设定固定的 IP 地址，而是在计算机开机时才被分配一个 IP 地址，这台计算机被称为 DHCP 客户端（DHCP Client）。在网络中提供 DHCP 服务的计算机称为 DHCP 服务器。DHCP 服务器利用 DHCP（动态主机配置协议）为网络中的主机分配动态 IP 地址，并提供子网掩码、默认网关、路由器的 IP 地址以及一个 DNS 服务器的 IP 地址等。

动态 IP 地址方案可以减少管理员的工作量。只要 DHCP 服务器正常工作，IP 地址就不会发生冲突。要大批量更改计算机的所在子网或其他 IP 参数，只要在 DHCP 服务器上进行即可，管理员不必设置每一台计算机。

需要动态分配 IP 地址的情况包括以下 3 种。

- 网络的规模较大，网络中需要分配 IP 地址的主机很多，特别是要在网络中增加和删除网络主机或者要重新配置网络时，使用手工分配工作量很大，而且常常会因为用户不遵守规则而出现错误，如导致 IP 地址的冲突等。

- 网络中的主机多，而 IP 地址不够用，这时也可以使用 DHCP 服务器来解决这一问题。例如，某个网络上有 200 台计算机，采用静态 IP 地址时，每台计算机都需要预留一个 IP 地址，即共需要 200 个 IP 地址。然而，这 200 台计算机并不同时开机，甚至可能只有 20 台同时开机，这样就浪费了 180 个 IP 地址。这种情况对 ISP（Internet Service Provider，互联网服务供应商）来说是一个十分严重的问题。如果 ISP 有 100 000 个用户，是否需要 100 000 个 IP 地址？解决这个问题的方法就是使用 DHCP 服务。

- DHCP 服务使得移动客户可以在不同的子网中移动，并在他们连接到网络时自动获得网络中的 IP 地址。随着笔记本电脑的普及，移动办公习以为常，当笔记本电脑从一个网络移动到另一个网络时，每次移动也需要改变 IP 地址，并且移动的计算机在每个网络都需要占用一个 IP 地址。

利用拨号上网实际上就是从 ISP 那里动态获得了一个共有的 IP 地址。

10.1.2　DHCP 地址分配类型

DHCP 允许 3 种类型的地址分配。

- 自动分配方式：当 DHCP 客户端第一次成功地从 DHCP 服务器端租用到 IP 地址之后，就永远使用这个地址。

- 动态分配方式：当 DHCP 客户端第一次从 DHCP 服务器端租用到 IP 地址之后，并非永久地使用该地址，只要租约到期，客户端就得释放这个 IP 地址，以给其他工作站使用。当然，客户端可以比其他主机更优先地更新租约，或是租用其他 IP 地址。

- 手工分配方式：DHCP 客户端的 IP 地址是由网络管理员指定的，DHCP 服务器只是把指定的 IP 地址告诉客户端。

10.1.3　DHCP 服务的工作过程

1．DHCP 工作站第 1 次登录网络

当 DHCP 客户机启动登录网络时，通过以下步骤从 DHCP 服务器获得租约。

① DHCP 客户机在本地子网中先发送 DHCP Discover 报文。此报文以广播的形式发送，因为客户机现在不知道 DHCP 服务器的 IP 地址。

② 在 DHCP 服务器收到 DHCP 客户机广播的 DHCP Discover 报文后，它向 DHCP 客户机发送 DHCP Offer 报文，其中包括一个可租用的 IP 地址。

如果没有 DHCP 服务器对客户机的请求做出反应，可能发生以下 2 种情况。

- 如果客户使用的是 Windows 2000 及后续版本 Windows 操作系统，且自动设置 IP 地址的功能处于激活状态，那么客户端将自动从 Microsoft 保留 IP 地址段中选择一个自动私有地址（Automatic Private IP Address，APIPA）作为自己的 IP 地址。自动私有 IP 地址的范围是 169.254.0.1～169.254.255.254。使用自动私有 IP 地址可以确保在 DHCP 服务器不可用时，DHCP 客户端之间仍然可以利用私有 IP 地址进行通信。所以，即使在网络中没有 DHCP 服务器，计算机之间仍能通过网上邻居发现彼此。

- 如果使用其他操作系统或自动设置 IP 地址的功能被禁止，则客户机无法获得 IP 地址，初始化失败。但客户机在后台每隔 5 分钟发送 4 次 DHCP Discover 报文，直到它收到 DHCP Offer 报文。

一旦客户机收到 DHCP Offer 报文，它发送 DHCP Request 报文到服务器，表示它将使用服务器所提供的 IP 地址。

DHCP 服务器在收到 DHCP Request 报文后，立即发送 DHCP YACK 确认报文，以确定此租约成立，且此报文还包含其他 DHCP 选项信息。

客户机收到确认信息后，利用其中的信息，配置它的 TCP/IP 并加入到网络中。上述过程如图 10-1 所示。

2．DHCP 工作站第 2 次登录网络

DHCP 客户机获得 IP 地址后再次登录网络时，就不需要再发送 DHCP Discover 报文了，而是直接发送包含前一次所分配的 IP 地址的 DHCP Request 报文。DHCP 服务器收到 DHCP Request 报文，会尝试让客户机继续使用原来的 IP 地址，并回答一个 DHCP YACK（确认信息）报文。

如果 DHCP 服务器无法分配给客户机原来的 IP 地址，则回答一个 DHCP NACK（不确认信息）报文。当客户机接

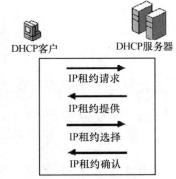

图 10-1　过程解析图

收到 DHCP NACK 报文后，就必须重新发送 DHCP Discover 报文来请求新的 IP 地址。

3．DHCP 租约的更新

DHCP 服务器将 IP 地址分配给 DHCP 客户机后，有租用时间的限制，DHCP 客户机必须在该次租用过期前对它进行更新。客户机在 50% 租借时间过去以后，每隔一段时间就开始请求 DHCP 服务器更新当前租借。如果 DHCP 服务器应答，则租用延期；如果 DHCP 服务器始终没有应答，在有效租借期的 87.5% 时，客户机应该与任何一个其他 DHCP 服务器通信，并请求更新它的配置信息；如果客户机不能和所有的 DHCP 服务器取得联系，租借时间到期后，它必须放弃当前的 IP 地址，并重新发送一个 DHCP Discover 报文开始上述 IP 地址获得过程。

客户端可以主动向服务器发出 DHCP Release 报文，将当前的 IP 地址释放。

10.2　任务 2　安装与基本配置 DHCP 服务器

10.2.1　子任务 1　部署 DHCP 服务器的需求和环境

部署 DHCP 之前应该先进行规划，明确哪些 IP 地址用于自动分配给客户端（作用域中应包含的 IP 地址），哪些 IP 地址用于手工指定给特定的服务器。例如，在项目中，将 IP 地址 192.168.10.10/24 ～ 192.168.10.200/24 用于自动分配，其中要将 IP 地址 192.168.10.100/24 ～ 192.168. 10.120/24、192.168.10.10/24 排除，预留给需要手工指定 TCP/IP 参数的服务器；将 192.168.10.200/24 用作保留地址等。

根据图 10-2 所示的环境来部署 DHCP 服务。

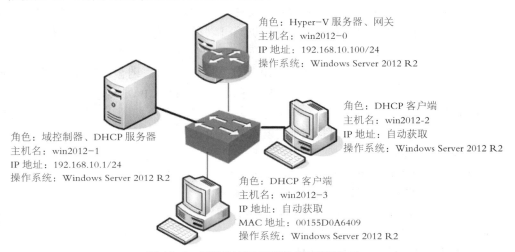

角色：Hyper-V 服务器、网关
主机名：win2012-0
IP 地址：192.168.10.100/24
操作系统：Windows Server 2012 R2

角色：DHCP 客户端
主机名：win2012-2
IP 地址：自动获取
操作系统：Windows Server 2012 R2

角色：域控制器、DHCP 服务器
主机名：win2012-1
IP 地址：192.168.10.1/24
操作系统：Windows Server 2012 R2

角色：DHCP 客户端
主机名：win2012-3
IP 地址：自动获取
MAC 地址：00155D0A6409
操作系统：Windows Server 2012 R2

图 10-2　架设 DHCP 服务器的网络拓扑图

注　意　　　用于手工配置的 IP 地址，一定要从地址池中排除掉（见图 10-2 中的 192.168.10.100/24 ～ 192.168.10.120/24 和 192.168.10.10/24），否则会造成 IP 地址冲突。请读者思考原因。

10.2.2　子任务 2　安装 DHCP 服务器角色

STEP 1 打开【开始】→【管理工具】→【服务器管理器】→"仪表板"选项的【添加角色和功能】，持续单击【下一步】按钮，直到出现图 10-3 所示的"选择服务器角色"窗口时勾选【DHCP 服务器】复选框，单击【添加功能】按钮。

STEP 2 持续单击【下一步】按钮，最后单击【安装】按钮，开始安装 DHCP 服务器。安装完毕后，单击【关闭】按钮，完成 DHCP 服务器角色的安装。

STEP 3 单击【关闭】按钮关闭向导，DHCP 服务器安装完成。单击【开始】→【管理工具】→【DHCP】，打开 DHCP 控制台，如图 10-4 所示，可以在此配置和管理 DHCP 服务器。

图 10-3 "选择服务器角色"对话框

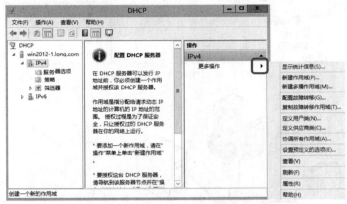

图 10-4 DHCP 控制台

10.2.3 子任务 3 授权 DHCP 服务器

Windows Server 2012 为使用活动目录的网络提供了集成的安全性支持。针对 DHCP 服务器，它提供了授权的功能。通过这一功能可以对网络中配置正确的合法 DHCP 服务器进行授权，允许它们对客户端自动分配 IP 地址。同时，还能够检测未授权的非法 DHCP 服务器，以及防止这些服务器在网络中启动或运行，从而提高了网络的安全性。

1．对域中的 DHCP 服务器进行授权

如果 DHCP 服务器是域的成员，并且在安装 DHCP 服务过程中没有选择授权，那么在安装完成后就必须先进行授权，才能为客户端计算机提供 IP 地址，独立服务器不需要授权。步骤如下。

在图 10-4 所示的对话框中，右键单击 DHCP 服务器 win2012-1.long.com，选择快捷菜单中的【授权】选项，即可为 DHCP 服务器授权。重新打开 DHCP 控制台，如图 10-5 所示，显示 DHCP 服务器已授权——IPV4 前面由红色向下箭头变为了绿色对勾。

2．为什么要授权 DHCP 服务器

由于 DHCP 服务器为客户端自动分配 IP 地址时均采用广播机制，而且客户端在发送 DHCP Request 消息进行 IP 租用选择时，也只是简单地选择第一个收到的 DHCP Offer，这意

味着在整个 IP 租用过程中，网络中所有的 DHCP 服务器都是平等的。如果网络中的 DHCP 服务器都是正确配置的，则网络将能够正常运行。如果在网络中出现了错误配置的 DHCP 服务器，则可能会引发网络故障。例如，错误配置的 DHCP 服务器可能会为客户端分配不正确的 IP 地址，导致该客户端无法进行正常的网络通信。在图 10-6 所示的网络环境中，配置正确的 DHCP 服务器 dhcp 可以为客户端提供的是符合网络规划的 IP 地址 192.168.0.51/24～192.168.0.150/24，而配置错误的非法 DHCP 服务器 bad_dhcp 为客户端提供的却是不符合网络规划的 IP 地址 10.0.0.11/24～10.0.0.100/24。对于网络中的 DHCP 客户端 client 来说，由于在自动获得 IP 地址的过程中，两台 DHCP 服务器具有平等的被选择权，因此 client 将有 50% 的可能性获得一个由 bad_dhcp 提供的 IP 地址，这意味着网络出现故障的可能性将高达 50%。

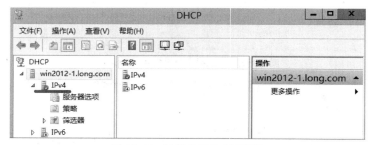

图 10-5　DHCP 服务器已授权

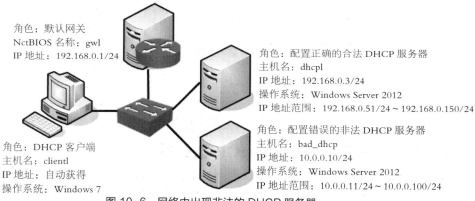

图 10-6　网络中出现非法的 DHCP 服务器

　　为了解决这一问题，Windows Server 2012 引入了 DHCP 服务器的授权机制。通过授权机制，DHCP 服务器在服务于客户端之前，需要验证是否已在 AD 中被授权。如果未经授权，将不能为客户端分配 IP 地址。这样就避免了由于网络中出现错误配置的 DHCP 服务器而导致的大多数意外网络故障。

注　意　　①工作组环境中，DHCP 服务器肯定是独立的服务器，无须授权（也不能授权）既能向客户端提供 IP 地址。②域环境中，域控制器或域成员身份的 DHCP 服务器能够被授权，为客户端提供 IP 地址。③域环境中，独立服务器身份的 DHCP 服务器不能被授权，若域中有被授权的 DHCP 服务器，则该服务器不能为客户端提供 IP 地址；若域中没有被授权的 DHCP 服务器，则该服务器可以为客户端提供 IP 地址。

10.2.4 子任务 4 创建 DHCP 作用域

在 Windows Server 2012 中，作用域可以在安装 DHCP 服务的过程中创建，也可以在安装完成后在 DHCP 控制台中创建。一台 DHCP 服务器可以创建多个不同的作用域。如果在安装时没有建立作用域，也可以单独建立 DHCP 作用域。具体步骤如下。

STEP 1 在 win2012-1 上打开 DHCP 控制台，展开服务器名，选择【IPv4】，右键单击并选择快捷菜单中的【新建作用域】选项，运行新建作用域向导。

STEP 2 单击【下一步】按钮，显示"作用域名"对话框，在"名称"文本框中键入新作用域的名称，用来与其他作用域相区分。

STEP 3 单击【下一步】按钮，显示图 10-7 所示的"IP 地址范围"对话框。在"起始 IP 地址"和"结束 IP 地址"框中键入欲分配的 IP 地址范围。

STEP 4 单击【下一步】按钮，显示图 10-8 所示的"添加排除和延迟"对话框，设置客户端的排除地址。在"起始 IP 地址"和"结束 IP 地址"文本框中键入欲排除的 IP 地址或 IP 地址段，单击【添加】按钮，添加到"排除的地址范围"列表框中。

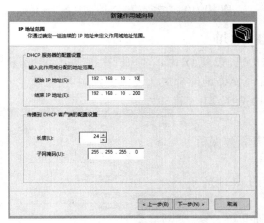

图 10-7 "IP 地址范围"对话框

图 10-8 "添加排除和延迟"对话框

STEP 5 单击【下一步】按钮，显示"租用期限"对话框，设置客户端租用 IP 地址的时间。

STEP 6 单击【下一步】按钮，显示"配置 DHCP 选项"对话框，提示是否配置 DHCP 选项，选择默认的【是，我想现在配置这些选项】单选按钮。

STEP 7 单击【下一步】按钮，显示图 10-9 所示的"路由器（默认网关）"对话框，在"IP 地址"文本框中键入要分配的网关，单击【添加】按钮添加到列表框中。本例为 192.168.10.100。

STEP 8 单击【下一步】按钮，显示"域名称和 DNS 服务器"对话框。在"父域"文本框中输入进行 DNS 解析时使用的父域，在"IP 地址"文本框中输入 DNS 服务器的 IP 地址，单击【添加】按钮添加到列表框中，如图 10-10 所示。本例为 192.168.10.1。

STEP 9 单击【下一步】按钮，显示"WINS 服务器"对话框，设置 WINS 服务器。如果网络中没有配置 WINS 服务器，则不必设置。

STEP 10 单击【下一步】按钮，显示"激活作用域"对话框，询问是否要激活作用域。建议使用默认的【是，我想现在激活此作用域】。

STEP 11 单击【下一步】按钮，显示"正在完成新建作用域向导"对话框。

STEP 12 单击【完成】按钮，作用域创建完成并自动激活。

图 10-9 "路由器（默认网关）"对话框

图 10-10 "域名称和 DNS 服务器"对话框

10.2.5 子任务 5 保留特定的 IP 地址

如果用户想保留特定的 IP 地址给指定的客户机,以便 DHCP 客户机在每次启动时都获得相同的 IP 地址,就需要将该 IP 地址与客户机的 MAC 地址绑定。设置步骤如下。

STEP 1 打开"DHCP"控制台,在左窗格中选择作用域中的【保留】项。

STEP 2 执行【操作】→【添加】命令,打开新建保留的对话框,如图 10-11 所示。

STEP 3 在"IP 地址"文本框中输入要保留的 IP 地址。本例为 192.168.10.200。

STEP 4 在"MAC 地址"文本框中输入 IP 地址要保留给哪一个网卡。

STEP 5 在"保留名称"文本框中输入客户名称。注意此名称只是一般的说明文字,并不是用户账号的名称,但此处不能为空白。

STEP 6 如果有需要,可以在"描述"文本框内输入一些描述此客户的说明性文字。

图 10-11 新建保留

添加完成后,用户可利用作用域中的"地址租约"选项进行查看。大部分情况下,客户机使用的仍然是以前的 IP 地址。也可用以下方法进行更新。

- ipconfig /release：释放现有 IP。
- ipconfig /renew：更新 IP。

STEP 7 在 MAC 地址为 00155D0A6409 的计算机 win2012-3 上进行测试,结果如图 10-12 所示。

注　意

如果在设置保留地址时,网络上有多台 DHCP 服务器存在,用户需要在其他服务器中将此保留地址排除,以便客户机可以获得正确的保留地址。

194

```
选定 管理员: Windows PowerShell
PS C:\Users\Administrator> ipconfig /release

Windows IP 配置

以太网适配器 以太网:

   连接特定的 DNS 后缀 . . . . . . . :
   默认网关. . . . . . . . . . . . . :
PS C:\Users\Administrator> ipconfig /renew

Windows IP 配置

以太网适配器 以太网:

   连接特定的 DNS 后缀 . . . . . . . : long.com
   IPv4 地址 . . . . . . . . . . . . : 192.168.10.200
   子网掩码  . . . . . . . . . . . . : 255.255.255.0
   默认网关. . . . . . . . . . . . . : 192.168.10.100

隧道适配器 isatap.long.com:

   媒体状态  . . . . . . . . . . . . : 媒体已断开
   连接特定的 DNS 后缀 . . . . . . . : long.com
PS C:\Users\Administrator>
```

图 10-12　保留地址测试结果

10.2.6　子任务 6　配置 DHCP 选项

DHCP 服务器除了可以为 DHCP 客户机提供 IP 地址外，还可以设置 DHCP 客户机启动时的工作环境，如可以设置客户机登录的域名称、DNS 服务器、WINS 服务器、路由器、默认网关等。在客户机启动或更新租约时，DHCP 服务器可以自动设置客户机启动后的 TCP/IP 环境。

DHCP 服务器提供了许多选项，如默认网关、域名、DNS、WINS、路由器等。选项包括以下 4 种类型。

① 默认服务器选项：这些选项的设置影响 DHCP 控制台窗口下该服务器下所有作用域中的客户和类选项。

② 作用域选项：这些选项的设置只影响该作用域下的地址租约。

③ 类选项：这些选项的设置只影响被指定使用该 DHCP 类 ID 的客户机。

④ 保留客户选项：这些选项的设置只影响指定的保留客户。

如果在默认服务器选项与作用域选项中设置了不同的选项，则作用域的选项起作用，即在应用时，作用域选项将覆盖默认服务器选项。同理，类选项会覆盖作用域选项，保留客户选项覆盖以上 3 种选项，它们的优先级表示如下：

保留客户选项 ＞ 类选项 ＞ 作用域选项 ＞ 默认服务器选项。

为了进一步了解选项设置，以在作用域中添加 DNS 选项为例，说明 DHCP 的选项设置。

STEP 1 打开"DHCP"对话框，在左窗格中展开服务器，选择【作用域选项】，执行【操作】→【配置选项】命令。

STEP 2 打开"作用域选项"对话框，如图 10-13 所示。在"常规"选项卡的"可用选项"列表中，选择【006 DNS 服务器】复选框，输入 IP 地址。单击【确定】按钮结束。

图 10-13　设置作用域选项

10.2.7 子任务7 配置超级作用域

超级作用域是运行 Windows Server 2012 的 DHCP 服务器的一种管理功能。当 DHCP 服务器上有多个作用域时，就可组成超级作用域，作为单个实体来管理。超级作用域常用于多网配置。多网是指在同一物理网段上使用 2 个或多个 DHCP 服务器以管理分离的逻辑 IP 网络。在多网配置中，可以使用 DHCP 超级作用域来组合多个作用域，为网络中的客户机提供来自多个作用域的租约。其网络拓扑图如图 10-14 所示。

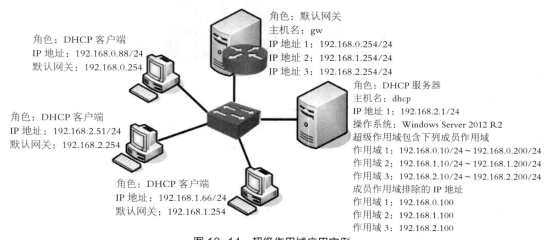

图 10-14 超级作用域应用实例

超级作用域的设置方法如下。

STEP 1 在 "DHCP" 控制台中，右键单击 DHCP 服务器下的【IPv4】，在弹出的快捷菜单中选择【新建超级作用域】选项，打开 "新建超级作用域向导" 对话框。在 "选择作用域" 对话框中，可选择要加入超级作用域管理的作用域。

STEP 2 超级作用域创建完成以后会显示在 "DHCP" 控制台中，还可以将其他作用域也添加到该超级作用域中。

超级作用域可以解决多网结构中的某些 DHCP 部署问题。比较典型的情况就是，当前活动作用域的可用地址池几乎已耗尽，而又要向网络添加更多的计算机，可使用另一个 IP 网络地址范围以扩展同一物理网段的地址空间。

 超级作用域只是一个简单的容器，删除超级作用域时并不会删除其中的子作用域。

10.2.8 子任务8 配置 DHCP 客户端和测试

1. 配置 DHCP 客户端

目前常用的操作系统均可作为 DHCP 客户端，本任务仅以 Windows 平台为客户端进行配置。在 Windows 平台中配置 DHCP 客户端非常简单。

STEP 1 在客户端 win2012-2 上，打开 "Internet 协议版本 4（TCP/IPv4）属性" 对话框。

STEP 2 选中【自动获得 IP 地址】和【自动获得 DNS 服务器地址】两项即可。

提示　　　由于 DHCP 客户机是在开机的时候自动获得 IP 地址的，因此并不能保证每次获得的 IP 地址是相同的。

2．测试 DHCP 客户端

在 DHCP 客户端上打开命令提示符窗口，通过 ipconfig /all 和 ping 命令对 DHCP 客户端进行测试，如图 10-15 所示。

3．手动释放 DHCP 客户端 IP 地址租约

在 DHCP 客户端上打开命令提示符窗口，使用 ipconfig /release 命令手动释放 DHCP 客户端 IP 地址租约。请读者试着做一下。

4．手动更新 DHCP 客户端 IP 地址租约

在 DHCP 客户端上打开命令提示符窗口，使用 ipconfig /renew 命令手动更新 DHCP 客户端 IP 地址租约。请读者试着做一下。

图 10-15　测试 DHCP 客户端

5．在 DHCP 服务器上验证租约

使用具有管理员权限的用户账户登录 DHCP 服务器，打开 DHCP 管理控制台。在左侧控制台树中双击 DHCP 服务器，在展开的树中双击作用域，然后单击【地址租约】选项，将能够看到从当前 DHCP 服务器的当前作用域中租用 IP 地址的租约，如图 10-16 所示。

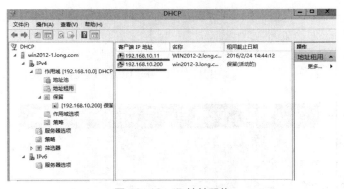

图 10-16　IP 地址租约

10.3　习题

一、填空题

1．DHCP 工作时使用_____、_____、_____、_____ 4 种报文。

2．如果 Windows 的 DHCP 客户端无法获得 IP 地址，将自动从 Microsoft 保留地址段中选择一个作为自己的地址。

3．在 Windows Server 2012 的 DHCP 服务器中，根据不同的应用范围划分的不同级别的 DHCP 选项包括_____、_____、_____、_____。

4．在 Windows Server 2012 环境下，查看 IP 地址配置使用_____命令，释放 IP 地址使用_____命令，续订 IP 地址使用_____命令。

二、选择题

1. 在一个局域网中利用 DHCP 服务器为网络中的所有主机提供动态 IP 地址分配，DHCP 服务器的 IP 地址为 192.168.2.1/24，在服务器上创建一个作用域 192.168.2.11/24 ～ 192.168.2.200/24 并激活。在 DHCP 服务器选项中设置 003 为 192.168.2.254，在作用域选项中设置 003 为 192.168.2.253，则网络中租用到 IP 地址 192.168.2.20 的 DHCP 客户端所获得的默认网关地址应为（　　　）。

    A．192.168.2.1   B．192.168.2.254   C．192.168.2.253   D．192.168.2.20

2. DHCP 选项的设置中，不可以设置的是（　　　）。

    A．DNS 服务器   B．DNS 域名   C．WINS 服务器   D．计算机名

3. 使用 Windows Server 2012 的 DHCP 服务时，当客户机租约使用时间超过租约的 50% 时，客户机会向服务器发送（　　　）数据包，以更新现有的地址租约。

    A．DHCP Discover   B．DHCP Offe

    C．DHCP Request   D．DHCP Iack

4. 下列哪个命令是用来显示网络适配器的 DHCP 类别信息的？（　　　）

    A．ipconfig /all   B．ipconfig /release

    C．ipconfig /renew   D．ipconfig/showclassid

三、简答题

1. 动态 IP 地址方案有什么优点和缺点？简述 DHCP 服务器的工作过程。

2. 如何配置 DHCP 作用域选项？如何备份与还原 DHCP 数据库？

四、案例分析

1. 某企业用户反映，他的一台计算机从人事部搬到财务部后就不能连接到 Internet 了。这是什么原因？应该怎么处理？

2. 某学校因为计算机数量的增加，在 DHCP 服务器上添加了一个新的作用域。可学生反映客户端计算机并不能从服务器获得新的作用域中的 IP 地址。这可能是什么原因？如何处理？

实训项目　配置与管理 DHCP 服务器

一、实训目的

- 掌握 DHCP 服务器的配置方法。
- 掌握 DHCP 的用户类别的配置方法。
- 掌握测试 DHCP 服务器的方法。

二、项目环境

本项目根据图 10-2 所示的环境来部署 DHCP 服务。

三、项目要求

① 将 DHCP 服务器的 IP 地址池设为 192.168.2.10/24 ～ 192.168.2.200/24；

② 将 IP 地址 192.168.2.104/24 预留给需要手工指定 TCP/IP 参数的服务器；

③ 将 192.168.2.100 用作保留地址；

④ 增加一台客户端 win2012-3，要使 win2012-2 客户端与 win2012-3 客户端自动获取的路由器和 DNS 服务器地址不同。

四、做一做

根据实训项目录像进行项目的实训，检查学习效果。

PART 11

项目 11
配置与管理 Web 和 FTP 服务器

项目背景

目前，大部分公司都有自己的网站，用来实现信息发布、资料查询、数据处理、网络办公、远程教育和视频点播等功能，还可以用来实现电子邮件服务。搭建网站要靠 Web 服务来实现，而在中小型网络中使用最多的系统是 Windows Server 系统，因此微软公司的 IIS 系统提供的 Web 服务和 FTP 服务也成为使用最为广泛的服务。

项目目标

- 掌握 IIS 的安装与配置的方法
- 掌握 Web 网站的配置与管理方法
- 掌握创建 Web 网站和虚拟主机的方法
- 掌握 Web 网站的目录管理方法
- 学会实现安全的 Web 网站
- 掌握创建与管理 FTP 服务器的方法

11.1 任务 1 了解 IIS 提供的服务

IIS 提供了基本服务，包括发布信息、传输文件、支持用户通信和更新这些服务所依赖的数据存储。

1. 万维网发布服务

通过将客户端 HTTP 请求连接到在 IIS 中运行的网站上，万维网发布服务向 IIS 最终用户提供 Web 发布。WWW 服务管理 IIS 的核心组件，这些组件处理 HTTP 请求并配置和管理 Web 应用程序。

2. 文件传输协议服务

通过文件传输协议（FTP）服务，IIS 提供对管理和处理文件的完全支持。该服务使用传输控制协议（TCP），这就确保了文件传输的完成和数据传输的准确。该版本的 FTP 支持在站点级别上隔离用户，以帮助管理员保护其 Internet 站点的安全并使之商业化。

3．简单邮件传输协议服务

通过使用简单邮件传输协议（SMTP）服务，IIS 能够发送和接收电子邮件。例如，为确认用户提交表格成功，可以对服务器进行编程以自动发送邮件来响应事件。也可以使用 SMTP 服务以接收来自网站客户反馈的消息。SMTP 不支持完整的电子邮件服务。要提供完整的电子邮件服务，可使用 Microsoft Exchange Server。

4．网络新闻传输协议服务

可以使用网络新闻传输协议（NNTP）服务主控单个计算机上的 NNTP 本地讨论组。因为该功能完全符合 NNTP 协议，所以用户可以使用任何新闻阅读客户端程序加入新闻组进行讨论。

5．管理服务

该项功能管理 IIS 配置数据库，并为 WWW 服务、FTP 服务、SMTP 服务和 NNTP 服务更新 Microsoft Windows 操作系统注册表。配置数据库用来保存 IIS 的各种配置参数。IIS 管理服务对其他应用程序公开配置数据库，这些应用程序包括 IIS 核心组件、在 IIS 上建立的应用程序以及独立于 IIS 的第三方应用程序（如管理或监视工具）。

11.2　任务 2　配置与管理 Web 服务器

11.2.1　子任务 1　部署架设 Web 服务器的需求和环境

在架设 Web 服务器之前，读者需要了解本任务实例部署的需求和实验环境。

1．部署需求

在部署 Web 服务前需满足以下要求。

● 设置 Web 服务器的 TCP/IP 属性，手工指定 IP 地址、子网掩码、默认网关和 DNS 服务器 IP 地址等；

● 部署域环境，域名为 long.com。

2．部署环境

本节任务所有实例被部署在一个域环境下，域名为 long.com。其中 Web 服务器主机名为 win2012-1，其本身也是域控制器和 DNS 服务器，IP 地址为 192.168.10.1。Web 客户机主机名为 win2012-2，其本身是域成员服务器，IP 地址为 192.168.10.2。网络拓扑图如图 11-1 所示。

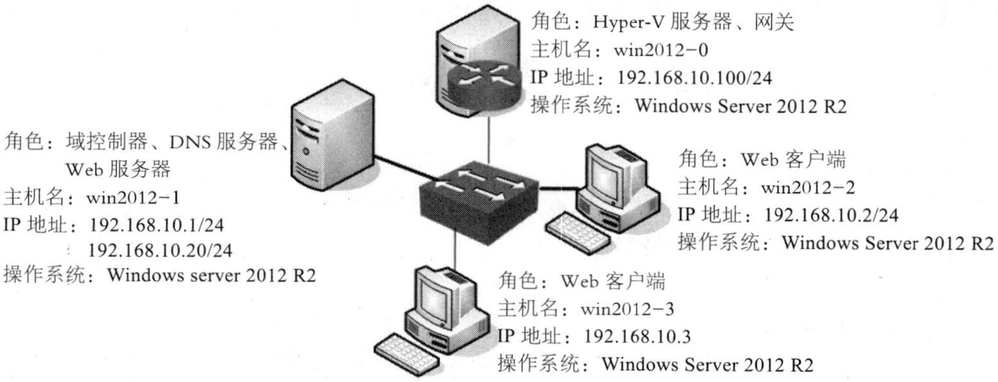

角色：Hyper-V 服务器、网关
主机名：win2012-0
IP 地址：192.168.10.100/24
操作系统：Windows Server 2012 R2

角色：域控制器、DNS 服务器、
　　　Web 服务器
主机名：win2012-1
IP 地址：192.168.10.1/24
　　　　192.168.10.20/24
操作系统：Windows server 2012 R2

角色：Web 客户端
主机名：win2012-2
IP 地址：192.168.10.2/24
操作系统：Windows Server 2012 R2

角色：Web 客户端
主机名：win2012-3
IP 地址：192.168.10.3
操作系统：Windows Server 2012 R2

图 11-1　架设 Web 服务器网络拓扑图

11.2.2　子任务2　安装 Web 服务器（IIS）角色

在计算机"win2012-1"上通过"服务器管理器"安装 Web 服务器（IIS）角色，具体步骤如下。

STEP 1 打开【开始】→【管理工具】→【服务器管理器】→"仪表板"选项的【添加角色和功能】，持续单击【下一步】按钮，直到出现图 11-2 所示的"选择服务器角色"窗口时勾选【Web 服务器】复选框。在弹出的对话框中单击【添加功能】按钮。

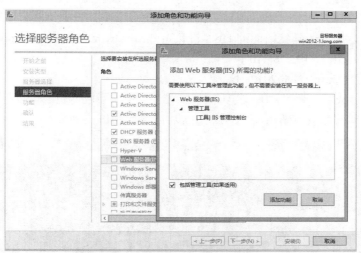

图 11-2　"选择服务器角色"对话框

 提　示　　　如果在前面安装某些角色时，安装了功能和部分 Web 角色，界面将稍有不同，这时请注意勾选"FTP 服务器"和"安全性"中的【IP 地址和域限制】。

STEP 2 持续单击【下一步】按钮，直到出现图 11-3 所示的"选择角色服务"对话框。全部选中【安全性】，同时勾选【FTP 服务器】。

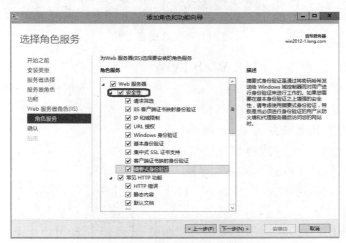

图 11-3　"选择角色服务"对话框

STEP 3 最后单击【安装】按钮开始安装 Web 服务器。安装完成后，显示"安装结果"窗口，单击【关闭】按钮完成安装。

> 在此将【FTP 服务器】复选框选中，在安装 Web 服务器的同时，也安装了 FTP 服务器。建议将"角色服务"各选项全部进行安装，特别是身份验证方式。如果安装不全，则后面做网站安全时，会有部分功能不能使用。

安装完 IIS 以后，还应对该 Web 服务器进行测试，以检测网站是否正确安装并运行。在局域网中的一台计算机（本例为 win2012-2）上，通过浏览器打开以下 3 种地址格式进行测试。

- DNS 域名地址（延续前面的 DNS 设置）：http://win2012-1.long.com/。
- IP 地址：http://192.168.10.1/。
- 计算机名：http://win2012-1/。

如果 IIS 安装成功，则会在 IE 浏览器中显示图 11-4 所示的网页。如果没有显示出该网页，检查 IIS 是否出现问题或重新启动 IIS 服务，也可以删除 IIS 重新安装。

图 11-4　IIS 安装成功

11.2.3　子任务 3　创建 Web 网站

在 Web 服务器上创建一个新网站"web"，使用户在客户端计算机上能通过 IP 地址和域名进行访问。

1．创建使用 IP 地址访问的 Web 网站

创建使用 IP 地址访问的 Web 网站的具体步骤如下。

（1）停止默认网站（Default Web Site）

以域管理员账户登录 Web 服务器上，打开【开始】→【管理工具】→【Internet 信息服务（IIS）管理器】控制台。在控制台树中依次展开服务器和"网站"节点。右键单击【Default Web Site】，在弹出的快捷菜单中选择【管理网站】→【停止】，即可停止正在运行的默认网站，如图 11-5 所示。停止后默认网站的状态显示为"已停止"。

图 11-5 停止默认网站（Default Web Site）

（2）准备 Web 网站内容

在 C 盘上创建文件夹"C:\web"作为网站的主目录，并在其文件夹上存放网页"index.htm"作为网站的首页，网站首页可以用记事本或 Dreamweaver 软件编写。

（3）创建 Web 网站

STEP 1 在"Internet 信息服务（IIS）管理器"控制台树中，展开服务器节点，右键单击【网站】，在弹出的快捷菜单中选择【添加网站】，打开"添加网站"对话框。在该对话框中可以指定网站名称、应用程序池、网站内容目录、传递身份验证、网站类型、IP 地址、端口号、主机名以及是否启动网站。在此设置网站名称为"Test web"，物理路径为"C:\web"，类型为"http"，IP 地址为"192.168.10.1"，默认端口号为"80"，如图 11-6 所示。单击【确定】铵钮，完成 Web 网站的创建。

STEP 2 返回"Internet 信息服务（IIS）管理器"控制台，可以看到刚才所创建的网站已经启动，如图 11-7 所示。

STEP 3 用户在客户端计算机 win2012-2 上，打开浏览器，输入"http://192.168.10.1"就可以访问刚才建立的网站了。

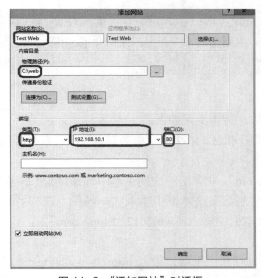

图 11-6 "添加网站"对话框

图 11-7 "Internet 信息服务（IIS）管理器"控制台

特别提示　在图 11-7 所示界面中，双击右侧视图中的【默认文档】，打开如图 11-8 所示的"默认文档"窗口。可以对默认文档进行添加、删除及更改顺序的操作。

图 11-8　设置默认文档

所谓默认文档，是指在 Web 浏览器中键入 Web 网站的 IP 地址或域名即显示出来的 Web 页面，也就是通常所说的主页（HomePage）。IIS 8.0 默认文档的文件名有 5 种，分别为 Default.htm、Default.asp、Index.htm、Index.html 和 IISstar.htm。这也是一般网站中最常用的主页名。如果 Web 网站无法找到这 5 个文件中的任何一个，那么，将在 Web 浏览器上显示"该页无法显示"的提示。默认文档既可以是一个，也可以是多个。当设置多个默认文档时，IIS 将按照排列的前后顺序依次调用这些文档。当第 1 个文档存在时，将直接把它显示在用户的浏览器上，而不再调用后面的文档；当第 1 个文档不存在时，则将第 2 个文件显示给用户，依此类推。

思考与实践　由于本例首页文件名为"index.htm"，所以在客户端直接输入 IP 地址即可浏览网站。如果网站首页的文件名不在列出的 5 个默认文档中，该如何处理？请读者试着做一下。

2．创建使用域名访问的 Web 网站

创建用域名 www.long.com 访问的 Web 网站，具体步骤如下。

STEP 1　在 win2012-1 上打开"DNS 管理器"控制台，依次展开服务器和"正向查找区域"节点，单击区域"long.com"。

STEP 2　创建别名记录。右键单击区域"long.com"，在弹出的快捷菜单中选择【新建别名】，出现"新建资源记录"对话框。在"别名"文本框中输入"www"，在"目标主机的完全合格的域名（FQDN）"文本框中输入"win2012-1.long.com"。

STEP 3　单击【确定】按钮，别名创建完成。

STEP 4　用户在客户端计算机 win2012-2 上，打开浏览器，输入 http://www.long.com 就可以访问刚才建立的网站。

要保证客户端计算机 win2012-2 的 DNS 服务器的地址是 192.168.10.1。

11.2.4 子任务 4 管理 Web 网站的目录

在 Web 网站中，Web 内容文件都会保存在一个或多个目录树下，包括 HTML 内容文件、Web 应用程序和数据库等，甚至有的会保存在多个计算机上的多个目录中。因此，为了使其他目录中的内容和信息也能够通过 Web 网站发布，可通过创建虚拟目录来实现。当然，也可以在物理目录下直接创建目录来管理内容。

1. 虚拟目录与物理目录

在 Internet 上浏览网页时，经常会看到一个网站下面有许多子目录，这就是虚拟目录。虚拟目录只是一个文件夹，并不一定包含于主目录内，但在浏览 Web 站点的用户看来，就像位于主目录中一样。

对于任何一个网站，都需要使用目录来保存文件，即可以将所有的网页及相关文件都存放到网站的主目录之下，也就是在主目录之下建立文件夹，然后将文件放到这些子文件夹内，这些文件夹也称物理目录。也可以将文件保存到其他物理文件夹内，如本地计算机或其他计算机内，然后通过虚拟目录映射到这个文件夹，每个虚拟目录都有一个别名。虚拟目录的好处是在不需要改变别名的情况下，可以随时改变其对应的文件夹。

在 Web 网站中，默认发布的是主目录中的内容。如果要发布其他物理目录中的内容，就需要创建虚拟目录。虚拟目录也就是网站的子目录，每个网站都可能会有多个子目录，不同的子目录内容不同，在磁盘中会用不同的文件夹来存放不同的文件。例如，使用 BBS 文件夹存放论坛程序，用 image 文件夹存放网站图片等。

2. 创建虚拟目录

在 www.long.com 对应的网站上创建一个名为 BBS 的虚拟目录，其路径为本地磁盘中的"C:\MY_BBS"文件夹，该文件夹下有个文档 index.htm。具体创建过程如下。

STEP 1 以域管理员身份登录 win2012-1。在 IIS 管理器中，展开左侧的"网站"目录树，选择要创建虚拟目录的网站"web"，右键单击鼠标，在弹出的快捷菜单中选择【添加虚拟目录】选项，显示虚拟目录创建向导。利用该向导便可为该虚拟网站创建不同的虚拟目录。

STEP 2 在"别名"文本框中设置该虚拟目录的别名，本例为"BBS"，用户用该别名来连接虚拟目录。该别名必须唯一，不能与其他网站或虚拟目录重名。在"物理路径"文本框中键入该虚拟目录的文件夹路径，或单击【浏览】按钮进行选择，本例为"C:\MY_BBS"。这里既可使用本地计算机上的路径，也可以使用网络中的文件夹路径。设置完成的效果如图 11-9 所示。

图 11-9 添加虚拟目录

STEP 3 用户在客户端计算机 win2012-2 上打开浏览器，输入 http://www.long.com/bbs，就可以访问 C:\MY_BBS 里的默认网站。

11.2.5　子任务 5　管理 Web 网站的安全

Web 网站安全的重要性是由 Web 应用的广泛性和 Web 在网络信息系统中的重要地位决定的。尤其是当 Web 网站中的信息非常敏感，只允许特殊用户才能浏览时，数据的加密传输和用户的授权就成为网络安全的重要组成部分。

1．Web 网站身份验证简介

身份验证是验证客户端访问 Web 网站身份的行为。一般情况下，客户端必须提供某些证据，一般称为凭据，以证明其身份。

通常，凭据包括用户名和密码。Internet 信息服务（IIS）和 ASP.NET 都提供如下几种身份验证方案。

- 匿名身份验证。允许网络中的任意用户进行访问，不需要使用用户名和密码登录。
- ASP.NET 模拟。如果要在非默认安全上下文中运行 ASP.NET 应用程序，可使用 ASP.NET 模拟身份验证。如果对某个 ASP.NET 应用程序启用了模拟，那么该应用程序可以运行在以下 2 种不同的上下文中：作为通过 IIS 身份验证的用户或作为用户设置的任意账户。例如，如果要使用的是匿名身份验证，并选择作为已通过身份验证的用户运行 ASP.NET 应用程序，那么该应用程序将在为匿名用户设置的账户（通常为 IUSR）下运行。同样，如果选择在任意账户下运行应用程序，则它将运行在为该账户设置的任意安全上下文中。
- 基本身份验证。需要用户输入用户名和密码，然后以明文方式通过网络将这些信息传送到服务器，经过验证后方可允许用户访问。
- Forms 身份验证。使用客户端重定向来将未经过身份验证的用户重定向至一个 HTML 表单，用户可在该表单中输入凭据，通常是用户名和密码。确认凭据有效后，系统将用户重定向至它们最初请求的页面。
- Windows 身份验证。使用哈希技术标识用户，而不通过网络实际发送密码。
- 摘要式身份验证。与"基本身份验证"非常类似，所不同的是将密码作为"哈希"值发送。摘要式身份验证仅用于 Windows 域控制器的域。

使用这些方法可以确认任何请求访问网站的用户的身份，以及授予访问站点公共区域的权限，同时又可防止未经授权的用户访问专用文件和目录。

2．禁止使用匿名账户访问 Web 网站

设置 Web 网站安全，使得所有用户不能匿名访问 Web 网站，而只能以 Windows 身份验证访问。具体步骤如下。

（1）禁用匿名身份验证

STEP 1 以域管理员身份登录 win2012-1。在 IIS 管理器中，展开左侧的"网站"目录树，单击网站"web"，在"功能视图"界面中找到"身份验证"，并双击打开，可以看到"Web"网站默认启用"匿名身份验证"，也就是说，任何人都能访问 Web 网站，如图 11-10 所示。

STEP 2 选择【匿名身份验证】，然后单击"操作"界面中的【禁用】按钮，即可禁用 Web 网站的匿名访问。

（2）启用 Windows 身份验证

在图 11-10 所示的"身份验证"窗口中，选择【Windows 身份验证】，然后单击"操作"界面中的【启用】按钮，即可启用该身份验证方法。

图 11-10 "身份验证"窗口

（3）在客户端计算机 win2012-2 上测试

用户在客户端计算机 win2012-2 上，打开浏览器，输入 http://www.long.com/访问网站，弹出图 11-11 所示的"Windows 安全"窗口，输入能被 Web 网站进行身份验证的用户账户和密码，在此输入"yangyun"账户和密码进行访问，然后单击【确定】按钮即可访问 Web 网站。（打开 Web 网站的目录属性，单击【安全】选项卡，设置特定用户，例如 yangyun 有读取、列文件目录和运行的权限。）

图 11-11 "Windows 安全"窗口

提示　　　本例用户 yangyun 应该设置适当的 NTFS 权限！为方便后面的网站设置工作，将网站访问改为匿名后继续进行。

3. 限制访问 Web 网站的客户端数量

设置"限制连接数"限制访问 Web 网站的用户数量为 1，具体步骤如下。

（1）设置 Web 网站限制连接数

`STEP 1` 以域管理员账户登录 Web 服务器，打开"Internet 信息服务（IIS）管理器"控制台，依次展开服务器和"网站"节点，单击网站"web"，然后在"操作"界面中单击"配置"区域的【限制】按钮，如图 11-12 所示。

图 11-12 "Internet 信息服务（IIS）管理器"控制台

STEP 2 在打开的"编辑网站限制"对话框中，选择【限制连接数】复选框，并设置要限制的连接数为"1"，最后单击【确定】按钮即可完成限制连接数的设置，如图 11-13 所示。

（2）在 Web 客户端计算机上测试限制连接数

STEP 1 在客户端计算机 win2012-2 上，打开浏览器，输入 http://www.long.com/访问网站，访问正常。

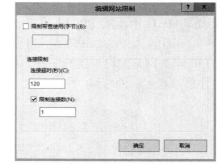

图 11-13 设置"限制连接数"

STEP 2 打开虚拟机 win2012-3，该计算机 IP 地址为"192.168.10.3/24"，DNS 服务器为"192.168.10.1"。

STEP 3 在客户端计算机 win2012-3 上，打开浏览器，输入 http://www.long.com/访问网站，显示图 11-14 所示的页面，表示超过网站限制连接数。（关闭 win2012-2 上的浏览器后，刷新该网站又会怎样？读者不妨一试。）

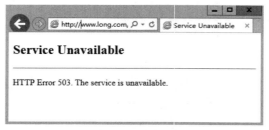

图 11-14 访问 Web 网站时超过连接数

4．使用"限制带宽使用"限制客户端访问 Web 网站

STEP 1 参照"3. 限制访问 Web 网站的客户端数量"，在图 11-13 所示的对话框中，选择【限制带宽使用（字节）】复选框，并设置要限制的带宽数为"1024"。最后单击【确定】按钮，即可完成限制带宽使用的设置。

STEP 2 在 win2012-2 上，打开 IE 浏览器，输入 http://www.long.com，发现网速非常慢，这是因为设置了带宽限制的原因。

5．使用"IPv4 地址限制"限制客户端计算机访问 Web 网站

使用用户验证的方式，每次访问该 Web 站点都需要键入用户名和密码，对于授权用户而言比较麻烦。由于 IIS 会检查每个来访者的 IP 地址，因此可以通过限制 IP 地址的访问，防止或允许某些特定的计算机、计算机组、域甚至整个网络访问 Web 站点。

使用"IPv4 地址限制"限制 IP 地址范围为"192.168.10.0/24"的客户端计算机访问 Web 网站，具体步骤如下。

STEP 1 以域管理员账户登录到 Web 服务器 win2012-1 上，打开"Internet 信息服务（IIS）管理器"控制台，依次展开服务器和"网站"节点，然后在"功能视图"界面中找到"IPv4 地址和域限制"，如图 11-15 所示。

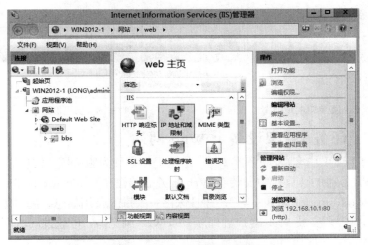

图 11-15　IPv4 地址和域限制

STEP 2 双击"功能视图"界面中的【IPv4 地址和域限制】，打开"IPv4 地址和域限制"设置界面，单击"操作"界面中的【添加拒绝条目】选项，如图 11-16 所示。

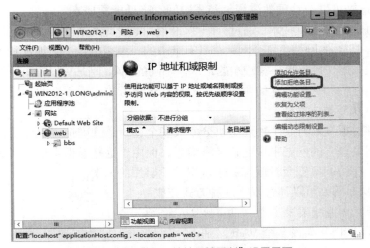

图 11-16　"IPv4 地址和域限制"设置界面

STEP 3 在打开的"添加拒绝限制规则"对话框中，单击【特定 IP 地址】单选按钮，并设置要拒绝的 IP 地址范围为"192.168.10.0/24"，如图 11-17 所示。最后单击【确定】按钮，完成 IP 地址的限制。

STEP 4 在 win2012-2 和 win2012-3 上，打开 IE 浏览器，输入 http://www.long.com，这时客户机不能访问，显示错误号为"403 - 禁止访问：访问被拒绝"，说明客户端计算机的 IP 地址在被拒绝访问 Web 网站的范围内。如图 11-8 所示。

图 11-17　添加拒绝限制规则

图 11-18　访问被限制

11.2.6　子任务 7　架设多个 Web 网站

Web 服务的实现采用客户/服务器模型，信息提供者称为服务器，信息的需要者或获取者称为客户。作为服务器的计算机中安装有 Web 服务器端程序（如 Netscape iPlanet Web Server、Microsoft Internet Information Server 等），并且保存有大量的公用信息，随时等待用户的访问。作为客户的计算机中则安装 Web 客户端程序，即 Web 浏览器，可通过局域网络或 Internet 从 Web 服务器中浏览或获取信息。

使用 IIS 8.0 可以很方便地架设 Web 网站。虽然在安装 IIS 时系统已经建立了一个现成的默认 Web 网站，直接将网站内容放到其主目录或虚拟目录中即可直接浏览，但最好还是要重新设置，以保证网站的安全。如果需要，还可在一台服务器上建立多个虚拟主机，以实现多个 Web 网站。这样可以节约硬件资源，节省空间，降低能源成本。

使用 IIS 8.0 的虚拟主机技术，通过分配 TCP 端口、IP 地址和主机头名，可以在一台服务器上建立多个虚拟 Web 网站。每个网站都具有唯一的，由端口号、IP 地址和主机头名 3 部分组成的网站标识，用来接收来自客户端的请求。不同的 Web 网站可以提供不同的 Web 服务，而且每一个虚拟主机和一台独立的主机完全一样。这种方式适用于企业或组织需要创建多个网站的情况，可以节省成本。

不过，这种虚拟技术将一个物理主机分割成多个逻辑上的虚拟主机使用，虽然能够节省经费，对于访问量较小的网站来说比较经济实惠，但由于这些虚拟主机共享这台服务器的硬件资源和带宽，在访问量较大时就容易出现资源不够用的情况。

架设多个 Web 网站可以通过以下 3 种方式完成。

① 使用不同 IP 地址架设多个 Web 网站。

② 使用不同端口号架设多个 Web 网站。

③ 使用不同主机头架设多个 Web 网站。

在创建一个 Web 网站时，要根据企业本身现有的条件，如投资的多少、IP 地址的多少、网站性能的要求等，选择不同的虚拟主机技术。

1. 使用不同端口号架设多个 Web 网站

如今 IP 地址资源越来越紧张，有时需要在 Web 服务器上架设多个网站，但计算机却只有一个 IP 地址，这时该怎么办呢？此时，利用这一个 IP 地址，使用不同的端口号也可以达到架设多个网站的目的。

其实，用户访问所有的网站都需要使用相应的 TCP 端口。不过，Web 服务器默认的 TCP 端口为 80，在用户访问时不需要输入。但如果网站的 TCP 端口不为 80，在输入网址时就必须添加上端口号，而且用户在上网时也会经常遇到必须使用端口号才能访问网站的情况。利用 Web 服务的这个特点，可以架设多个网站，每个网站均使用不同的端口号。这种方式创建的网站，其域名或 IP 地址部分完全相同，仅端口号不同。只是用户在使用网址访问时，必须添加相应的端口号。

在同一台 Web 服务器上使用同一个 IP 地址、2 个不同的端口号（80、8080）创建 2 个网站，具体步骤如下。

（1）新建第 2 个 Web 网站

STEP 1 以域管理员账户登录到 Web 服务器 win2012-1 上。

STEP 2 在"Internet 信息服务（IIS）管理器"控制台中，创建第 2 个 Web 网站，网站名称为"web2"，内容目录物理路径为"C:\web2"，IP 地址为"192.168. 10.1"，端口号是"8080"，如图 11-19 所示。

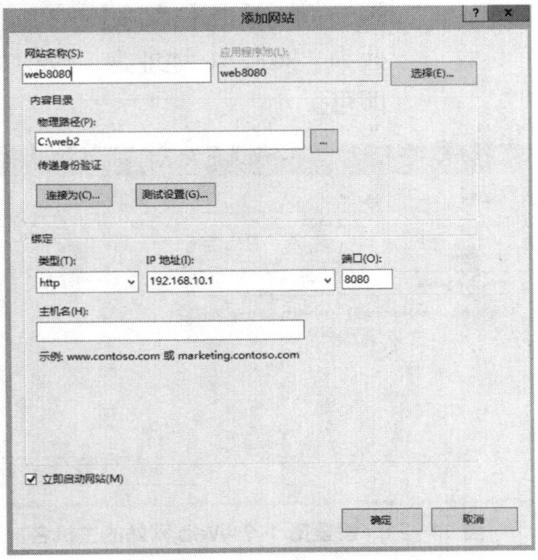

（2）在客户端上访问两个网站

在 win2012-2 上，打开 IE 浏览器，分别输入 http://192.168.10.1 和 http://192.168.10.1:8080，这时会发现打开了 2 个不同的网站"web"和"web2"。

图 11-19 "添加网站"对话框

提 示　　如果在访问 Web2 时出现不能访问的情况，请检查防火墙，最好将全部防火墙（包括域的防火墙）关闭！后面类似问题不再说明。

2. 使用不同的主机头名架设多个 Web 网站

使用 www.long.com 访问第 1 个 Web 网站，使用 www1.long.com 访问第 2 个 Web 网站。具体步骤如下。

（1）在区域"long.com"上创建别名记录

STEP 1 以域管理员账户登录到 Web 服务器 win2012-1 上。

STEP 2 打开"DNS 管理器"控制台，依次展开服务器和"正向查找区域"节点，单击区域"long.com"。

STEP 3 创建别名记录。右键单击区域"long. com"，在弹出的快捷菜单中选择【新建别名】，出现"新建资源记录"对话框。在"别名"文本框中输入"www1",在"目标主机的完全合格的域名（FQDN）"文本框中输入"win2012-1.long.com"。

STEP 4 单击【确定】按钮,别名创建完成,如图 11-20 所示。

图 11-20　DNS 配置结果

（2）设置 Web 网站的主机名

STEP 1 以域管理员账户登录 Web 服务器,打开第 1 个 Web 网站"web"的"编辑网站绑定"对话框,选中"192.168.10.1"地址行,单击【编辑】按钮,在"主机名"文本框中输入 www.long.com,端口为"80",IP 地址为"192.168.10.1",如图 11-21 所示。最后单击【确定】按钮即可。

STEP 2 打开第 2 个 Web 网站"web2"的"编辑网站绑定"对话框,选中"192.168.10.1"地址行,单击【编辑】按钮,在"主机名"文本框中输入 www2.long.com,端口改为"80",IP 地址为"192.168.10.1",如图 11-22 所示。最后单击【确定】按钮即可。

图 11-21　设置第 1 个 Web 网站的主机名

图 11-22　设置第 2 个 Web 网站的主机名

（3）在客户端上访问 2 个网站

在 win2012-2 上,保证 DNS 首要地址是 192.168.10.1。打开 IE 浏览器,分别输入 http://www.long.com 和 http://www1.long.com,这时会发现打开了 2 个不同的网站——"web"和"web2"。

3. 使用不同的 IP 地址架设多个 Web 网站

如果要在一台 Web 服务器上创建多个网站,为了使每个网站域名都能对应于独立的 IP 地址,一般都使用多个 IP 地址来实现。这种方案称为 IP 虚拟主机技术,也是比较传统的解决方案。当然,为了使用户在浏览器中可使用不同的域名来访问不同的 Web 网站,必须将主机名及其对应的 IP 地址添加到域名解析系统（DNS）。如果使用此方法在 Internet 上维护多个网站,也需要通过 InterNIC 注册域名。

要使用多个 IP 地址架设多个网站,首先需要在一台服务器上绑定多个 IP 地址。而 Windows Server 2008 及 Windows Server 2012 系统均支持一台服务器上安装多块网卡,一张网卡可以绑定多个 IP 地址,再将这些 IP 地址分配给不同的虚拟网站,就可以达到一台服务器利用多个 IP 地址来架设多个 Web 网站的目的。例如,要在一台服务器上创建 2 个网站:Linux.long.com

和 Windows.long.com，所对应的 IP 地址分别为 192.168.10.1 和 192.168.10.20，需要在服务器网卡中添加这 2 个地址。具体步骤如下。

（1）在 win2012-1 上再添加第 2 个 IP 地址

STEP 1 以域管理员账户登录 Web 服务器，右键单击桌面右下角任务托盘区域的网络连接图标，选择快捷菜单中的【打开网络和共享中心】选项，打开"网络和共享中心"窗口。

STEP 2 单击【本地连接】，打开"本地连接状态"对话框。

STEP 3 单击【属性】按钮，显示"本地连接属性"对话框。Windows Server 2012 中包含 IPv6 和 IPv4 两个版本的 Internet 协议，并且默认都已启用。

STEP 4 在"此连接使用下列项目"选项框中选择【Internet 协议版本 4（TCP/IP）】，单击【属性】按钮，显示"Internet 协议版本 4（TCP/IPv4）属性"对话框。单击【高级】按钮，打开"高级 TCP/IP 设置"对话框。

STEP 5 单击【添加】按钮，出现"TCP/IP"对话框，在该对话框中输入 IP 地址"192.168.10.20"，子网掩码为"255.255.255.0"。单击【确定】按钮，完成设置。如图 11-23 所示。

（2）更改第 2 个网站的 IP 地址和端口号

以域管理员账户登录 Web 服务器，打开第 2 个 Web 网站"web"的"编辑网站绑定"对话框，选中"192.168.10.1"地址行，单击【编辑】按钮，在"主机名"文本框中不输入内容（清空原有内容），端口为"80"，IP 地址为"192.168.10.20"，如图 11-24 所示。最后单击【确定】按钮即可。

图 11-23 高级 TCP/IP 设置

图 11-24 "编辑网站绑定"对话框

（3）在客户端上进行测试

在 win2012-2 上，打开 IE 浏览器，分别输入 http://192.168.10.1 和 http://192.168.10.20，这时会发现打开了 2 个不同的网站——"web"和"web2"。

11.3 任务 3 配置与管理 FTP 服务器

11.3.1 子任务 1 部署架设 FTP 服务器的需求和环境

在架设 Web 服务器之前，读者需要了解本任务实例部署的需求和实验环境。

1．部署需求

在部署 FTP 服务前需满足以下要求。

● 设置 FTP 服务器的 TCP/IP 属性，手工指定 IP 地址、子网掩码、默认网关和 DNS 服务器 IP 地址等。

● 部署域环境，域名为 long.com。

2．部署环境

本节任务所有实例被部署在一个域环境下，域名为 long.com。其中 FTP 服务器主机名为 win2012-1，其本身也是域控制器和 DNS 服务器，IP 地址为 192.168.10.1。FTP 客户机主机名为 win2012-2，其本身是域成员服务器，IP 地址为 192.168.10.2。网络拓扑图如图 11-25 所示。

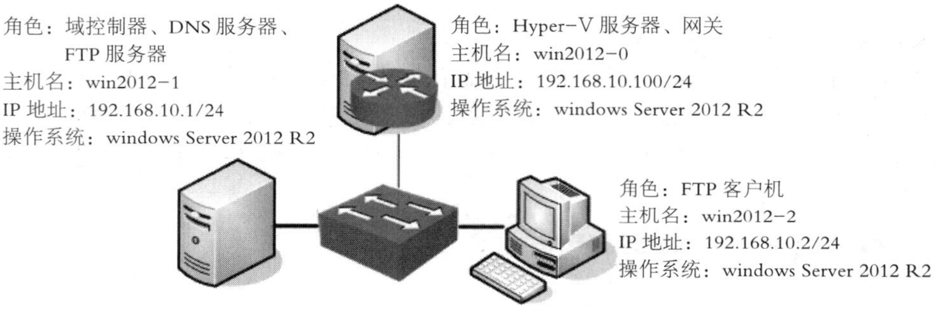

角色：域控制器、DNS 服务器、
　　　FTP 服务器
主机名：win2012-1
IP 地址：192.168.10.1/24
操作系统：windows Server 2012 R2

角色：Hyper-V 服务器、网关
主机名：win2012-0
IP 地址：192.168.10.100/24
操作系统：windows Server 2012 R2

角色：FTP 客户机
主机名：win2012-2
IP 地址：192.168.10.2/24
操作系统：windows Server 2012 R2

图 11-25 架设 FTP 服务器网络拓扑图

11.3.2 子任务 2 安装 FTP 服务器角色服务

在计算机"win2012-1"上通过"服务器管理器"安装 Web 服务器（IIS）角色，具体步骤如下。（如果在 11.2.2 小节中安装了 FTP 服务器则略过此节内容。）

STEP 1 单击"服务器管理器"窗口中的【仪表板】，单击【添加角色】链接，启动"添加角色向导"。

STEP 2 单击【下一步】按钮，显示"选择服务器角色"对话框，其中显示了当前系统所有可以安装的网络服务。在"角色"列表框中勾选【Web 服务器（IIS）】复选项。

STEP 3 单击【下一步】按钮，直到显示"选择角色服务"对话框，选择【FTP 服务器】角色服务即可，而"FTP 服务器"包含"FTP 服务"和"FTP 扩展"，如图 11-26 所示。后面的安装过程与 11.2.2 小节内容相似，此处不再赘述。

11.3.3 子任务 3 创建和访问 FTP 站点

本任务在 FTP 服务器上创建一个新网站"ftp"，使用户在客户端计算机上能通过 IP 地址和域名进行访问。

1．创建使用 IP 地址访问的 FTP 站点

创建使用 IP 地址访问的 FTP 站点的具体步骤如下。

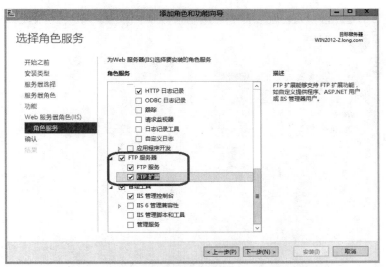

图 11-26 "选择角色服务"对话框

（1）准备 FTP 主目录

在 C 盘上创建文件夹"C:\ftp"作为 FTP 主目录，并在其文件夹同存放一个文件"file1.txt"，供用户在客户端计算机上下载和上传测试。

（2）创建 FTP 站点

STEP 1 在"Internet 信息服务（IIS）管理器"控制台树中，右键单击服务器 win2012-1，在弹出的快捷菜单中选择【添加 FTP 站点】，如图 11-27 所示，打开"添加 FTP 站点"对话框。

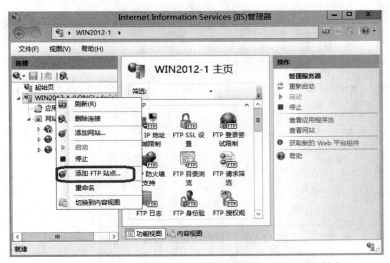

图 11-27 Internet 信息服务（IIS）管理器-添加 FTP 站点

STEP 2 在"FTP 站点名称"文本框中输入"ftp"，物理路径为"C:\ftp"，如图 11-28 所示。

STEP 3 单击【下一步】按钮，打开如图 11-29 所示的"绑定和 SSL 设置"对话框，在"IP 地址"文本框中输入"192.168.10.1"，端口为"21"，在"SSL"选项下面选中【无】单选按钮。

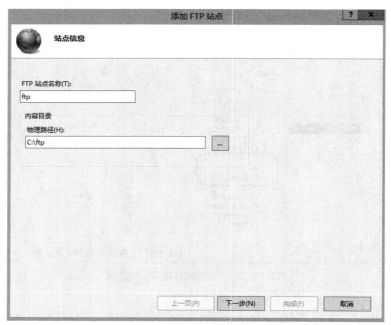

图 11-28 "添加 FTP 站点"对话框

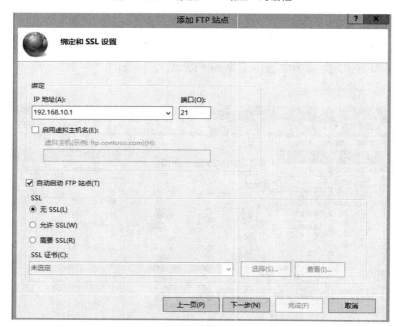

图 11-29 "绑定和 SSL 设置"对话框

STEP 4　单击【下一步】按钮，打开如图 11-30 所示的"身份验证和授权信息"对话框。
输入相应信息。本例允许匿名访问，也允许特定用户访问。

注　意　　访问 FTP 服务器主目录的最终权限由此处的权限与用户对 FTP 主目录的
NTFS 权限共同作用，哪一个严格取哪一个。

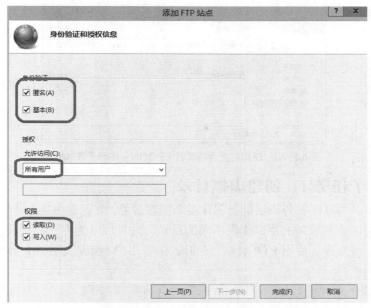

图 11-30 "身份验证和授权信息"对话框

（3）测试 FTP 站点

用户在客户端计算机 win2012-2 上，打开浏览器或资源管理器，输入 ftp://192.168.10.1，就可以访问刚才建立的 FTP 站点了。

2．创建使用域名访问的 FTP 站点

创建使用 IP 地址访问的 FTP 站点的具体步骤如下。

（1）在 DNS 区域中创建别名

STEP 1 以管理员账户登录到 DNS 服务器 win2012-1 上，打开"DNS 管理器"控制台，在控制台树中依次展开服务器和"正向查找区域"节点，然后右键单击区域"long.com"，在弹出的快捷菜单中选择【新建别名】，打开"新建资源记录"对话框。

STEP 2 在"别名"文本框中输入别名"ftp"，在"目标主机的完全合格的域名（FQDN）"文本框中输入 FTP 服务器的完全合格域名，在此输入"win2012-1.long.com"，如图 11-31 所示。

STEP 3 单击【确定】按钮，完成别名记录的创建。

图 11-31 新建别名记录

（2）测试 FTP 站点

用户在客户端计算机 win2012-2 上，打开资源管理器或浏览器，输入 ftp://ftp.long.com，就可以访问刚才建立的 FTP 站点，如图 11-32 所示。

图 11-32　使用完全合格域名（FQDN）访问 FTP 站点

11.3.4　子任务 4　创建虚拟目录

使用虚拟目录可以在服务器硬盘上创建多个物理目录，或者引用其他计算机上的主目录，从而为不同上传或下载服务的用户提供不同的目录，并且可以为不同的目录分别设置不同的权限，如读取、写入等。使用 FTP 虚拟目录时，由于用户不知道文件的具体储存位置，文件存储更加安全。

在 FTP 站点上创建虚拟目录"xunimulu"的具体步骤如下。

（1）准备虚拟目录内容

以管理员账户登录到 DNS 服务器 win2012-1 上，创建文件夹"C:\xuni"，作为 FTP 虚拟目录的主目录，在该文件夹下存入一个文件"test.txt"供用户在客户端计算机上下载。

（2）创建虚拟目录

STEP 1 在"Internet 信息服务（IIS）管理器"控制台树中，依次展开 FTP 服务器和"FTP 站点"，右键单击刚才创建的站点"ftp"，在弹出的快捷菜单中选择【添加虚拟目录】，打开"添加虚拟目录"对话框。

STEP 2 在"别名"处输入"xunimulu"，在"物理路径"处输入"C:\xuni"，如图 11-33 所示。

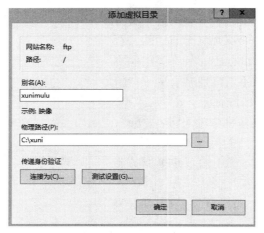

图 11-33　"添加虚拟目录"对话框

（3）测试 FTP 站点的虚拟目录

用户在客户端计算机 win2012-2 上，打开文件资源管理器和浏览器，输入 ftp://ftp.long.com/xunimulu 或者 ftp://192.168.10.1/xunimulu，就可以访问刚才建立的 FTP 站点的虚拟目录了。

在各种服务器的配置中，要时刻注意账户的 NTFS 权限，避免由于 NTFS 权限设置不当而无法完成相关配置。同时注意防火墙的影响。

特别提示

11.3.5　子任务5　安全设置 FTP 服务器

FTP 服务器的配置和 Web 服务器相比要简单得多，主要是站点的安全性设置，包括指定不同的授权用户，如允许不同权限的用户访问，允许来自不同 IP 地址的用户访问，或限制不同 IP 地址的不同用户的访问等。再就是和 Web 站点一样，FTP 服务器也要设置 FTP 站点的主目录和性能等。

1．设置 IP 地址和端口

STEP 1　在"Internet 信息服务（IIS）管理器"控制台树中，依次展开 FTP 服务器，选择 FTP 站点"ftp test"，然后单击操作列的【绑定】按钮，弹出"网站绑定"对话框，如图 11-34 所示。

图 11-34　"网站绑定"对话框

STEP 2　选择"ftp test"条目后，单击【编辑】按钮，完成 IP 地址和端口号的更改。比如改为 2121，如图 11-33 所示。

STEP 3　测试 FTP 站点。用户在客户端计算机 win2012-2 上，打开浏览器或资源管理器，输入 ftp://192.168.10.1：2121 就可以访问刚才建立的 FTP 站点。

STEP 4　为了后面的实训继续完成，测试完毕后，请再将端口号改为默认，即"21"。

2．其他配置

在"Internet 信息服务（IIS）管理器"控制台树中，依次展开 FTP 服务器，选择 FTP 站点"ftp"。可以分别进行"FTP SSL 设置""FTP 当前会话""FTP 防火墙支持""FTP 目录浏览""FTP 请求筛选""FTP 日志""FTP 身份验证""FTP 授权规则""FTP 消息""FTP 用户隔离"等内容的设置或浏览，如图 11-35 所示。

在"操作"列，可以进行"浏览""编辑权限""绑定""基本设置""查看应用程序""查看虚拟目录""重新启动 FTP 站点""启动或停止 FTP 站点"和"高级设置"等操作。

图 11-35 "ftp 主页"窗口

11.3.6 子任务 6 创建虚拟主机

1. 虚拟主机简介

一个 FTP 站点是由一个 IP 地址和一个端口号唯一标识的,改变其中任意一项均会标识不同的 FTP 站点。但是在 FTP 服务器上,通过"Internet 信息服务(IIS)管理器"控制台只能创建一个 FTP 站点。在实际应用环境中,有时需要在一台服务器上创建 2 个不同的 FTP 站点,这就涉及虚拟主机的问题。

在一台服务器上创建的 2 个 FTP 站点,默认只能启动其中一个站点,用户可以通过更改 IP 地址或是端口号 2 种方法来解决这个问题。

可以使用多个 IP 地址和多个端口来创建多个 FTP 站点。尽管使用多个 IP 地址来创建多个站点是常见并且推荐的操作,但由于在默认情况下,当使用 FTP 协议时,客户端会调用端口 21,这样情况会变得非常复杂。因此,如果要使用多个端口来创建多个 FTP 站点,需要将新端口号通知用户,以便其 FTP 客户能够找到并连接到该端口。

2. 使用相同 IP 地址、不同端口号创建 2 个 FTP 站点

在同一台服务器上使用相同的 IP 地址、不同的端口号(21、2121)同时创建 2 个 FTP 站点的具体步骤如下。

STEP 1 以域管理员账户登录到 FTP 服务器 win2012-1 上,创建"C:\ftp2"文件夹作为第 2 个 FTP 站点的主目录,并在其文件夹内放入一些文件。

STEP 2 接着创建第 2 个 FTP 站点,站点的创建可参见 11.3.3 小节"子任务 3 创建和访问 FTP 站点"的相关内容,只是在设置端口号时一定要设为"2121"。

STEP 3 测试 FTP 站点。用户在客户端计算机 win2012-2 上,打开资源管理器或浏览器,输入 ftp://192.168.10.1:2121 就可以访问刚才建立的第 2 个 FTP 站点了。

3. 使用 2 个不同的 IP 地址创建 2 个 FTP 站点

在同一台服务器上用相同的端口号、不同的 IP 地址(192.168.10.1、192.168.10.20)同时创建 2 个 FTP 站点的具体步骤如下。

(1)设置 FTP 服务器网卡的 2 个 IP 地址

前面已在 win2012-1 上设置了 2 个 IP 地址：192.168.10.1、192.168.10.20。在此不再赘述。

（2）更改第 2 个 FTP 站点的 IP 地址和端口号

STEP 1 在"Internet 信息服务（IIS）管理器"控制台树中，依次展开 FTP 服务器，选择 FTP 站点"ftp2"。然后单击"操作"列的【绑定】按钮，弹出"编辑网站绑定"对话框。

STEP 2 选择"ftp"类型后，单击【编辑】按钮，将 IP 地址改为"192.168.10.20"，端口号改为"21"，如图 11-36 所示。

图 11-36 "编辑网站绑定"对话框

STEP 3 单击【确定】按钮完成更改。

（3）测试 FTP 的第 2 个站点

用户在客户端计算机 win2012-2 上，打开浏览器，输入 ftp://192.168.10.20，就可以访问刚才建立的第 2 个 FTP 站点了。

 　　请读者参照前面 11.2.6 小节中"使用不同的主机头名架设多个 Web 网站"的内容，自行完成"使用不同的主机头名架设多个 FTP 站点"的实践

11.3.7　子任务 7　配置与使用客户端

任何一种服务器的搭建，其目的都是为了应用。FTP 服务也一样，搭建 FTP 服务器的目的就是为了方便用户上传和下载文件。当 FTP 服务器建立成功并提供 FTP 服务后，用户就可以访问了。一般主要使用 2 种方式访问 FTP 站点，一是利用标准的 Web 浏览器访问，二是利用专门的 FTP 客户端软件访问，以实现 FTP 站点的浏览、下载和上传文件。

1．FTP 站点的访问

根据 FTP 服务器所赋予的权限，用户可以浏览、上传或下载文件，但使用不同的访问方式，其操作方法也不相同。

（1）Web 浏览器或资源管理器的访问

Web 浏览器除了可以访问 Web 网站外，还可以用来登录 FTP 服务器。

匿名访问时的格式为 ftp://FTP 服务器地址。

非匿名访问 FTP 服务器的格式为 ftp://用户名:密码@FTP 服务器地址。

登录 FTP 站点以后，就可以像访问本地文件夹一样使用。如果要下载文件，可以先复制一个文件，然后粘贴到本地文件夹中即可；若要上传文件，可以先从本地文件夹中复制一个

文件,然后在 FTP 站点文件夹中粘贴,即可自动上传到 FTP 服务器。如果具有"写入"权限,还可以重命名、新建或者删除文件或文件夹。

（2）FTP 软件访问

大多数访问 FTP 站点的用户都会使用 FTP 软件,因为 FTP 软件不仅方便,而且和 Web 浏览器相比,它的功能更加强大。比较常用的 FTP 客户端软件有 CuteFTP、FlashFXP、LeapFTP 等。

2．虚拟目录的访问

当利用 FTP 客户端软件连接至 FTP 站点时,所列出的文件夹中并不会显示虚拟目录。因此,如果想显示虚拟目录,必须切换到虚拟目录。

如果使用 Web 浏览器方式访问 FTP 服务器,可在"地址"栏中输入地址的时候,直接在后面添加虚拟目录的名称。格式为:

ftp://FTP 服务器地址/虚拟目录名称

这样就可以直接连接到 FTP 服务器的虚拟目录中。

如果使用 FlashFXP 等 FTP 软件连接 FTP 站点,可以在建立连接时,在"远程路径"文本框中输入虚拟目录的名称;如果已经连接到了 FTP 站点,要切换到 FTP 虚拟目录,可以在文件列表框中右键单击,在弹出的快捷菜单中选择【更改文件夹】选项,在"文件夹名称"文本框中键入要切换到的虚拟目录名称。

11.4　习题

一、填空题

1. 微软 Windows Server 2012 家族的 Internet Information Server（IIS,Internet 信息服务）在_____、_____和_____上提供了集成、可靠、可伸缩、安全和可管理的 Web 服务器功能,为动态网络应用程序创建强大的通信平台的工具。

2. Web 中的目录分为 2 种类型:_____和_____。

3. 打开 FTP 服务器_____的命令是_____,浏览其下目录列表的命令是_____。如果匿名登录,在 User (ftp.long.com:(none))处输入匿名账户_____,在 Password 处输入_____或直接按回车键,即可登录 FTP 站点。

4. 比较著名的 FTP 客户端软件有_____、_____、_____等。

5. FTP 身份验证方法有 2 种:_____和_____。

二、选择题

1. 虚拟主机技术不能通过（　　）架设网站。

    A. 计算机名　　　　B. TCP 端口　　　　C. IP 地址　　　　D. 主机头名

2. 虚拟目录不具备的特点是（　　）。

    A. 便于扩展　　　B. 增删灵活　　　C. 易于配置　　　D. 动态分配空间

3. FTP 服务使用的端口是（　　）。

    A. 21　　　　　　B. 23　　　　　　C. 25　　　　　　D. 53

4. 从 Internet 上获得软件最常采用（　　）。

    A. www　　　　　B. Telnet　　　　C. FTP　　　　　D. DNS

三、判断题

1. 若 Web 网站中的信息非常敏感,为防中途被人截获,可采用 SSL 加密方式。（　　）

2. IIS 提供了基本服务，包括发布信息、传输文件、支持用户通信和更新这些服务所依赖的数据存储。　　　　　　　　　　　　　　　　　　　　　　　　　　　（　　）

3. 虚拟目录是一个文件夹，一定包含于主目录内。　　　　　　　　　　　　（　　）

4. FTP 的全称是 File Transfer Protocol（文件传输协议），是用于传输文件的协议。（　　）

5. 当使用"用户隔离"模式时，所有用户的主目录都在单一 FTP 主目录下，每个用户均被限制在自己的主目录中，且用户名必须与相应的主目录相匹配，不允许用户浏览除自己主目录之外的其他内容。　　　　　　　　　　　　　　　　　　　　　　　（　　）

四、简答题

1. 简述架设多个 Web 网站的方法。

2. IIS 8.0 提供的服务有哪些？

3. 什么是虚拟主机？

4. 简述创建 AD 用户隔离 FTP 服务器的步骤。

实训项目　配置与管理 Web 和 FTP 服务器

一、实训目的

● 掌握 Web 服务器的配置方法。

● 掌握 FTP 服务器的配置方法。

● 掌握 AD 隔离用户 FTP 服务器的配置方法。

二、项目环境

本项目根据图 11-1 和图 11-24 所示的环境来部署 Web 服务器和 FTP 服务器。

三、项目要求

（1）根据网络拓扑图（见图 11-1），完成以下任务。

① 安装 Web 服务器。

② 创建 Web 网站。

③ 管理 Web 网站的目录。

④ 管理 Web 网站的安全。

⑤ 管理 Web 网站的日志。

⑥ 架设多个 Web 网站。

（2）根据网络拓扑图（见图 11-24），完成以下任务。

① 安装 FTP 服务器角色服务。

② 创建和访问 FTP 站点。

③ 创建虚拟目录。

④ 安全设置 FTP 服务器。

⑤ 创建虚拟主机。

⑥ 配置与使用客户端。

⑦ 设置 AD 隔离用户 FTP 服务器。

四、做一做

根据实训项目录像进行项目的实训，检查学习效果。

项目 12
配置与管理 VPN
和 NAT 服务器

项目背景

作为网络管理员，必须熟悉网络安全保护的各种策略环节以及可以采取的安全措施。这样才能合理地进行安全管理，使得网络和计算机处于安全保护的状态。

项目目标

- 理解 NAT、VPN 的基本概念和基本原理
- 理解远程访问 VPN 的构成和连接过程
- 掌握配置并测试远程访问 VPN 的方法
- 理解 NAT 网络地址转换的工作过程
- 掌握配置并测试网络地址转换 NAT 的方法

12.1 相关知识

远程访问（Remote Access）也称为远程接入，通过这种技术，可以将远程或移动用户连接到组织内部网络上，以便远程用户可以将他们的计算机如同物理地连接到内部网络上一样工作。实现远程访问最常用的连接方式就是 VPN 技术。目前，互联网中的多个企业网络常常选择 VPN 技术（通过加密技术、验证技术、数据确认技术的共同应用）连接起来，就可以轻易地在 Internet 上建立一个专用网络，让远程用户通过 Internet 来安全地访问网络内部的网络资源。

VPN（Virtual Private Network，VPN）即虚拟专用网，是指在公共网络（通常为 Internet 中）建立一个虚拟的、专用的网络，是 Internet 与 Intranet 之间的专用通道，为企业提供一个高安全、高性能、简便易用的环境。当远程的 VPN 客户端通过 Internet 连接到 VPN 服务器时，它们之间所传送的信息会被加密，所以即使信息在 Internet 传送的过程中被拦截，也会因为信息已被加密而无法识别，因此可以确保信息的安全性。

1．VPN 的构成

（1）远程访问 VPN 服务器

用于接收并响应 VPN 客户端的连接请求,并建立 VPN 连接。它可以是专用的 VPN 服务器设备,也可以是运行 VPN 服务的主机。

(2)VPN 客户端

用于发起连接 VPN 连接请求,通常为 VPN 连接组件的主机。

(3)隧道协议

VPN 的实现依赖于隧道协议,通过隧道协议,可以将一种协议用另一种协议或相同协议封装,同时还可以提供加密、认证等安全服务。VPN 服务器和客户端必须支持相同的隧道协议,以便建立 VPN 连接。目前最常用的隧道协议有 PPTP 和 L2TP。

- PPTP(Point-to-Point Tunneling Protocol,点对点隧道协议)。PPTP 是点对点协议(PPP)的扩展,并协调使用 PPP 的身份验证、压缩和加密机制。PPTP 客户端支持内置于 Windows 2012 远程访问客户端。只有 IP 网络(如 Internet)才可以建立 PPTP 的 VPN。2 个局域网之间若通过 PPTP 来连接,则两端直接连接到 Internet 的 VPN 服务器必须要执行 TCP/IP 通信协议,但网络内的其他计算机不一定需要支持 TCP/IP 协议,它们可执行 TCP/IP、IPX 或 NetBEUI 通信协议,因为当它们通过 VPN 服务器与远程计算机通信时,这些不同通信协议的数据包会被封装到 PPP 的数据包内,然后经过 Internet 传送,信息到达目的地后,再由远程的 VPN 服务器将其还原为 TCP/IP、IPX 或 NetBEUI 的数据包。PPTP 是利用 MPPE(Microsoft Point-to-Point Encryption)加密法来将信息加密。PPTP 的 VPN 服务器支持内置于 Windows Server 2012 家族的成员。PPTP 与 TCP/IP 协议一同安装,根据运行"路由和远程访问服务器安装向导"时所做的选择,PPTP 可以配置为 5 个或 128 个 PPTP 端口。

- L2TP(Layer Two Tunneling Protocol,第二层隧道协议)。L2TP 是基于 RFC 的隧道协议,该协议是一种业内标准。L2TP 同时具有身份验证、加密与数据压缩的功能。L2TP 的验证与加密方法都是采用 IPSec。与 PPTP 类似,L2TP 也可以将 IP、IPX 或 NetBEUI 的数据包封装到 PPP 的数据包内。与 PPTP 不同,运行在 Windows Server 2012 服务器上的 L2TP 不利用 Microsoft 点对点加密(MPPE)来加密点对点协议(PPP)数据报。L2TP 依赖于加密服务的 Internet 协议安全性(IPSec)。L2TP 和 IPSec 的组合被称为 L2TP/IPSec。L2TP/IPSec 提供专用数据的封装和加密的主要虚拟专用网(VPN)服务。VPN 客户端和 VPN 服务器必须支持 L2TP 和 IPSec。L2TP 的客户端支持内置于 Windows 2012 远程访问客户端,而 L2TP 的 VPN 服务器支持内置于 Windows Server 2012 家族的成员。L2TP 与 TCP/IP 协议一同安装,根据运行"路由和远程访问服务器安装向导"时所做的选择,L2TP 可以配置为 5 个或 128 个 L2TP 端口。

(4)Internet 连接

VPN 服务器和客户端必须都接入 Internet,并且能够通过 Internet 进行正常的通信。

2.VPN 应用场合

VPN 的实现可以分为软件和硬件两种方式。Windows 服务器版的操作系统以完全基于软件的方式实现了虚拟专用网,成本非常低廉。无论身处何地,只要能连接到 Internet,就可以与企业网在 Internet 上的虚拟专用网相关联,登录到内部网络浏览或交换信息。

一般来说,VPN 使用在以下 2 种场合。

(1)远程客户端通过 VPN 连接到局域网

总公司(局域网)的网络已经连接到 Internet,而用户在远程拨号连接 ISP 连上 Internet

后，就可以通过 Internet 来与总公司（局域网）的 VPN 服务器建立 PPTP 或 L2TP 的 VPN，并通过 VPN 来安全地传送信息。

（2）2 个局域网通过 VPN 互联

2 个局域网的 VPN 服务器都连接到 Internet，并且通过 Internet 建立 PPTP 或 L2TP 的 VPN，它可以让 2 个网络之间安全地传送信息，不用担心在 Internet 上传送时泄密。

除了使用软件方式实现外，VPN 的实现需要建立在交换机、路由器等硬件设备上。目前，在 VPN 技术和产品方面，最具有代表性的当数 Cisco 和华为 3Com。

3．VPN 的连接过程

① 客户端向服务器连接 Internet 的接口发送建立 VPN 连接的请求；

② 服务器接收到客户端建立连接的请求之后，将对客户端的身份进行验证；

③ 如果身份验证未通过，则拒绝客户端的连接请求；

④ 如果身份验证通过，则允许客户端建立 VPN 连接，并为客户端分配一个内部网络的 IP 地址；

⑤ 客户端将获得的 IP 地址与 VPN 连接组件绑定，并使用该地址与内部网络进行通信。

12.2　项目设计与准备

12.2.1　部署架设 VPN 服务器的需求和环境

1．任务设计

下面 12.3.1 小节与 12.3.2 小节的任务将根据图 12-1 所示的环境部署远程访问 VPN 服务器。

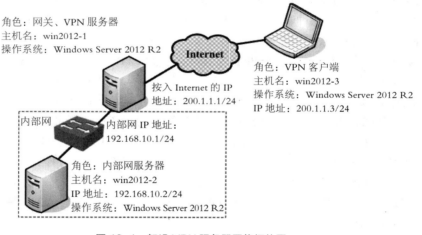

图 12-1　架设 VPN 服务器网络拓扑图

Win2012-1、win2012-2、win2012-3 可以是 Hyper-V 服务器的虚拟机，也可以是 VMWare 的虚拟机。

2．任务准备

部署远程访问 VPN 服务之前，应做如下准备。

① 使用提供远程访问 VPN 服务的 Windows Server 2012 操作系统。

② VPN 服务器至少要有 2 个网络连接。IP 地址如图 12-1 所示。

③ VPN 服务器必须与内部网络相连，因此需要配置与内部网络连接所需要的 TCP/IP 参

数（私有 IP 地址），该参数可以手工指定，也可以通过内部网络中的 DHCP 服务器自动分配。本例 IP 地址为 192.168.10.1/24。

④ VPN 服务器必须同时与 Internet 相连，因此需要建立和配置与 Internet 的连接。VPN 服务器与 Internet 的连接通常采用较快的连接方式，如专线连接。本例 IP 地址为 200.1.1.1/24。

⑤ 合理规划分配给 VPN 客户端的 IP 地址。VPN 客户端在请求建立 VPN 连接时，VPN 服务器需要为其分配内部网络的 IP 地址。配置的 IP 地址也必须是内部网络中不使用的 IP 地址，地址的数量根据同时建立 VPN 连接的客户端数量来确定。在本任务中部署远程访问 VPN 时，使用静态 IP 地址池为远程访问客户端分配 IP 地址，地址范围采用 192.168.10.11/24～192.168. 10.20/24。

⑥ 客户端在请求 VPN 连接时，服务器要对其进行身份验证，因此应合理规划需要建立 VPN 连接的用户账户。

12.2.2 部署架设 NAT 服务器的需求和环境

在架设 NAT 服务器之前，读者需要了解 NAT 服务器配置实例部署的需求和实训环境。

1. 部署需求

在部署 NAT 服务前需满足以下要求。

① 设置 NAT 服务器的 TCP/IP 属性，手工指定 IP 地址、子网掩码、默认网关和 DNS 服务器 IP 地址等。

② 部署域环境，域名为 long.com。

2. 部署环境

12.3.3 小节所有实例都被部署在图 12-2 所示的网络环境下。其中 NAT 服务器主机名为 win2012-1，该服务器连接内部局域网网卡（LAN）的 IP 地址为 192.168.10.1/24，连接外部网络网卡（WAN）的 IP 地址为 200.1.1.1/24；NAT 客户端主机名为 win2012-2，其 IP 地址为 192.168.10.2/24；内部 Web 服务器主机名为 Server1，IP 地址为 192.168.10.4/24；Internet 上的 Web 服务器主机名为 win2012-3，IP 地址为 200.1.1.3/24。

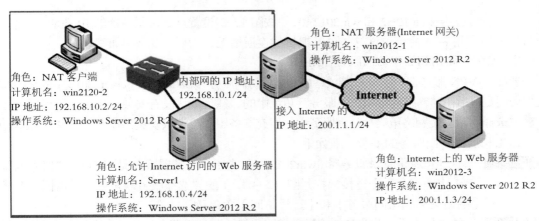

图 12-2　架设 NAT 服务器网络拓扑图

Win2012-1、win2012-2、win2012-3、Server1 可以是 Hyper-V 服务器的虚拟机，也可以是 VMWare 的虚拟机。网络连接方式采用"内部虚拟交换机"。

12.3 项目实施

12.3.1 架设 VPN 服务器

在架设 VPN 服务器之前，读者需要了解本节实例部署的需求和实验环境。本书使用 Hyper-V 服务器构建虚拟环境。

1．为 VPN 服务器添加第 2 块网卡

① 在"服务器管理器"窗口的"虚拟机"面板中，选择目标虚拟机（本例为 win2012-1），在右侧的"操作"面板中，单击【设置】超链接，打开"win2012-1 的设置"对话框。

② 单击【硬件】→【添加硬件】选项，打开"添加硬件"对话框。在右侧的允许添加的硬件列表中，显示允许添加的硬件设备，本例为"网络适配器"。选中要添加的硬件，单击【添加】按钮，并选择网络连接方式为"内部虚拟交换机"。

③ 启动 win2012-1，单击【开始】，在弹出的快捷菜单中选择【网络连接】，更改 2 块网卡的网络连接的名称分别为："局域网连接"和"Internet 连接"，并按图 12-1 分别设置 2 个连接的网络参数，如图 12-3 所示。（或者右击右下方的网络连接，依次打开【网络和 Internet 共享】→【更改适配器设置】。）

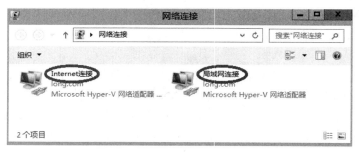

图 12-3　网络连接

④ 同理启动 win2012-2 和 win2012-3，并按图 12-1 设置这 2 台服务器的 IP 地址等信息。设置完成后利用 ping 命令测试这 3 台虚拟机的连通情况，为后面实训做准备。

2．安装"路由和远程访问服务"角色

要配置 VPN 服务器，必须安装"路由和远程访问服务"。Windows Server 2012 中的路由和远程访问是包括在"网络策略和访问服务"角色中的，并且默认没有安装。用户可以根据自己的需要选择同时安装网络策略和访问服务中的所有服务组件或者只安装路由和远程访问服务。

路由和远程访问服务的安装步骤如下。

STEP 1 以管理员身份登录服务器"win2012-1"，打开"服务器管理器"窗口的"仪表板"，单击【添加角色】链接，打开图 12-4 所示的"选择服务器角色"对话框，选择【网络策略和访问服务】和【远程访问】角色。

STEP 2 持续单击【下一步】按钮，显示"网络策略和访问服务"的"角色服务"对话框，网络策略和访问服务中包括"网络策略服务器、健康注册机构和主机凭据授权协议"角色服务，选择【网络策略服务器】复选框。

STEP 3 单击【下一步】按钮，显示"远程访问"的"角色服务"对话框。全部选择，如图 12-5 所示。

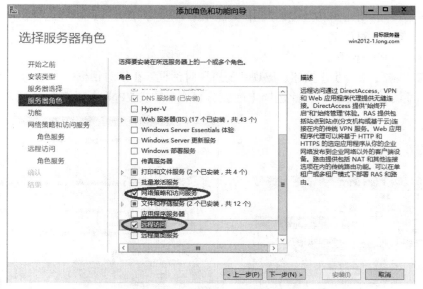

图 12-4 "选择服务器角色"对话框

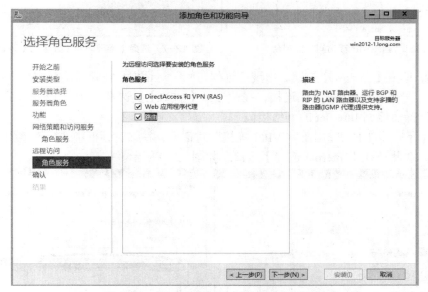

图 12-5 "远程访问"的"角色服务"对话框

STEP 4 最后单击【安装】按钮即可开始安装，完成后显示"安装结果"对话框。

3. 配置并启用 VPN 服务

在已经安装"路由和远程访问"角色服务的计算机"win2012-1"上通过"路由和远程访问"控制台配置并启用路由和远程访问，具体步骤如下。

（1）打开"路由和远程访问服务器安装向导"页面

STEP 1 以域管理员账户登录到需要配置 VPN 服务的计算机 win2012-1 上，单击【开始】→【管理工具】→【路由和远程访问】，打开图 12-6 所示的"路由和远程访问"控制台。

STEP 2 在该控制台树上右击服务器"win2012-1（本地）"，在弹出的快捷菜单中选择【配置并启用路由和远程访问】，如图 12-6 所示，打开"路由和远程访问服务器安装向导"对话框。

（2）选择 VPN 连接

STEP 1 单击【下一步】按钮，出现"配置"对话框，在该对话框中可以配置 NAT、VPN 以及路由服务，在此选择【远程访问（拨号或 VPN）】复选框，如图 12-7 所示。

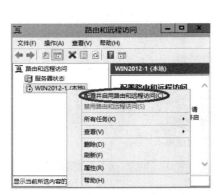

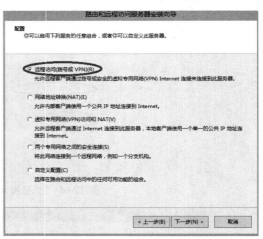

图 12-6 "路由和远程访问"控制台   图 12-7 选择【远程访问（拨号或 VPN）】

STEP 2 单击【下一步】按钮，出现"远程访问"对话框，在该对话框中可以选择创建拨号或 VPN 远程访问连接，在此选择【VPN】复选框，如图 12-8 所示。

（3）选择连接到 Internet 的网络接口

单击【下一步】按钮，出现"VPN 连接"对话框，在该对话框中选择连接到 Internet 的网络接口，在此选择【Internet 连接】接口，如图 12-9 所示。

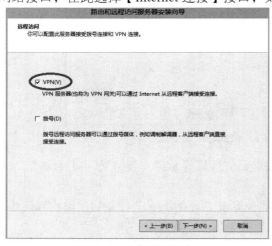

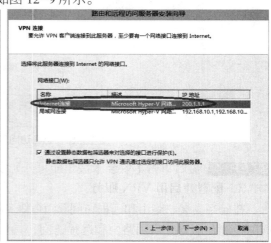

图 12-8 选择【VPN】   图 12-9 选择连接到 Internet 的网络接口

（4）设置 IP 地址分配

STEP 1 单击【下一步】按钮，出现"IP 地址分配"对话框，在该对话框中可以设置分配给 VPN 客户端计算机的 IP 地址是从 DHCP 服务器获取还是指定一个范围，在此选择【来自一个指定的地址范围】选项，如图 12-10 所示。

STEP 2 单击【下一步】按钮，出现"地址范围分配"对话框，在该对话框中指定 VPN 客户端计算机的 IP 地址范围。

STEP 3 单击【新建】按钮，出现"新建 IPv4 地址范围"对话框，在"起始 IP 地址"文本框中输入"192.168.10.11"，在"结束 IP 地址"文本框中输入"192.168.10.20"，如图 12-11 所示。然后单击【确定】按钮即可。

STEP 4 返回到"地址范围分配"对话框，可以看到已经指定了一段 IP 地址范围。

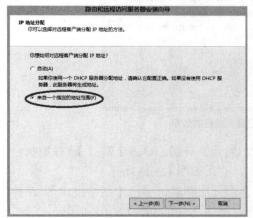

图 12-10　IP 地址分配

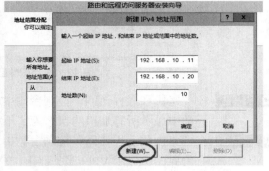

图 12-11　输入 VPN 客户端 IP 地址范围

（5）结束 VPN 配置

STEP 1 单击【下一步】按钮，出现"管理多个远程访问服务器"对话框。在该对话框中可以指定身份验证的方法是路由和远程访问服务器还是 RADIUS 服务器，在此选择【否，使用路由和远程访问来对连接请求进行身份验证】单选框，如图 12-12 所示。

STEP 2 单击【下一步】按钮，出现"摘要"对话框。在该对话框中显示了之前步骤所设置的信息。

STEP 3 单击【完成】按钮，出现如图 12-13 所示对话框，表示需要配置 DHCP 中继代理程序，最后单击【确定】按钮即可。

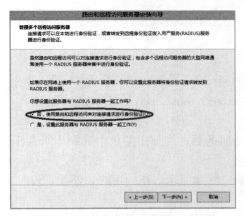

图 12-12　管理多个远程访问服务器

图 12-13　DHCP 中继代理信息

（6）查看 VPN 服务器状态

STEP 1 完成 VPN 服务器的创建，返回到图 12-14 所示的"路由和远程访问"对话框。由于目前已经启用了 VPN 服务，所以显示了绿色向上的标识箭头。

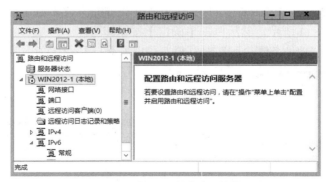

图 12-14　VPN 配置完成后的效果

STEP 2 在"路由和远程访问"控制台树中，展开服务器，单击【端口】，在控制台右侧界面中显示所有端口的状态为"不活动"，如图 12-15 所示。

STEP 3 在"路由和远程访问"控制台树中，展开服务器，单击【网络接口】，在控制台右侧界面中显示 VPN 服务器上的所有网络接口，如图 12-16 所示。

图 12-15　查看端口状态

图 12-16　查看网络接口

4．停止和启动 VPN 服务

要启动或停止 VPN 服务，可以使用 net 命令、"路由和远程访问"控制台或"服务"控制台，具体步骤如下。

（1）使用 net 命令

以域管理员账户登录到 VPN 服务器 win2012-1 上，在命令行提示符界面中，输入命令"net stop remoteaccess"停止 VPN 服务；输入命令"net start remoteaccess"启动 VPN 服务。

（2）使用"路由和远程访问"控制台

在"路由和远程访问"控制台树中，右键单击服务器，在弹出菜单中选择【所有任务】→【停止】或【启动】即可停止或启动 VPN 服务。

VPN 服务停止以后，"路由和远程访问"控制台界面显示红色向下标识箭头。

（3）使用"服务"控制台

单击【开始】→【管理工具】→【服务】，打开"服务"控制台。找到服务"Routing and Remote Access"，单击【启动】或【停止】即可启动或停止 VPN 服务，如图 12-17 所示。

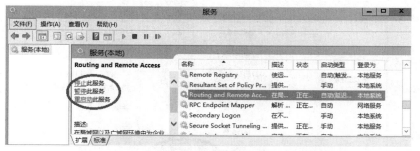

图 12-17　使用"服务"控制台启动或停止 VPN 服务

5．配置域用户账户允许 VPN 连接

在域控制器 win2012-1 上设置允许用户"Administrator@long.com"使用 VPN 连接到 VPN 服务器的具体步骤如下。

STEP 1 以域管理员账户登录到域控制器 win2012-1 上，打开"Active Directoy 用户和计算机"控制台。依次打开"long.com"和"Users"节点，右键单击用户"Administrator"，在弹出菜单中选择【属性】，打开"Administrator 属性"对话框。

STEP 2 在"Administrator 属性"对话框中选择【拨入】选项卡。在"网络访问权限"选项区域中选择【允许访问】单选框，如图 12-18 所示。最后单击【确定】按钮即可。

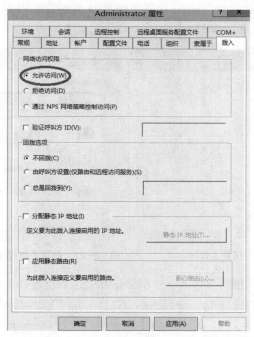

图 12-18　"administrator 属性——拨入"对话框

6．在 VPN 端建立并测试 VPN 连接

在 VPN 端计算机 win2012-3 上建立 VPN 连接并连接到 VPN 服务器上，具体步骤如下。

（1）在客户端计算机上新建 VPN 连接

STEP 1 以本地管理员账户登录到 VPN 客户端计算机 win2012-3 上，单击【开始】→【控制面板】→【网络和 Internet】→【网络和共享中心】，打开图 12-19 所示的"网络和共享中心"界面。

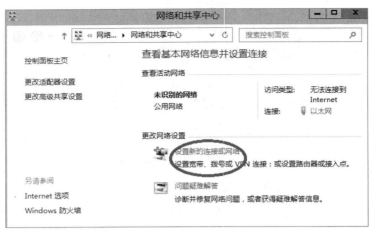

图 12-19 "网络和共享中心"对话框

STEP 2 单击【设置新的连接或网络】按钮，打开"设置连接或网络"对话框，通过该对话框可以建立连接以连接到 Internet 或专用网络，在此选择【连接到工作区】连接选项，如图 12-20 所示。

STEP 3 单击【下一步】按钮，出现"连接到工作区——你希望如何连接？"对话框，在该对话框中指定使用 Internet 还是拨号方式连接到 VPN 服务器，在此单击【使用我的 Internet 连接(VPN)】选项，如图 12-21 所示。

图 12-20 选择【连接到工作区】　　　　图 12-21 选择【使用我的 Internet 连接（VPN）】

STEP 4 接着出现"连接到工作区——您想在继续之前设置 Internet 连接吗？"对话框，在该对话框中设置 Internet 连接，由于本实例 VPN 服务器和 VPN 客户机是物理直接连接在一起的，所以单击【我将稍后设置 Internet 连接】，如图 12-22 所示。

STEP 5 接着出现图 12-23 所示的"连接到工作区——键入要连接的 Internet 地址"对话框，在"Internet 地址"文本框中输入 VPN 服务器的外网网卡 IP 地址为"200.1.1.1"，并设置目标名称为"VPN 连接"。

STEP 6 单击【下一步】按钮，出现"连接到工作区——键入您的用户名和密码"对话框，在此输入希望连接的用户名、密码以及域，如图 12-24 所示。

STEP 7 单击【创建】按钮创建 VPN 连接，接着出现"连接到工作区——连接已经使用"对话框。创建 VPN 连接完成。

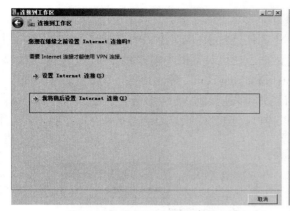

图 12-22　设置 Internet 连接

图 12-23　输入要连接的 Internet 地址

图 12-24　输入用户名和密码

（2）未连接到 VPN 服务器时的测试

STEP 1 以管理员身份登录服务器 "win2012-3"，打开 Windows powershell 或者在运行处输入 "cmd"。

STEP 2 在 win2012-3 上使用 ping 命令分别测试与 win2012-1 和 win2012-2 的连通性，如图 12-25 所示。

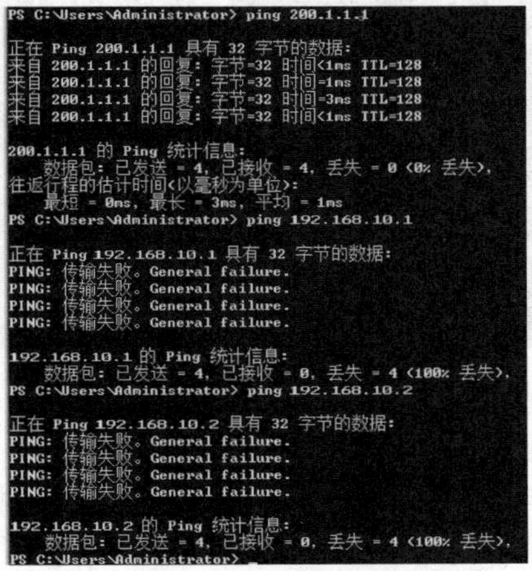

```
PS C:\Users\Administrator> ping 200.1.1.1

正在 Ping 200.1.1.1 具有 32 字节的数据:
来自 200.1.1.1 的回复: 字节=32 时间<1ms TTL=128
来自 200.1.1.1 的回复: 字节=32 时间=1ms TTL=128
来自 200.1.1.1 的回复: 字节=32 时间=3ms TTL=128
来自 200.1.1.1 的回复: 字节=32 时间<1ms TTL=128

200.1.1.1 的 Ping 统计信息:
    数据包: 已发送 = 4, 已接收 = 4, 丢失 = 0 (0% 丢失),
往返行程的估计时间<以毫秒为单位>:
    最短 = 0ms, 最长 = 3ms, 平均 = 1ms
PS C:\Users\Administrator> ping 192.168.10.1

正在 Ping 192.168.10.1 具有 32 字节的数据:
PING: 传输失败。General failure.
PING: 传输失败。General failure.
PING: 传输失败。General failure.
PING: 传输失败。General failure.

192.168.10.1 的 Ping 统计信息:
    数据包: 已发送 = 4, 已接收 = 0, 丢失 = 4 (100% 丢失),
PS C:\Users\Administrator> ping 192.168.10.2

正在 Ping 192.168.10.2 具有 32 字节的数据:
PING: 传输失败。General failure.
PING: 传输失败。General failure.
PING: 传输失败。General failure.
PING: 传输失败。General failure.

192.168.10.2 的 Ping 统计信息:
    数据包: 已发送 = 4, 已接收 = 0, 丢失 = 4 (100% 丢失),
PS C:\Users\Administrator>
```

图 12-25　未连接 VPN 服务器时的测试结果

（3）连接到 VPN 服务器

STEP 1 右击【开始】，选择弹出菜单中的【网络连接】，双击【VPN 连接】，单击【连接】
按钮，打开如图 12-26 所示的对话框。在该对话框中输入允许 VPN 连接的账户
和密码，在此使用账户"administrator@long.com"建立连接。

STEP 2 单击【确定】按钮，经过身份验证后即可连接到 VPN 服务器，在图 12-27 所示
的"网络连接"界面中可以看到"VPN 连接"的状态是连接的。

图 12-26　连接 VPN

图 12-27　已经连接到 VPN 服务器的效果

7. 验证 VPN 连接

当 VPN 客户端计算机 win2012-3 连接到 VPN 服务器 win2012-1 上之后，可以访问公司
内部局域网络中的共享资源，具体步骤如下。

（1）查看 VPN 客户机获取到的 IP 地址

STEP 1 在 VPN 客户端计算机 win2012-3 上，打开命令提示符界面，使用命令"ipconfig /all"
查看 IP 地址信息，如图 12-28 所示，可以看到 VPN 连接获得的 IP 地址为"192.168.
10.13"。

STEP 2 先后输入命令"ping 192.168.10.1"和"ping 192.168.10.2"测试 VPN 客户端计算
机和 VPN 服务器以及内网计算机的连通性，如图 12-29 所示，显示能连通。

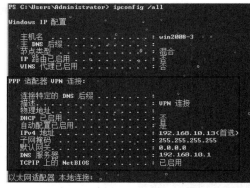

图 12-28　查看 VPN 客户机获取到的 IP 地址

图 12-29　测试 vpn 连接

（2）在 VPN 服务器上的验证

STEP 1 以域管理员账户登录到 VPN 服务器上，在"路由和远程访问"控制台树中，展
开服务器节点，单击【远程访问客户端】，在控制台右侧界面中显示连接时间以
及连接的账户，这表明已经有一个客户端建立了 VPN 连接，如图 12-30 所示。

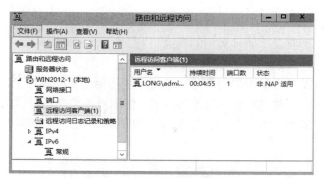

图 12-30　查看远程访问客户端

STEP 2 单击【端口】，在控制台右侧界面中可以看到其中一个端口的状态是"活动"，表明有客户端连接到 VPN 服务器。

STEP 3 右键单击该活动端口，在弹出菜单中选择【属性】，打开"端口状态"对话框，在该对话框中显示连接时间、用户以及分配给 VPN 客户端计算机的 IP 地址。

（3）访问内部局域网的共享文件

STEP 1 以管理员账户登录到内部网服务器 win2012-2 上，在"计算机"管理器中创建文件夹"C:\share"作为测试目录，在该文件夹内存入一些文件，并将该文件夹共享。

STEP 2 以本地管理员账户登录到 VPN 客户端计算机 win2012-3 上，单击【开始】→【运行】，输入内部网服务器 win2012-2 上共享文件夹的 UNC 路径为"\\192.168.10.2"。由于已经连接到 VPN 服务器上，所以可以访问内部局域网络中的共享资源。

（4）断开 VPN 连接

以域管理员账户登录到 VPN 服务器上，在"路由和远程访问"控制台树中依次展开服务器和"远程访问客户端(1)"节点，在控制台右侧界面中右键单击连接的远程客户端，在弹出菜单中选择【断开】即可断开客户端计算机的 VPN 连接。

12.3.2　配置 VPN 服务器的网络策略

1．认识网络策略

（1）什么是网络策略

部署网络访问保护（NAP）时，将向网络策略配置中添加健康策略，以便在授权的过程中使用 NPS（网络策略服务器）执行客户端健康检查。

当处理作为 RADIUS 服务器的连接请求时，网络策略服务器对此连接请求既执行身份验证，也执行授权。在身份验证过程中，NPS 验证连接到网络的用户或计算机的身份。在授权过程中，NPS 确定是否允许用户或计算机访问网络。

若要进行此决定，NPS 使用在 NPS Microsoft 管理控制台（MMC）管理单元中配置的网络策略。NPS 还检查 Active Directory 域服务（AD DS）中账户的拨入属性以执行授权。

可以将网络策略视为规则。每个规则都具有一组条件和设置。NPS 将规则的条件与连接请求的属性进行对比。如果规则和连接请求之间出现匹配，则规则中定义的设置会应用于连接。

当在 NPS 中配置了多个网络策略时，它们是一组有序规则。NPS 根据列表中的第 1 个规则检查每个连接请求，然后根据第 2 个规则进行检查，依次类推，直到找到匹配项为止。

每个网络策略都有"策略状态"设置，使用该设置可以启用或禁用策略。如果禁用网络策略，则授权连接请求时，NPS 不评估策略。

（2）网络策略属性

每个网络策略中都有以下 4 种类别的属性。

① 概述。

使用这些属性可以指定是否启用策略，是允许还是拒绝访问策略，以及连接请求是需要特定网络连接方法还是需要网络访问服务器类型。使用概述属性还可以指定是否忽略 AD DS 中的用户账户的拨入属性。如果选择该选项，则 NPS 只使用网络策略中的设置来确定是否授权连接。

② 条件。

使用这些属性，可以指定为了匹配网络策略，连接请求所必须具有的条件；如果策略中配置的条件与连接请求匹配，则 NPS 将把网络策略中指定的设置应用于连接。例如，如果将网络访问服务器 IPv4 地址（NAS IPv4 地址）指定为网络策略的条件，并且 NPS 从具有指定 IP 地址的 NAS 接收连接请求，则策略中的条件与连接请求相匹配。

③ 约束。

约束是匹配连接请求所需的网络策略的附加参数。如果连接请求与约束不匹配，则 NPS 自动拒绝该请求。与 NPS 对网络策略中不匹配条件的响应不同，如果约束不匹配，则 NPS 不评估附加网络策略，只拒绝连接请求。

④ 设置。

使用这些属性，可以指定在策略的所有网络策略条件都匹配时，NPS 应用于连接请求的设置。

2．配置网络策略

任务要求如下：如图 12-1 所示，在 VPN 服务器 win2012-1 上创建网络策略"VPN 网络策略"，使得用户在进行 VPN 连接时使用该网络策略。具体步骤如下。

（1）新建网络策略

STEP 1 以域管理员账户登录到 VPN 服务器 win2012-1 上，单击【开始】→【管理工具】→【网络策略服务器】，打开图 12-31 所示的"网络策略服务器"控制台。

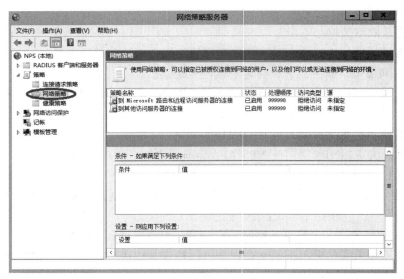

图 12-31 "网络策略服务器"控制台

STEP 2 右键单击【网络策略】，在弹出菜单中选择【新建】，打开"新建网络策略"页面，在"指定网络策略名称和连接类型"对话框中指定网络策略的名称为"VPN策略"，指定"网络访问服务器的类型"为"远程访问服务器（VPN 拨号）"，如图12-32所示。

图12-32 设置网络策略名称和连接类型

（2）指定网络策略条件——日期和时间限制

STEP 1 单击【下一步】按钮，出现"指定条件"对话框，在该对话框中设置网络策略的条件，如日期和时间、用户组等。

STEP 2 单击【添加】按钮，出现"选择条件"对话框。在该对话框中选择要配置的条件属性，选择【日期和时间限制】选项，如图12-33所示，该选项表示每周允许和不允许用户连接的时间和日期。

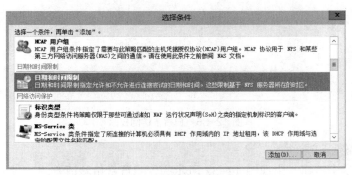

图12-33 选择条件

STEP 3 单击【添加】按钮，出现"日期和时间限制"对话框，在该对话框中设置允许建立 VPN 连接的时间和日期，图12-34所示的时间为允许所有时间可以访问，然后单击【确定】按钮。

STEP 4 返回图12-35所示的"指定条件"对话框，从中可以看到已经添加了一条网络条件。

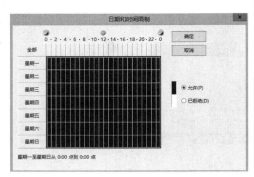

图 12-34　设置日期和时间限制

图 12-35　设置日期和时间限制后的效果

（3）授予远程访问权限

单击【下一步】按钮，出现"指定访问权限"对话框，在该对话框中指定连接访问权限是允许还是拒绝，在此选择【已授予访问权限】单选框，如图 12-36 所示。

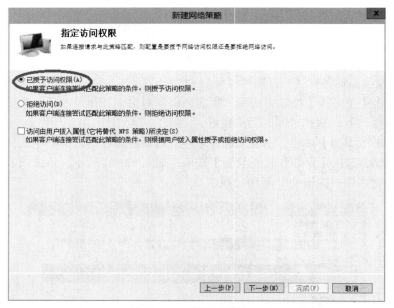

图 12-36　已授予访问权限

（4）配置身份验证方法

单击【下一步】按钮，出现图 12-37 所示的"配置身份验证方法"对话框，在该对话框中指定身份验证的方法和 EAP 类型。

（5）配置约束

单击【下一步】按钮，出现图 12-38 所示的"配置约束"对话框，在该对话框中配置网络策略的约束，如身份验证方法、空闲超时、会话超时、被叫站 ID、日期和时间限制、NAS端口类型。

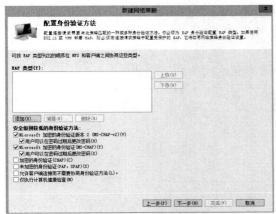

图 12-37　配置身份验证方法　　　　　　　　　　图 12-38　配置约束

（6）配置设置

单击【下一步】按钮，出现图 12-39 所示的"配置设置"对话框，在该对话框中配置此网络策略的设置，如 RADIUS 属性、多链路和带宽分配协议（BAP）、IP 筛选器、加密、IP 设置。

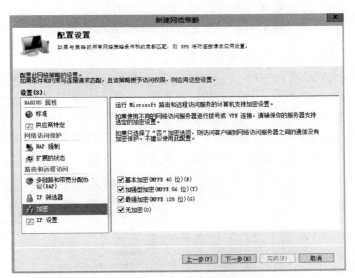

图 12-39　配置设置

（7）完成新建网络策略

单击【下一步】按钮，出现"正在完成新建网络策略"对话框，单击【完成】按钮即可完成网络策略的创建。

（8）设置用户远程访问权限

以域管理员账户登录到域控制器上 win2012-1 上，打开"Active Directory 用户和计算机"控制台，依次展开"long.com"和"Users"节点，右键单击用户"Administrator"，在弹出菜单中选择【属性】，打开"Administrator 属性"对话框。选择【拨入】选项卡，在"网络访问权限"选项区域中选择【通过 NPS 网络策略控制访问】单选框，如图 12-40 所示。设置完毕后单击【确定】按钮即可。

图 12-40　设置通过远程访问策略控制访问

（9）客户端测试能否连接到 VPN 服务器

以本地管理员账户登录到 VPN 客户端计算机 win2012-3 上，打开 VPN 连接，以用户 "administrator@long.com" 账户连接到 VPN 服务器，此时是按网络策略进行身份验证的，验证成功，连接到 VPN 服务器。如果不成功，而是出现了图 12-41 所示的"错误连接"界面，请右键单击【VPN 连接】，单击【属性】→【安全】选项，打开"VPN 连接属性"对话框，如图 12-42 所示，选择【允许使用这些协议】单选框。完成后，重新启动计算机即可。

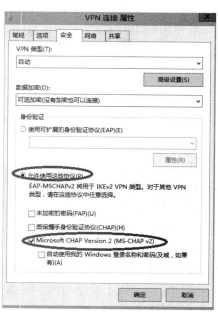

图 12-41　出错警告对话框　　　　　　图 12-42　"VPN 连接属性"窗口

12.3.3　架设 NAT 服务器

网络地址转换器 NAT（Network Address Translator）位于使用专用地址的 Intranet 和使用公用地址的 Internet 之间。从 Intranet 传出的数据包由 NAT 将它们的专用地址转换为公用地址；从 Internet 传入的数据包由 NAT 将它们的公用地址转换为专用地址。这样在内网中计算机使用未注册的专用 IP 地址，而在与外部网络通信时使用注册的公用 IP 地址，大大降低了连接成本。同时 NAT 也起到将内部网络隐藏起来，保护内部网络的作用，因为对外部用户来说，只有使用公用 IP 地址的 NAT 是可见的。

1. 认识 NAT 的工作过程

NAT 地址转换协议的工作过程主要有以下 4 个步骤。

① 客户机将数据包发给运行 NAT 的计算机。

② NAT 将数据包中的端口号和专用的 IP 地址换成它自己的端口号和公用的 IP 地址，然后将数据包发给外部网络的目的主机，同时记录一个跟踪信息在映像表中，以便向客户机发送回答信息。

③ 外部网络发送回答信息给 NAT。

④ NAT 将所收到的数据包的端口号和公用 IP 地址转换为客户机的端口号和内部网络使用的专用 IP 地址并转发给客户机。

以上步骤对于网络内部的主机和网络外部的主机都是透明的，对它们来讲就如同直接通信一样，如图 12-43 所示。担当 NAT 的计算机有 2 块网卡，2 个 IP 地址。IP1 为 192.168.0.1，IP2 为 202.162.4.1。

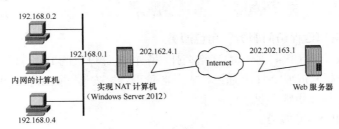

图 12-43　NAT 的工作过程

下面举例来说明。

① 192.168.0.2 用户使用 Web 浏览器连接到位于 202.202.163.1 的 Web 服务器，则用户计算机将创建带有下列信息的 IP 数据包。

● 目标 IP 地址：202.202.163.1

● 源 IP 地址：192.168.0.2

● 目标端口：TCP 端口 80

● 源端口：TCP 端口 1350

② IP 数据包转发到运行 NAT 的计算机上，它将传出的数据包地址转换成下面的形式，用自己的 IP 地址新打包后转发。

● 目标 IP 地址：202.202.163.1

● 源 IP 地址：202.162.4.1

● 目标端口：TCP 端口 80

● 源端口：TCP 端口 2500

③ NAT 协议在表中保留了{192.168.0.2,TCP 1350}到{202.162.4.1,TCP 2500}的映射，以便回传。

④ 转发的 IP 数据包是通过 Internet 发送的。Web 服务器响应通过 NAT 协议发回和接收。当接收时，数据包包含下面的公用地址信息。

● 目标 IP 地址：202.162.4.1
● 源 IP 地址：202.202.163.1
● 目标端口：TCP 端口 2500
● 源端口：TCP 端口 80

⑤ NAT 协议检查转换表，将公用地址映射到专用地址，并将数据包转发给位于192.168.0.2 的计算机。转发的数据包包含以下地址信息。

● 目标 IP 地址：192.168.0.2
● 源 IP 地址：202.202.163.1
● 目标端口：TCP 端口 1350
● 源端口：TCP 端口 80

说　明　　对于来自 NAT 协议的传出数据包，源 IP 地址（专用地址）被映射到 ISP 分配的地址（公用地址），并且 TCP/IP 端口号也会被映射到不同的 TCP/IP 端口号。对于到 NAT 协议的传入数据包，目标 IP 地址（公用地址）被映射到源 Internet 地址（专用地址），并且 TCP/UDP 端口号被重新映射回源 TCP/UDP 端口号。

2．安装"路由和远程访问服务"角色服务

STEP 1 首先按照图 12-43 所示的网络拓扑图配置各计算机的 IP 地址等参数。

STEP 2 在计算机 win2012-1 上通过"服务器管理器"安装"路由和远程访问服务"角色服务，具体步骤参见 12.3.1 小节。

3．配置并启用 NAT 服务

在计算机"win2012-1"上通过"路由和远程访问"控制台配置并启用 NAT 服务，具体步骤如下。

（1）打开"路由和远程访问服务器安装向导"页面

以管理员账户登录到需要添加 NAT 服务的计算机 win2012-1 上，单击【开始】→【管理工具】→【路由和远程访问】，打开"路由和远程访问"控制台。右键单击服务器 win2012-1，在弹出菜单中选择【禁用路由和远程访问】（清除 VPN 实验的影响）。

（2）选择网络地址转换（NAT）

右键单击服务器 win2012-1，在弹出菜单中选择【配置并启用路由和远程访问】，打开"路由和远程访问服务器安装向导"页面。单击【下一步】按钮，出现"配置"对话框，在该对话框中可以配置 NAT、VPN 以及路由服务，在此选择【网络地址转换（NAT）】单选框，如图 12-44 所示。

（3）选择连接到 Internet 的网络接口

单击【下一步】按钮，出现"NAT Internet 连接"对话框，在该对话框中指定连接到 Internet 的网络接口，即 NAT 服务器连接到外部网络的网卡，选择【使用此公共接口连接到 Internet】

单选框，并选择接口为【Internet 连接】，如图 12-45 所示。

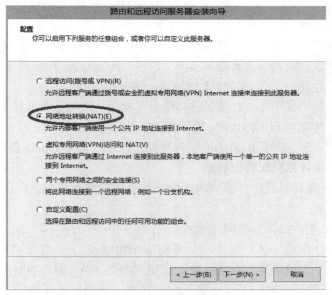

图 12-44 选择【网络地址转换（NAT）】

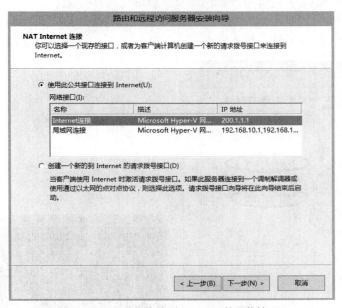

图 12-45 选择连接到 Internet 的网络接口

（4）结束 NAT 配置

单击【下一步】按钮，出现"正在完成路由和远程访问服务器安装向导"对话框，最后单击【完成】按钮即可完成 NAT 服务的配置和启用。

4．停止 NAT 服务

可以使用"路由和远程访问"控制台停止 NAT 服务，具体步骤如下。

STEP 1 以管理员账户登录到 NAT 服务器上，打开"路由和远程访问"控制台，NAT 服务启用后显示绿色向上标识箭头。

STEP 2 右键单击服务器，在弹出菜单中选择【所有任务】→【停止】，停止 NAT 服务。

STEP 3 NAT 服务停止以后，显示红色向下标识箭头，表示 NAT 服务已停止。

5.禁用 NAT 服务

要禁用 NAT 服务，可以使用"路由和远程访问"控制台，具体步骤如下。

STEP 1 以管理员登录到 NAT 服务器上，打开"路由和远程访问"控制台，右键单击服务器，在弹出菜单中选择【禁用路由和远程访问】。

STEP 2 接着弹出"禁用 NAT 服务警告信息"界面。该信息表示禁用路由和远程访问服务后，要重新启用路由器，需要重新配置。

STEP 3 禁用路由和远程访问后的控制台界面，显示红色向下标识箭头。

6.NAT 客户端计算机配置和测试

配置 NAT 客户端计算机，并测试内部网络和外部网络计算机之间的连通性，具体步骤如下。

（1）设置 NAT 客户端计算机网关地址

以管理员账户登录到 NAT 客户端计算机 win2012-2 上，打开"Internet 协议版本 4（TCP/IPv4）"对话框。设置其"默认网关"的 IP 地址为 NAT 服务器的内网网卡（LAN）的 IP 地址，在此输入"192.168.10.1"，如图 12-46 所示。最后单击【确定】按钮即可。

（2）测试内部 NAT 客户端与外部网络计算机的连通性

在 NAT 客户端计算机 win2012-2 上打开命令提示符界面，测试与 Internet 上的 Web 服务器（win2012-3）的连通性，输入命令"ping 200.1.1.3"，如图 12-47 所示，显示能连通。

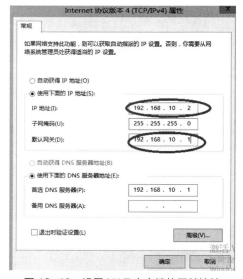

图 12-46 设置 NAT 客户端的网关地址

图 12-47 测试 NAT 客户端计算机与外部计算机的连通性

（3）测试外部网络计算机与 NAT 服务器、内部 NAT 客户端的连通性

以本地管理员账户登录到外部网络计算机（win2012-3）上，打开命令提示符界面，依次使用命令"ping 200.1.1.1""ping 192.168.10.1""ping 192.168.10.2""ping 192.168.10.4"，测试外部计算机 win2012-3 与 NAT 服务器外网卡和内网卡以及内部网络计算机的连通性，如图 12-48 所示，除 NAT 服务器外网卡外均不能连通。

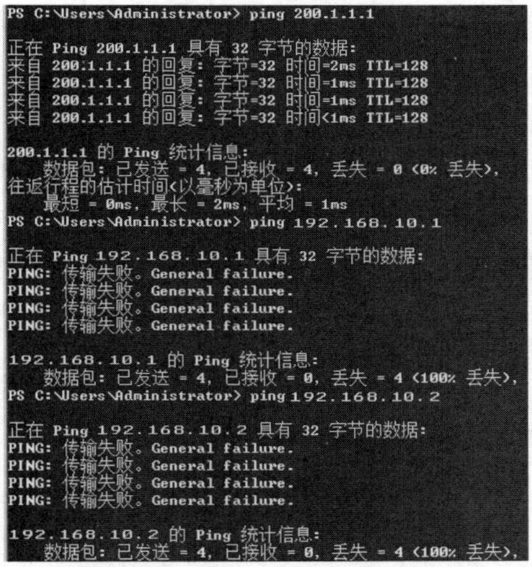

图 12-48 测试外部网络计算机与 NAT 服务器、内部 NAT 客户端的连通性

7．外部网络主机访问内部 Web 服务器

要让外部网络的计算机"win2012-3"能够访问内部 Web 服务器"Server1"，具体步骤如下。

（1）在内部网络计算机"Server1"上安装 Web 服务器

如何在 Server1 上安装 Web 服务器，请参考"项目 11 配置与管理 Web 和 FTP 服务器"。

（2）将内部网络计算机"Server1"配置成 NAT 客户端

以管理员账户登录 NAT 客户端计算机 Server1 上，打开"Internet 协议版本 4（TCP/IPv4）"对话框。设置其"默认网关"的 IP 地址为 NAT 服务器的内网网卡（LAN）的 IP 地址，在此输入"192.168.10.1"。最后单击【确定】按钮即可。

注　意　　使用端口映射等功能时，内部网络计算机一定要配置成 NAT 客户端。

（3）设置端口地址转换

STEP 1 以管理员账户登录到 NAT 服务器上，打开"路由和远程访问"控制台，依次展开服务器"win2012-1"和"IPv4"节点，单击【NAT】，在控制台右侧界面中，右键单击 NAT 服务器的外网网卡"Internet 连接"，在弹出菜单中选择【属性】，如图 12-49 所示，打开"WAN 属性"对话框。

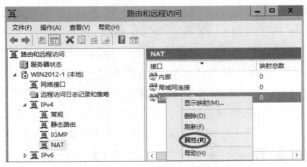

图 12-49 打开 WAN 网卡属性对话框

STEP 2 在打开的"WAN 属性"对话框中，选择图 12-50 所示的【服务和端口】选项卡，在此可以设置将 Internet 用户重定向到内部网络上的服务。

STEP 3 选择"服务"列表中的【Web 服务器（HTTP）】复选框，会打开"编辑服务"对话框，在"专用地址"文本框中输入安装 Web 服务器的内部网络计算机 IP 地址，在此输入"192.168.10.4"，如图 12-51 所示。最后单击【确定】按钮即可。

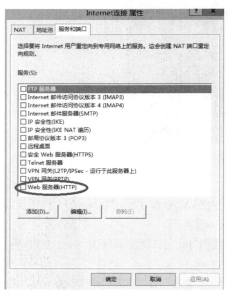

图 12-50　"服务和端口"选项卡

图 12-51　编辑服务

STEP 4 返回"服务和端口"选项卡，可以看到已经选择了【Web 服务器（HTTP）】复选框，然后单击【确定】按钮即可完成端口地址转换的设置。

（4）从外部网络访问内部 Web 服务器

STEP 1 以管理员账户登录到外部网络的计算机 win2012-3 上。

STEP 2 打开 IE 浏览器，输入 http://200.1.1.1，会打开内部计算机 Server1 上的 Web 网站。请读者试一试。

注　意

"200.1.1.1"是 NAT 服务器外部网卡的 IP 地址。

（5）在 NAT 服务器上查看地址转换信息

STEP 1 以管理员账户登录到 NAT 服务器 win2012-1 上，打开"路由和远程访问"控制台，依次展开服务器"win2012-1"和"IPv4"节点，单击【NAT】，在控制台右侧界面中显示 NAT 服务器正在使用的连接内部网络的网络接口。

STEP 2 右键单击【Internet 连接】，在弹出菜单中选择【显示映射】，打开图 12-52 所示的"win2012-1-网络地址转换会话映射表格"对话框。该信息表示外部网络计算机"200.1.1.3"访问到内部网络计算机"192.168.10.4"的 Web 服务，NAT 服务器将 NAT 服务器外网卡 IP 地址"200.1.1.1"转换成了内部网络计算机 IP 地址"192.168.10.4"。

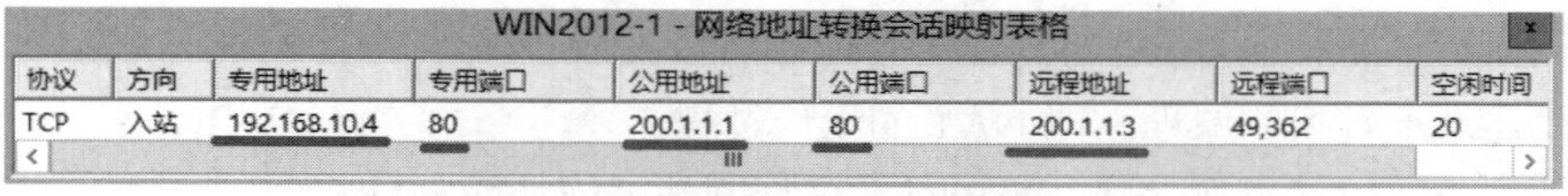

			WIN2012-1 - 网络地址转换会话映射表格						x
协议	方向	专用地址	专用端口	公用地址	公用端口	远程地址	远程端口	空闲时间	
TCP	入站	192.168.10.4	80	200.1.1.1	80	200.1.1.3	49,362	20	

图 12-52　网络地址转换会话映射表格

8．配置筛选器

数据包筛选器用于 IP 数据包的过滤。数据包筛选器分为入站筛选器和出站筛选器，分别对应接收到的数据包和发出去的数据包。对于某一个接口而言，入站数据包指的是从此接口接收到的数据包，而不论此数据包的源 IP 地址和目的 IP 地址；出站数据包指的是从此接口发出的数据包，而不论此数据包的源 IP 地址和目的 IP 地址。

可以在入站筛选器和出站筛选器中定义 NAT 服务器只是允许筛选器中所定义的 IP 数据包或者允许除了筛选器中定义的 IP 数据包外的所有数据包，对于没有被允许的数据包，NAT 服务器默认将会丢弃。

9．设置 NAT 客户端

前面我们已经实践过设置 NAT 客户端了，在这总结一下。局域网 NAT 客户端只要修改 TCP/IP 的设置即可。可以选择以下 2 种设置方式。

（1）自动获得 TCP/IP

此时客户端会自动向 NAT 服务器或 DHCP 服务器来索取 IP 地址、默认网关、DNS 服务器的 IP 地址等设置。

（2）手工设置 TCP/IP

手工设置 IP 地址要求客户端的 IP 地址必须与 NAT 局域网接口的 IP 地址在相同的网段内，也就是 Network ID 必须相同。默认网关必须设置为 NAT 局域网接口的 IP 地址，本例中为 192.168.10.1。首选 DNS 服务器可以设置为 NAT 局域网接口的 IP 地址，或是任何一台合法的 DNS 服务器的 IP 地址。

完成后，客户端的用户只要上网、收发电子邮件、连接 FTP 服务器等，NAT 就会自动通过 PPPoE 请求拨号来连接 Internet。

10．配置 DHCP 分配器与 DNS 代理

NAT 服务器另外还具备以下 2 个功能。

● DHCP 分配器（DHCP Allocator）：用来分配 IP 地址给内部的局域网客户端计算机。

● DNS 代理（DNS proxy）：可以替局域网内的计算机来查询 IP 地址。

12.4　习题

一、填空题

1. VPN 是_____的简称，中文是_____；NAT 是_____的简称，中文是_____。

2. 一般来说，VPN 使用在以下 2 种场合：_____、_____。

3. VPN 使用的 2 种隧道协议是_____和_____。

4. 在 Windows Server 的命令提示符下，可以使用_____命令查看本机的路由表信息。

二、简答题

1. 什么是专用地址和公用地址？

2. 网络地址转换 NAT 的功能是什么？

3. 简述地址转换的原理，即 NAT 的工作过程。

4. 下列不同技术有何异同？（可参考课程网站上的补充资料。）

（1）NAT 与路由；（2）NAT 与代理服务器；（3）NAT 与 Internet 共享。

实训项目　配置与管理 VPN 和 NAT 服务器

一、项目目的

● 掌握使局域网内部的计算机连接到 Internet 的方法。

● 掌握使用 NAT 实现网络互联的方法。

● 掌握远程访问服务的实现方法。

● 掌握 VPN 的实现方法。

二、项目环境

本项目根据图 12-1 所示的环境来部署 VPN 服务器；根据如图 12-43 所示的环境来部署 NAT 服务器。

三、项目要求

（1）根据网络拓扑图 12-1，完成以下任务。

① 部署架设 VPN 服务器的需求和环境。

② 为 VPN 服务器添加第 2 块网卡。

③ 安装"路由和远程访问服务"角色。

④ 配置并启用 VPN 服务。

⑤ 停止和启动 VPN 服务。

⑥ 配置域用户账户允许 VPN 连接。

⑦ 在 VPN 端建立并测试 VPN 连接。

⑧ 验证 VPN 连接。

⑨ 通过网络策略控制访问 VPN。

（2）根据网络拓扑图 12-43，完成以下任务。

① 部署架设 NAT 服务器的需求和环境。

② 安装"路由和远程访问服务"角色服务。

③ 配置并启用 NAT 服务。

④ 停止 NAT 服务。

⑤ 禁用 NAT 服务。

⑥ 配置和测试 NAT 客户端计算机。

⑦ 外部网络主机访问内部 Web 服务器。

⑧ 配置筛选器。

⑨ 设置 NAT 客户端。

⑩ 配置 DHCP 分配器与 DNS 代理。

四、做一做

根据实训项目录像进行项目的实训，检查学习效果。

PART 13

项目 13
Windows Server 2012
安全管理

项目背景

作为网络管理员，必须熟悉网络安全保护的各种策略环节以及可以采取的安全措施。这样才能合理地进行安全管理，使得网络和计算机处于安全保护的状态。

项目目标

- 掌握设置本地安全策略的方法
- 学会使用安全模板
- 学会使用安全配置和分析
- 学会使用组策略管理域和计算机

13.1 任务 1 配置本地安全策略

在 Windows Server 2012 中，允许管理员对本地安全进行设置，从而达到提高系统安全性的目的。Windows Server 2012 对登录本地计算机的用户都定义了一些安全设置。所谓本地计算机是指用户登录执行 Windows Server 2012 的计算机，在没有活动目录集中管理的情况下，本地管理员必须为计算机进行本地安全设置，例如，限制用户如何设置密码、通过账户策略设置账户安全性、通过锁定账户策略避免他人登录计算机、指派用户权限等。将这些安全设置分组管理，就组成了 Windows Server 2012 的本地安全策略。

系统管理员可以通过本地安全原则，确保执行的 Windows Server 2012 计算机的安全。例如，通过判断账户的密码长度和复杂性是否符合要求，系统管理员可以设置允许哪些用户登录本地计算机，以及从网络访问这台计算机的资源，进而控制用户对本地计算机资源和共享资源的访问。

Windows Server 2012 在"管理工具"对话框中提供了"本地安全策略"控制台，可以集中管理本地计算机的安全设置原则。使用管理员账户登录本地计算机，即可打开"本地安全策略"窗口，如图 13-1 所示。

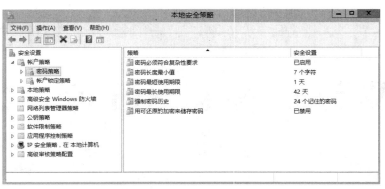

图 13-1 "本地安全策略"窗口

提 示　本书的 13.1 节 ~ 13.3 节的所有实例均部署在 win2012-3 独立服务器上。

13.1.1 子任务 1　配置账户策略

用户密码是保证计算机安全的第一道屏障,是计算机安全的基础。如果用户账户,特别是管理员账户没有设置密码,或者设置的密码非常简单,那么计算机将很容易被非授权用户登录,进而访问计算机资源或更改系统配置。目前互联网上的攻击很多都是因为密码设置过于简单或根本没设置密码造成的,因此应该设置合适的密码和密码原则,从而保证系统的安全。

Windows Server 2012 的密码原则主要包括以下 4 项:密码必须符合复杂性要求、密码长度最小值、密码使用期限和强制密码历史等。

1. 启用"密码复杂性要求"

对于工作组环境的 Windows 系统,默认密码没有设置复杂性要求,用户可以使用空密码或简单密码,如"123""abc"等,这样黑客很容易通过一些扫描工具得到系统管理员的密码。对于域环境的 Windows Server 2012,默认即启用密码复杂性要求。要使本地计算机启用密码复杂性要求,只要在"本地安全策略"对话框中选择"账户策略"下的【密码策略】选项,双击右窗格中的【密码必须符合复杂性要求】图标,打开其属性对话框,选择【已启用】单选项即可,如图 13-2 所示。

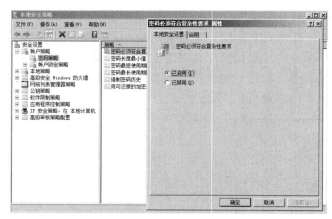

图 13-2　启用密码复杂性要求

启用密码复杂性要求后，所有用户设置的密码必须包含字母、数字和标点符号等才能符合要求。例如，密码"ab%&3D80"符合要求，而密码"asdfgh"不符合要求。

2．设置"密码长度最小值"

默认密码长度最小值为 0 个字符。在设置密码复杂性要求之前，系统允许用户不设置密码。但为了系统的安全，最好设置最小密码长度为 6 或更长的字符。在"本地安全策略"对话框中，选择"账户策略"下的【密码策略】选项，双击右边的【密码长度最小值】，在打开的对话框中输入密码最小长度即可。

3．设置"密码使用期限"

默认的密码最长有效期为 42 天，用户账户的密码必须在 42 天之后修改，也就是说，密码会在 42 天之后过期。默认的密码最短有效期为 0 天，即用户账户的密码可以立即修改。与前面类似，可以修改默认密码的最长有效期和最短有效期。

4．设置"强制密码历史"

默认强制密码历史为 0 个。如果将强制密码历史改为 3 个，则系统会记住最后 3 个用户设置过的密码。当用户修改密码时，如果为最后 3 个密码之一，系统将拒绝用户的要求，这样可以防止用户重复使用相同的字符来组成密码。与前面类似，可以修改强制密码历史设置。

13.1.2　子任务 2　配置"账户锁定策略"

Windows Server 2012 在默认情况下，没有对账户锁定进行设置。此时，对黑客的攻击没有任何限制，黑客可以通过自动登录工具和密码猜解字典进行攻击，甚至可以进行暴力模式的攻击。因此，为了保证系统的安全，最好设置账户锁定策略。账户锁定原则包括：账户锁定阈值、账户锁定时间和重设账户锁定计算机的时间间隔。

账户锁定阈值默认为"0 次无效登录"，用户可以设置为 5 次或更多次数以确保系统安全，如图 13-3 所示。

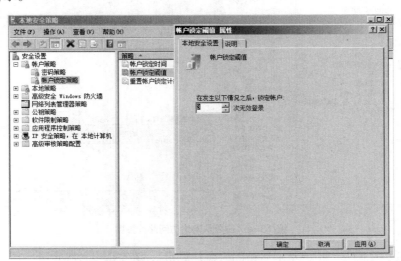

图 13-3　账户锁定阈值设置

如果账户锁定阈值设置为 0 次，则不可以设置账户锁定时间。在修改账户锁定阈值后，如果将账户锁定时间设置为 30 分钟，那么当账户被系统锁定 30 分钟之后会自动解锁。这个值的设置可以延迟账户继续尝试登录系统。如果账户锁定时间设定为 0 分钟，则表示账户将被自动锁定，直到系统管理员解除锁定。

复位账户锁定计数器设置在登录尝试失败计数器被复位为 0（0 次失败登录尝试）之前，尝试登录失败之后所需的分钟数。有效范围为 1 分钟～99 999 分钟。如果定义了账户锁定阈值，则该复位时间必须小于或等于账户锁定时间。

13.1.3 子任务 3 配置"本地策略"

1. 配置"用户权限分配"

Windows Server 2012 将计算机管理各项任务设置为默认的权限，例如，从本地登录系统、更改系统时间、从网络连接到该计算机、关闭系统等。系统管理员在新增用户账户和组账户后，如果需要指派这些账户管理计算机的某项任务，可以将这些账户加入内置组，但这种方式不够灵活。系统管理员可以单独为用户或组指派权限，这种方式提供了更好的灵活性。

用户权限的分配在"本地安全策略"对话框的"本地策略"下设置。下面举例来说明如何配置用户权限。

（1）设置"从网络访问此计算机"

从网络访问这台计算机是指允许哪些用户及组通过网络连接到该计算机，默认为 Administrators、BackupOperators、Power Users 和 Everyone 组，如图 13-4 所示。由于允许 Everyone 组通过网络连接到此计算机，所以网络中的所有用户默认都可以访问这台计算机。从安全角度考虑，建议将 Everyone 组删除，这样当网络用户连接到这台计算机时，就需要输入用户名和密码，而不是直接连接访问。

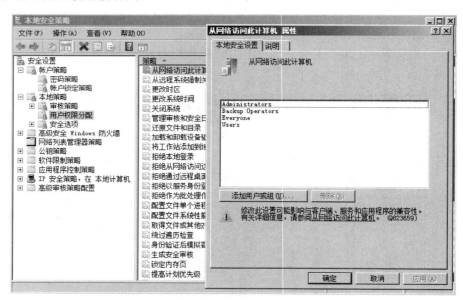

图 13-4 设置从网络访问此计算机

与该设置相反的是"拒绝从网络访问这台计算机"，该安全设置决定哪些用户被明确禁止通过网络访问计算机。如果某用户账户同时符合此项设置和"从网络访问此计算机"，那么禁止访问优先于允许访问。

（2）设置"允许本地登录"

在本地登录是指允许哪些用户可以交互式地登录此计算机，默认为 Administrators、

BackupOperators、Power Users，如图 13-5 所示。另一个安全设置是"拒绝本地登录"，默认用户或组为空。同样，如果某用户既属于"在本地登录"，又属于"拒绝本地登录"，那么该用户将无法在本地登录计算机。

（3）设置"关闭系统"

关闭系统是指允许哪些本地登录计算机的用户可以关闭操作系统。默认能够关闭系统的是 Administrators、BackupOperators 和 Power Users。

注　意　　如果在以上各种属性中单击【说明】选项卡，计算机会显示帮助信息。图 13-6 所示为"关闭系统属性"对话框中的"说明"选项卡。

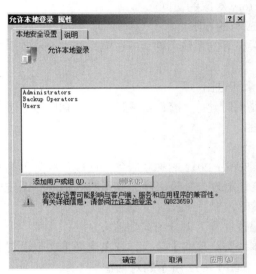

图 13-5　允许本地登录

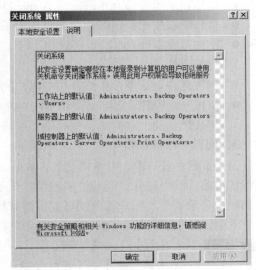

图 13-6　"说明"选项卡

默认 Users 组用户可以从本地登录计算机，但是不在"关闭系统"成员列表中，所以 Users 组用户能从本地登录计算机，但是登录后无法关闭计算机。这样可避免普通权限用户误操作导致关闭计算机而影响关键业务系统的正常运行。例如，属于 Users 组的用户 user1 本地登录到系统，当用户执行【开始】→【关机】命令时，只能使用"注销"功能，而不能使用"关机"和"重新启动"等功能，也不可以执行 shutdown.exe 命令关闭计算机。

在"用户权限分配"树中，管理员还可以设置其他各种权限的分配。需要指出的是，这里讲的用户权限是指登录到系统的用户有权在系统上完成某些操作。如果用户没有相应的权限，则执行这些操作的尝试是被禁止的。权限适用于整个系统，它不同于针对对象（如文件、文件夹等）的权限，后者只适用于具体的对象。

2．认识审核

审核提供了一种在 Windows Server 2012 中跟踪所有事件从而监视系统访问的方法。它是保证系统安全的一个重要工具。审核允许跟踪特定的事件，具体来说，审核允许跟踪特定事件的成败。例如，可以通过审核登录来跟踪谁登录成功以及谁（以及何时）登录失败；还可以审核对给定文件夹或文件对象的访问，跟踪是谁在使用这些文件夹和文件以及对它们进行了什么操作。这些事件都可以记录在安全日志中。

虽然可以审核每一个事件，但这样做并不实际，因为如果设置或使用不当，它会使服务器超载。不提倡打开所有的审核，也不建议完全关闭审核，而是要有选择地审核关键的用户、关键的文件、关键的事件和服务。

Windows Server 2012 允许设置的审核策略包括以下几项。

- 审核策略更改：跟踪用户权限或审核策略的改变。
- 审核登录事件：跟踪用户登录、注销任务或本地系统账户的远程登录服务。
- 审核对象访问：跟踪对象何时被访问以及访问的类型。例如，跟踪对文件夹、文件、打印机等的使用。利用对象的属性（如文件夹或文件的"安全"选项卡）可配置对指定事件的审核。
- 审核过程跟踪：跟踪诸如程序启动、复制、进程退出等事件。
- 审核目录服务访问：跟踪对 Active Directory 对象的访问。
- 审核特权使用：跟踪用户何时使用了不应有的权限。
- 审核系统事件：跟踪重新启动、启动或关机等的系统事件，或影响系统安全或安全日志的事件。
- 审核账户登录事件：跟踪用户账户的登录和退出。
- 审核账户管理：跟踪某个用户账户或组是何时建立、修改和删除的，是何时改名、启用或禁止的，其密码是何时设置或修改的。

3．配置"审核策略"

为了节省系统资源，默认情况下，Windows Server 2012 的独立服务器或成员服务器的本地审核策略并没有打开；而域控制器则打开了策略更改、登录事件、目录服务访问、系统事件、账户登录事件和账户管理的域控制器审核策略。

下面以独立服务器 win2012-3 审核策略的配置过程为例介绍其配置方法。

STEP 1 执行【开始】→【管理工具】→【本地安全策略】命令，依次选择【安全设置】→【本地策略】→【审核策略】，打开图 13-17 所示的对话框。

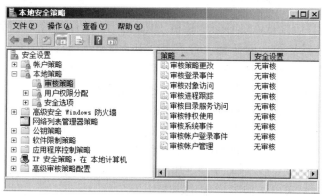

图 13-7　本地安全策略——审核

STEP 2 在该对话框的右窗格中双击某个策略，可以显示出其设置。例如，双击【审核登录事件】，将打开"审核登录事件属性"对话框。可以审核成功登录事件，也可以审核失败的登录事件，以便跟踪非授权使用系统的企图。

STEP 3 选择【成功】复选框或【失败】复选框或两者都选，然后单击【确定】按钮，完成配置。这样每次用户的登录或注销事件都能在事件查看器的"安全性"中看到审核的记录。

如果要审核对给定文件夹或文件对象的访问，可通过如下方法设置。

● 打开"Windows 资源管理器"对话框，右键单击文件夹（如"C:\Windows"文件夹）或文件，在弹出的快捷菜单中选择【属性】选项，打开其属性对话框。

● 选择【安全】选项卡，如图 13-8 所示，然后单击【高级】按钮，打开"高级安全设置"对话框。

● 选择【审核】选项卡，显示审核属性，如图 13-9 所示，然后单击【添加】按钮。

图 13-8 Windows 文件夹"安全"选项卡

图 13-9 高级安全设置的"审核"选项卡

STEP 4 在"Windows 审核项目"界面中单击【选择主体】按钮，在弹出的对话框中，选择所要审核的用户、计算机或组，输入要选择的对象名称，如"Administrators"，如图 13-10 所示，单击【确定】按钮。

图 13-10 选择用户、计算机或组

STEP 5 系统打开"审核项目"对话框，"访问"选项区域中列出了被选中对象的可审核的事件，包括"完全控制""读取属性""写入属性""删除"等 14 项事件，如图 13-11 所示。（也可单击【显示基本权限】更改权限范围。）

图 13-11　Windows 文件夹的审核项目

STEP 6 定义完对象的审核策略后，单击【确定】按钮，关闭对象的属性对话框，审核立即开始生效。

提　示　　在"本地安全策略"中还可以设置"安全选项"，包括"设置关机选项""设置交互登录""设置账户状态"等内容，请读者做一做。

4．查看安全记录

审核策略配置好后，相应的审核记录都将记录在安全日志文件中，日志文件名为 SecEvent.Evt，位于%Systemroot%\System32\config 目录下。用户可以设置安全日志文件的大小，方法是打开"事件查看器"对话框，在左窗格中右键单击【安全性】图标，在弹出的快捷菜单中选择【属性】选项，打开"安全性属性"对话框，在"日志大小"选项区域中进行调整。

在事件查看器中可以查看到很多事件日志，包括应用程序日志、安全日志、Setup 日志、系统日志、转发事件日志等。通过查看这些事件日志，管理员可以了解系统和网络的情况，也能跟踪安全事件。当系统出现故障问题时，管理员可以通过日志记录进行查错或恢复系统。

安全事件用于记录关于审核的结果。打开计算机的审核功能后，计算机或用户的行为会触发系统安全记录事件。例如，管理员删除域中的用户账户，会触发系统写入目录服务访问策略事件记录；修改一个文件内容，会触发系统写入对象访问策略事件记录。

只要做了审核策略，被审核的事件都会被记录到安全记录中，可以通过事件查看器查到每一条安全记录。

执行【开始】→【程序】→【管理工具】→【事件查看器】命令，或者在命令行对话框中输入"eventvwr. msc"，打开"事件查看器"对话框，即可查看安全记录，如图 13-12 所示。

安全记录的内容包括以下几项。

- 类型：包括审核成功或失败。
- 日期：事件发生的日期。
- 时间：事件发生的时间。
- 来源：事件种类，安全事件为 Security。
- 分类：审核策略，例如登录/注销、目录服务访问、账户登录等。
- 事件：指定事件标识符，标明事件 ID，为整数值。
- 用户：触发事件的用户名称。
- 计算机：指定事件发生的计算机名称，一般是本地计算机名称。

图 13-12　事件查看器

事件 ID 可以用来识别登录事件，系统使用的多为默认的事件 ID，一般值都小于 1024 B。常见的事件 ID 如表 13-1 所示。

表 13-1　常用的事件 ID 及描述

事件 ID	ID 描述
528	用户已成功登录计算机
529	登录失败。尝试以不明的用户名称，或已知用户名称与错误密码登录
530	登录失败。尝试在允许的时间之外登录
531	登录失败。尝试使用已禁用的账户登录
532	登录失败。尝试使用过期的账户登录
533	登录失败。不允许登录此计算机的用户尝试登录
534	登录失败。尝试以不允许的类型登录
535	登录失败。特定账户的密码已经过期
536	登录失败。NetLogon 服务不在使用中
537	登录失败。登录尝试因为其他原因而失败
538	用户的注销程序已完成
539	登录失败。尝试登录时账户已锁定
540	用户已成功登录网络
542	数据信道已终止
543	主要模式已终止
544	主要模式验证失败。因为对方并未提供有效的验证，或签章未经确认
545	主要模式验证失败。因为 Kerberos 失败或密码无效
548	登录失败。来自受信任域的安全标识符（SID）与客户端的账户域 SID 不符合
549	登录失败。所有对应到不受信任的 SID 都会在跨树系的验证时被筛选掉

事件 ID	ID 描述
550	通知信息，指出可能遭拒绝服务的攻击事件
551	用户已启动注销程序
552	用户在认证成功登录计算机的同时，又使用不同的用户身份登录
682	用户重新连接到中断连接的终端服务器会话
683	用户没有注销，但中断与终端服务器会话的连接

13.2　任务 2　使用安全模板

安全模板是一种可以定义安全策略的文件表示方式，它能够配置账户策略、本地策略、事件日志、受限制的组、文件系统、注册表以及系统服务等项目的安全设置。安全模板都是以.inf 格式的文本文件存在的，用户可以方便地复制、粘贴、导入或导出安全模板。此外，安全模板并不引入新的安全参数，而只是将所有现有的安全属性组织到一个位置，以简化安全性管理，并且提供了一种快速批量修改安全选项的方法。

13.2.1　子任务 1　添加"安全配置"管理单元

在微软管理控制台（MMC）中添加"安全配置"管理单元，具体步骤如下。

STEP 1 在 MMC 中，单击菜单栏中的【文件】→【添加／删除管理单元】，将打开"添加或删除管理单元"对话框。

STEP 2 选择"可用的管理单元"列表中的【安全模板】，然后单击【添加】按钮，将其添加到"所选管理单元"列表中，如图 13-13 所示。最后单击【确定】按钮即可。

图 13-13　添加"安全模板"管理单元

STEP 3 返回图 13-14 所示的控制台界面，可以看到控制台中已经添加了"安全模板"管理单元。

图 13-14　具有"安全模板"管理单元的控制台

13.2.2　子任务 2　创建和保存安全模板

在具有"安全模板"管理单元的控制台中创建安全模板"anquan",并将其保存,具体步骤如下。

1．创建安全模板

图 13-15　创建安全模板

STEP 1 在控制台中展开"安全模板"节点,右键单击准备创建安全模板的模板路径"C:\Users\Administrator\Documents\Security\Templates",在弹出的快捷菜单中选择【新加模板】,打开图 13-15 所示的对话框,输入模板的名称和描述,最后单击【确定】按钮即可完成安全模板的创建。

STEP 2 返回图 13-16 所示的控制台,可以看到已经存在安全模板"anquan"。

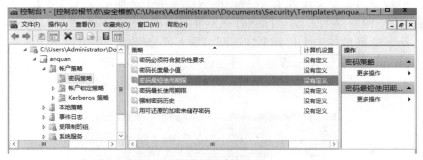

图 13-16　创建安全模板后的效果

STEP 3 修改"密码最短使用期限"为"30 天",修改"密码最长使用期限"为"100 天"。

2．保存包含安全模板的控制台

在关闭具有"安全模板"管理单元的控制台时,将出现图 13-17 所示的"保存安全模板"对话框,选择相应的安全模板,然后单击【是】按钮即可保存该安全模板。

13.2.3　子任务 3　导出安全模板

将当前计算机所使用的安全模板导出来,并设置名称为"daochu",具体步骤如下。

图 13-17　保存安全模板

STEP 1 单击【开始】→【管理工具】→【本地安全策略】，打开"本地安全策略"控制台，右键单击【安全设置】，在弹出的快捷菜单中选择【导出策略】，如图 13-18 所示。

STEP 2 打开"将策略导出到"对话框，指定安全模板将要导出的路径和文件名，如图 13-19 所示，最后单击【保存】按钮即可导出计算机当前安全模板。

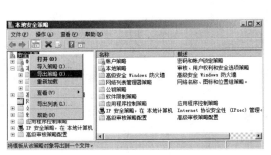

图 13-18　"本地安全策略"控制台

图 13-19　导出安全模板

13.2.4　子任务 4　导入安全模板

将安全模板"anquan"导入当前计算机并使用，具体步骤如下。

STEP 1 单击【开始】→【管理工具】→【本地安全策略】，打开"本地安全策略"控制台，右键单击【安全设置】，在弹出的快捷菜单中选择【导入策略】。

STEP 2 打开"策略导入来源"对话框，指定要导入的安全模板路径和文件名，如图 13-20 所示。最后单击【打开】按钮即可导入安全模板。本例中将子任务 2 中创建的"anquan.inf"安全模板导入，路径是"C:\Users\Administrator\Documents\Security\Templates"。

图 13-20　导入安全模板

13.3　任务 3　使用安全配置和分析

　　"安全配置和分析"是分析和配置本地系统安全性的一个工具。该功能可以将一个安全模板的效果或一定数量安全模板的效果和本地计算机上当前定义的安全设置进行比较。

　　"安全配置和分析"允许管理员进行快速安全分析。在安全分析过程中，在当前系统设置旁边显示建议，用图标和注释突出显示当前设置与建议的安全级别不匹配的区域。"安全配置和分析"也提供了解决分析任何显示矛盾的功能。

　　还可以使用"安全配置和分析"功能配置本地系统安全，可以导入由具有"安全模板"管理单元控制台创建的安全模板，并将这些模板应用于本地计算机或 GPO 中，这将立即使用模板中指定的级别配置系统安全。

13.3.1　子任务 1　添加"安全配置和分析"管理单元

　　在微软管理控制台（MMC）中添加"安全配置和分析"管理单元，具体步骤如下。

STEP 1　在 MMC 中，单击菜单栏中的【文件】→【添加/删除管理单元】，打开"添加或删除管理单元"对话框。选择"可用的管理单元"列表中的【安全配置和分析】，然后单击【添加】按钮，将其添加到"所选管理单元"列表中，如图 13-21 所示。最后单击【确定】按钮即可。

STEP 2　返回控制台界面，可以看到在控制台中已经添加了"安全配置和分析"管理单元。

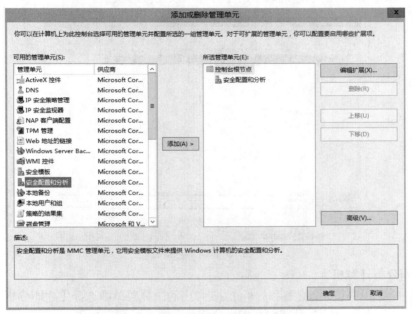

图 13-21　添加"安全配置和分析"管理单元

13.3.2　子任务 2　执行安全分析和配置计算机

　　在当前计算机 win2012-2 中，使用安全模板"anquan"执行安全分析和配置，具体步骤如下。

1．打开数据库

STEP 1　在具有"安全配置和分析"管理单元的控制台中，右键单击【安全配置和分析】，在弹出的快捷菜单中选择【打开数据库】，打开"打开数据库"对话框。在默认路径 "C:\Users\ Administrator\Documents\Security\Database" 下创建新的数据库 "anquanfenxi"，如图 13-22 所示。

图 13-22　打开数据库

STEP 2　单击【打开】按钮，出现"导入模板"对话框，在此选择安全模板文件"anquan"，如图 13-23 所示。最后单击【打开】按钮导入模板。

图 13-23　导入模板

2．立即分析计算机

STEP 1　右键单击【安全配置和分析】，在弹出的快捷菜单中选择【立即分析计算机】，打开"进行分析"对话框，指定错误日志文件的保存位置，如图 13-24 所示。

STEP 2　单击【确定】按钮，开始分析计算机系统的安全机制，如图 13-25 所示。其主要分析内容为用户权限分配、受限制的组、注册表、文件系统、系统服务以及安全策略。

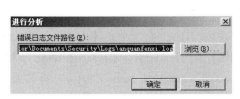

图 13-24　进行分析

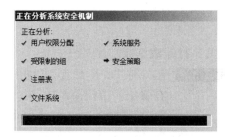

图 13-25　分析系统安全机制

3．查看安全分析结果

分析完毕返回控制台，展开"安全配置和分析"节点，浏览控制台树中的安全设置，比较详细窗格中的"数据库设置"栏和"计算机设置"栏的差异，如图 13-26 所示。

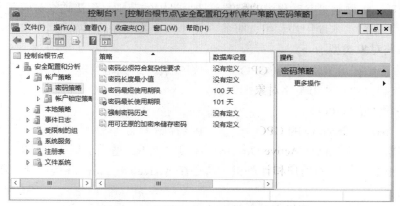

图 13-26　分析计算机后的效果

4．立即配置计算机

STEP 1 右键单击【安全配置和分析】，在弹出的
快捷菜单中选择【立即配置计算机】，打
开"配置系统"对话框，指定错误日志文
件的保存位置，如图 13-27 所示。

STEP 2 单击【确定】按钮，开始按数据库设置配
置计算机系统安全，其主要配置内容为用
户权限配置、受限制的组、注册表、文件系统、系统服务以及安全策略。

图 13-27　配置系统

13.4　任务 4　管理组策略

使用组策略可以集中管理公司网络中的用户和计算机，提高管理网络的效率。

13.4.1　子任务 1　认识组策略

1．组策略的概念

组策略设置定义了系统管理员需要管理的用户桌面环境的各种组件，如用户可用的程序、用户桌面上出现的程序以及"开始"菜单选项。指定的组策略设置包含在组策略对象中，而组策略对象又与选定的 Active Directory 对象（站点、域或组织单位）相关联。

组策略不仅应用于用户和客户端计算机，还应用于成员服务器、域控制器以及管理范围内的任何其他计算机。默认情况下，应用于域的组策略会影响域中的所有计算机和用户。

组策略包括影响用户的"用户配置"策略设置和影响计算机的"计算机配置"策略设置。使用组策略可以执行以下相关任务。

- 通过"管理模板"管理基于注册表的策略。
- 指派脚本，包括计算机的启动、关闭、登录和注销等脚本。
- 重定向文件夹。可以将文件夹（如 Documents 和 Pictures）从本地计算机上的"C:\Users"文件
  夹中重定向到网络位置上。

- 管理应用程序。使用组策略，可以通过"组策略软件安装"指派、发布、更新或修复应用程序。
- 指定安全选项。
- 首选项。扩展组策略对象中的配置首选项设置的范围。组策略允许管理驱动器映射、注册表设置、本地用户和组、服务、文件和文件夹，而不需要学习脚本语言。

2．组策略对象类型

策略设置存储在组策略对象（GPO）中。在安装"组策略管理"控制台后，通常从"组策略管理"控制台中打开组策略对象编辑器。

共有 2 种类型的 GPO。

① 基于 Active Directory 的 GPO。这些 GPO 存储在某个域中，并且复制到该域的所有域控制器上。它们仅在 Active Directory 环境中可用，适用于组策略对象所链接的站点、域或组织单位中的用户和计算机。这是在 Active Directory 环境中使用组策略的主要机制。

② 本地 GPO。每台计算机上只存储一个本地 GPO。本地 GPO 是 Active Directory 环境中影响力最小的 GPO，本地 GPO 包含的设置仅为基于 Active Directory 的 GPO 的设置的一个子集。

3．基于 Active Directory 的 GPO

可将基于 Active Directory 的 GPO 链接到域、站点或组织单位，以应用其设置。一个 GPO 可以链接到多个站点、域或组织单位。

一个站点、域或部门可以链接多个 GPO。在这种情况下，在发生冲突时可使用规则来确定哪个设置优先。对于多个 GPO 链接到特定站点、域或部门的情况，可以指定优先顺序，并由此指定应用这些 GPO 的优先级。默认情况下，使用最后应用的配置设置。将按以下顺序应用设置：本地、站点、域和组织单位。

4．用户配置和计算机配置

GPO 设置可分为"用户配置"和"计算机配置"。前者保存在用户登录时应用于用户的设置，后者保存在计算机启动（引导）时应用于计算机的设置。大多数设置只出现在一个部分中，但有些设置在两个部分中都有。如果设置出现在两个部分中，并且它们不一致，则使用计算机设置。

无法删除特殊组策略对象的"默认域策略"和"默认域控制器策略"。这种限制的目的在于防止误删这些组策略对象，它们包含该域的重要和必要的设置。

5．默认组策略对象

运行 Windows Server 2012 系统的每台计算机上都只有一个本地存储的组策略对象。这个本地组策略对象包含在非本地组策略对象中可用设置的一个子集。

默认情况下，安装 Active Directory 域服务时，会创建 2 个非本地组策略对象。

- "Default Domain Policy"与域链接，它通过策略继承影响域中的所有用户和计算机（包括作为域控制器的计算机）。
- "Default Domain Controllers Policy"与"Domain Controllers"组织单位链接，它通常只影响域控制器，因为域控制器的计算机账户单独保存在"Domain Controllers"组织单位中。

6．组策略处理和优先级

应用于某个用户（或计算机）的 GPO 并非全部具有相同的优先级，以后应用的设置可以覆盖以前应用的设置。

组策略设置是按下列顺序进行处理的。

- 本地组策略对象：每台计算机都只有一个在本地存储的组策略对象。对于计算机或用户策略处理，都会处理该内容。
- 站点：接下来要处理任何已经链接到计算机所属站点的 GPO。处理的顺序是由管理员在"组策略管理"控制台中该站点的"链接的组策略对象"选项卡内指定的。"链接顺序"最低的 GPO 最后处理，因此具有最高的优先级。
- 域：多个域链接 GPO 的处理顺序是由管理员在 GPMC 中该域的"链接的组策略对象"选项卡内指定的。"链接顺序"最低的 GPO 最后处理，因此具有最高的优先级。
- 组织单位：链接到 Active Directory 层次结构中最高层组织单位的 GPO 最先处理，然后是链接到其子组织单位的 GPO，依此类推。最后处理的是链接到包含该用户或计算机的组织单位的 GPO。

在 Active Directory 层次结构的每一级组织单位中，可以链接一个、多个或不链接 GPO。如果一个组织单位链接了几个 GPO，它们的处理顺序则由管理员在 GPMC 中该组织单位的"链接的组策略对象"选项卡内指定。"链接顺序"最低的 GPO 最后处理，因此具有最高的优先级。

该顺序意味着首先会处理本地 GPO，最后处理链接到计算机或用户直接所属的组织单位的 GPO，它会覆盖以前 GPO 中与之冲突的设置（如果不存在冲突，则只是将以前的设置和以后的设置进行结合）。

13.4.2　子任务 2　查看组策略容器和模板

GPO 的策略设置信息实际上存储在组策略容器和组策略模板中。组策略容器是一个 Active Directory 容器，它存储了 GPO 属性，包括有关版本、GPO 状态和在 GPO 中具有设置的组件列表的信息。组策略容器是一个目录服务对象，它包括计算机和用户组策略信息的子容器。

组策略容器包含以下相关数据。

- 版本信息：用于检验信息与组策略模板信息是否同步。
- 状态信息：表示是否对该站点、域或组织单位启用或禁用组策略对象。
- 组件列表：指定组策略的哪些扩展在组策略对象中有相应的设置。

组策略模板是文件系统内部的一种文件夹结构，它存储了基于管理模板的策略、安全设置、脚本文件以及与可用于"组策略软件安装"的应用程序有关的信息。

使用"Active Directory 用户和计算机"控制台查看组策略容器，使用"计算机"管理器查看组策略模板，具体步骤如下。

1．查看组策略容器

以域管理员账户登录域控制器 win2012-1，在"Active Directory 用户和计算机"控制台中，单击菜单栏中的【查看】→【高级功能】，打开高级查看功能。然后依次展开域"long.com""System"以及"Policies"节点，如图 13-28 所示，可以在控制台右侧界面中看到默认存在的 2 个组策略容器的信息。

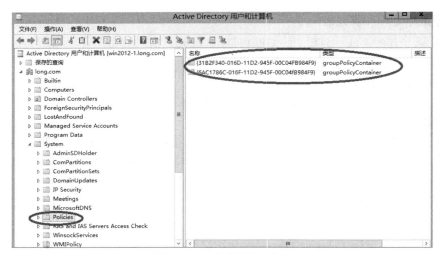

图 13-28　查看组策略容器

2．查看组策略模板

在 Windows 资源管理器中，输入地址为 "C:\Windows\SYSVOL\sysvol\long.com\Policies"，如图 13-29 所示，在该文件夹下可以看到默认存在的 2 个组策略模板。

图 13-29　查看组策略模板

13.4.3　子任务 3　使用组策略对象

组策略管理控制台（GPMC）是一种可编脚本的 MMC 管理单元，为在企业中管理组策略提供单一的管理工具。GPMC 是用于管理组策略的标准工具。

本节实例需要在 "Active Directory 用户和计算机" 控制台中创建组织单位 "sales"，并且在该组织单位中存在域用户账户 yangyun@long.com，计算机名为 "win2012-1"。

1．查看本地组策略对象

运行 Windows Server 2012 系统的每台计算机都只有一个本地组策略对象。在这些对象中，组策略设置存储在各计算机上，无论它们是否属于 Active Directory 环境或网络环境的一部分。本地组策略对象包含的设置要少于非本地组策略对象的设置，尤其是在 "安全设置" 下。

因为它的设置可以被与站点、域和组织单位关联的组策略对象覆盖，所以在 Active Directory 环境中，本地组策略对象的影响力最小。在非网络环境（或没有域控制器的网络环境）中，本地组策略对象的设置相当重要，因为它们不会被其他组策略对象覆盖。

在 MMC 中添加 "组策略对象编辑器" 管理单元，从而查看本地组策略对象，具体步骤如下。

STEP 1 在 MMC 中，单击菜单栏中的【文件】→【添加/删除管理单元】，打开 "添加或删除管理单元"对话框。选择"可用的管理单元"列表中的【组策略对象编辑器】，然后单击【添加】按钮，弹出图 13-30 所示的对话框，默认情况下指定的是本地计算机的组策略对象。

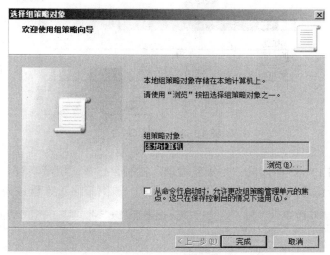

图 13-30　选择组策略对象

STEP 2　单击【完成】按钮，返回图 13-31 所示的"添加或删除管理单元"对话框，可以看到在"所选管理单元"列表中已经添加了"本地计算机策略"。

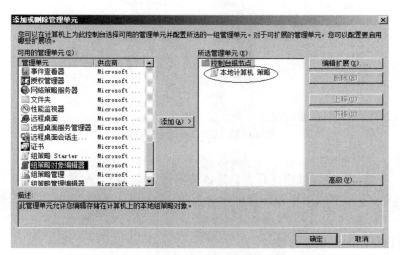

图 13-31　添加"本地计算机策略"管理单元

STEP 3　单击【确定】按钮，返回控制台界面，可以看到在控制台中已经添加了"本地计算机策略"管理单元。

2．创建组策略对象

使用"组策略管理"控制台创建组策略对象"New GPO"，具体步骤如下。

STEP 1　在 win2012-1 上，单击【开始】→【管理工具】→【组策略管理】，打开"组策略管理"控制台。

STEP 2　在"组策略管理"控制台树中，依次展开"林：long.com""域"以及"long.com"

节点，右键单击【组策略对象】，在弹出的快捷菜单中选择【新建】，打开"新建GPO"对话框。在该对话框中指定 GPO 的名称和源 Starter GPO，如图 13-32 所示。最后单击【确定】按钮即可完成 GPO 的创建。

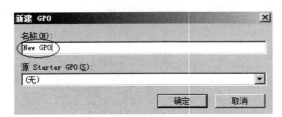

图 13-32 新建 GPO

STEP 3 返回图 13-33 所示的"组策略管理"控制台，在"组策略对象"节点下可以看到刚才所创建的组策略对象"New GPO"，该组策略对象默认为"已启用"状态。

图 13-33 GPO 创建后的效果

　　　　　　创建 GPO 以后，只有将其链接到相应的站点、域或组织单位（OU）时，这些容器下的用户和计算机才会生效。

3. 链接已存在的组策略对象

使用"组策略管理"控制台将组策略对象"New GPO"链接到组织单位"sales"上，具体步骤如下。

STEP 1 在"组策略管理"控制台树中，依次展开"林：long.com""域"以及"long.com"节点，右键单击需要链接组策略对象的容器"sales"，在弹出的快捷菜单中选择【链接现有 GPO】，打开"选择 GPO"对话框。在该对话框中指定之前创建的组策略对象【New GPO】，如图 13-34 所示。最后单击【确定】按钮即可完成 GPO 的链接。

STEP 2 返回如图 13-35 所示的"组策略管理"控制台，在"sales"节点下可以看到该容器已经链接了组策略对象"New GPO"，并且已经启用了链接。

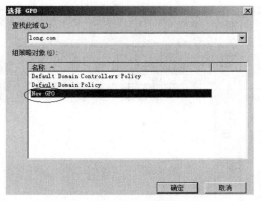

图 13-34　链接已存在的 GPO

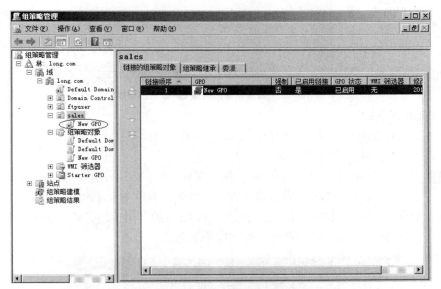

图 13-35　GPO 链接后的效果

4．直接创建和链接组策略对象

使用"组策略管理"控制台直接创建组策略对象"New GPO2"，并将其直接链接到组织单位"sales"上，具体步骤如下。

STEP 1　在"组策略管理"控制台树中，依次展开"林：long.com""域"以及"long.com"
节点，右键单击需要创建和链接 GPO 的
容器"sales"，在弹出的快捷菜单中选择
【在这个域中创建 GPO 并在此处链接】，
打开"新建 GPO"对话框。在该对话框
中指定 GPO 的名称和源 starter GPO，如
图 13-36 所示。最后单击【确定】按钮
即可完成 GPO 的直接创建和链接。

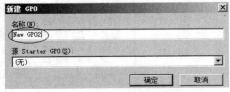

图 13-36　直接创建和链接 GPO

STEP 2　返回如图 13-37 所示的"组策略管理"控制台，在"组策略对象"节点下可以看
到刚才创建的组策略对象"New GPO2"，该组策略对象默认为已启用状态。在
"sales"节点下可以看到该容器已经链接了组策略对象"New GPO2"。

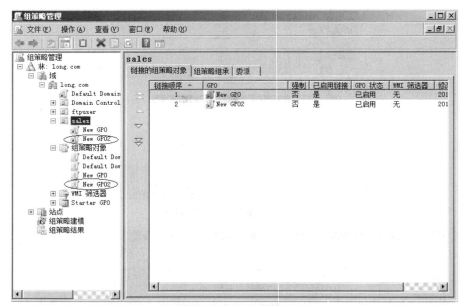

图 13-37　直接创建和链接 GPO 后的效果

5. 编辑组策略对象

使用"组策略管理编辑器"控制台编辑组策略对象"New GPO",对用户进行设置,删除桌面上的计算机图标,具体步骤如下。

STEP 1 在"组策略管理"控制台树中,依次展开"林:long.com""域""long.com"以及"组策略对象"节点,右键单击需要编辑的组策略对象【New GPO】,在弹出的快捷菜单中选择【编辑】,打开图 13-38 所示的"组策略管理编辑器"控制台,在该控制台中可以对计算机配置和用户配置进行设置。

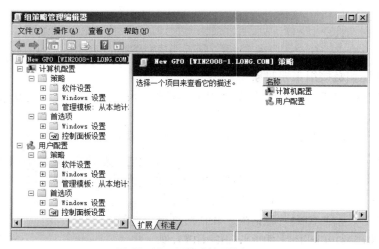

图 13-38　组策略管理编辑器

STEP 2 在"组策略管理编辑器"控制台中,依次展开【用户配置】→【策略】→【管理模板:从本地计算机检索到的策略定义(ADMX 文件)】→【桌面】节点,在控制台右侧显示了众多的关于桌面设置的策略,如图 13-39 所示。

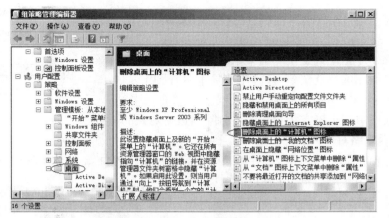

图 13-39　"用户配置"

STEP 3 双击【删除桌面上的"计算机"图标】策略，打开"删除桌面上的'计算机'图标"对话框，选择【已启用】单选按钮，删除桌面上的"计算机"图标，如图 13-40 所示。最后单击【确定】按钮，退出"组策略管理编辑器"控制台，即可完成组策略的编辑。

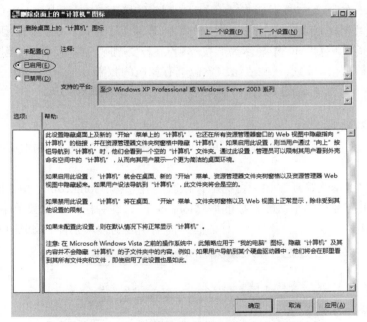

图 13-40　启用"删除桌面上的'计算机'图标"

注　意　　　对组策略对象进行编辑以后，使用命令"gpupdate"进行手工刷新，使组策略生效。

6. 删除组策略对象的链接

使用"组策略管理"控制台删除组织单位"sales"上链接的组策略对象"New GPO2"，具体步骤如下。

STEP 1 在"组策略管理"控制台树中，依次展开"林：long.com""域""long.com"以及"sales"节点，右键单击已经链接的组策略对象【New GPO2】，在弹出的快捷菜单中选择【删除】，打开图 13-41 所示的"组策略管理"对话框。

图 13-41 删除组策略对象的链接

STEP 2 最后单击【确定】按钮即可删除组策略对象的链接。

7．删除组策略对象

使用"组策略管理"控制台删除组策略对象"New GPO2"，具体步骤如下。

STEP 1 在"组策略管理"控制台树中，依次展开"林：long.com""域""long.com"以及"组策略对象"节点，右键单击需要删除的组策略对象【New GPO2】，在弹出的快捷菜单中选择【删除】，打开图 13-42 所示的"组策略管理"对话框。

图 13-42 删除组策略对象

STEP 2 最后单击【确定】按钮即可删除组策略对象。

注　意

在删除 GPO 时，GPMC 将尝试删除链接到 GPO 域中该 GPO 的所有链接。如果无权删除链接，则删除 GPO，但却保留了链接。链接到已删除了的 GPO 的链接在 GPMC 中显示为"找不到"。若要删除"找不到"的链接，必须在包含该链接的站点、域或组织单位上有相应的权限。

无法删除默认域控制器策略 GPO 或默认域策略 GPO。

8．搜索组策略对象

在"组策略管理"控制台中搜索组策略对象名称中包含"New"的组策略对象，具体步骤如下。

STEP 1 在"组策略管理"控制台树中，依次展开"林：long.com"和"域"节点，右键单击需要搜索组策略对象的域"long.com"，在弹出的快捷菜单中选择【搜索】，打开"搜索组策略对象"对话框，指定相应的搜索条件，如图 13-43 所示。

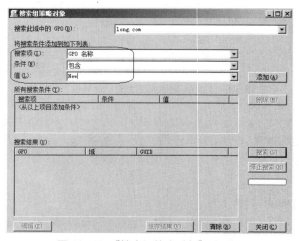

图 13-43 "搜索组策略对象"对话框

STEP 2　然后单击【添加】按钮，将搜索条件添加到"所有搜索条件"列表中，最后单击
【搜索】按钮即可搜索组策略对象，搜索结果如图 13-44 所示。

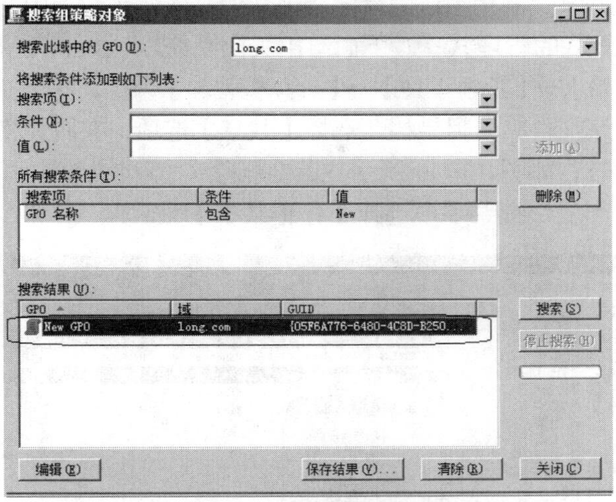

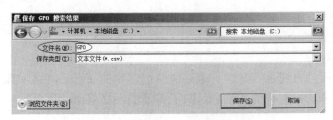

图 13-44　搜索组策略对象结果

STEP 3　单击【保存结果】按钮，打开"保存 GPO 搜索结果"对话框，指定保存的文件
名和相应文件类型，如图 13-45 所示，最后单击【保存】按钮即可保存搜索结果。

图 13-45　保存 GPO 搜索结果

13.5　任务 5　强化 Windows Server 2012 安全的方法

　　Windows Server 2012 的安全性与 Windows 以前的任何版本相比有很大的提高，但要保证系统的安全，需要对 Windows Server 2012 做正确的配置及安全强化（但是也还有一些不安全的因素需要强化），通过更为严格的安全控制来进一步加强 Windows Server 2012 的安全性。主要措施有以下几点。

　　（1）启用密码复杂性要求

　　提高密码的破解难度主要是通过提高密码复杂性、增加密码长度、提高更换频率等措施来实现。密码长度不宜太短，最好是字母、数字及特殊字符的组合，并且注意及时更换新密码。

　　（2）启用账户锁定策略

　　为了方便用户登录，Windows Server 2012 系统在默认情况下并未启用密码锁定策略，此时很容易遭受黑客的攻击。账户锁定策略就是指定该账户无效登录的最大次数。例如，设置锁定登录最大次数为 5 次，这样只允许 5 次登录尝试。如果 5 次登录全部失败，就会锁定该账户。

（3）删除共享

通过共享来入侵系统是最为方便的一种方法。如果防范不严，黑客就能够通过扫描到的 IP 和用户密码连接到共享，利用系统隐含的管理文件来入侵系统。因此，为了安全，最好关闭所有的共享，包括默认的管理共享。下面给出关闭系统默认共享的操作步骤。

STEP 1 执行【开始】→【管理工具】→【计算机管理】命令，打开"计算机管理"对话框。

STEP 2 展开"共享文件夹"目录树，选择【共享】选项，在右窗格中可以看到系统提供的默认共享，如图 13-46 所示。若要删除 C 盘的共享，可以在"C$"上右键单击，在弹出的快捷菜单中选择【停止共享】。

图 13-46　停止共享

STEP 3 使用同样的操作，可以将系统提供的默认共享全部删除，但是要注意 IPC$的共享由于被系统的远程 IPC 服务使用而不能被删除。

（4）防范网络嗅探

局域网采用广播的方式进行通信，因而信息很容易被窃听。网络嗅探就是通过侦听所在网络中传输的数据来获得有价值的信息。对于普通的网络嗅探，可以采用交换网络、加密会话等手段来防御。

（5）禁用不必要的服务，提高安全性和系统效率

例如，只做 DNS 服务的就没必要打开 Web 或 FTP 服务等，做 Web 服务的也没必要打开 FTP 服务或者其他服务。尽量做到只开放要用到的服务，禁用不必要的服务。

（6）启用系统审核和日志监视机制

系统审核机制可以对系统中的各类事件进行跟踪记录并写入日志文件，以供管理员进行分析、查找系统中应用程序的故障和各类安全事件，以及发现攻击者的入侵和入侵后的行为。如果没有审核策略或者审核策略的项目太少，则在安全日志中就无从查起。

（7）监视开放的端口和连接

对日志的监视可以发现已经发生的入侵事件，对正在进行的入侵和破坏行为则需要管理员掌握一些基本的实时监视技术。可采用一些专用的检测程序对端口和连接进行检测，以防破坏行为的发生。

13.6　习题

简答题

1. 什么是本地安全策略？

2. 如何设置本地安全策略？

3. 简述组策略的概念。

4. 试着创建一组策略对象，并将此组策略对象应用到 Active Directory 域中。

5. Windows Server 2012 的审核策略有哪几种？

6. 试着更改几项审核策略，并在安全日志中查看相应的记录。

7. 提高 Windows Server 2012 的安全性可以从哪些方面着手？

实训项目　Windows Server 2012 安全管理

一、实训目的

- 掌握设置本地安全策略的方法。
- 学会使用安全模板、安全配置和分析。
- 学会使用组策略管理域和计算机。

二、项目环境

本项目所有实例都部署在图 13-47 所示的环境下。其中，win2012-1 和 win2012-2 是 Hyper-V 服务器的 2 台虚拟机，win2012-1 是域 long.com 的域控制器，win2012-2 是域 long.com 的成员服务器。组策略的管理在 win2012-1 上进行，其余的在 win2012-2 上进行，在 win2012-2 上进行测试。

角色：Hyper-V 服务器、主机
计算机名：win2012-0
IP 地址：192.168.10.100/24
操作系统：Windows Server 2012 R2
DNS 服务器：192.168.10.1

角色：DNS 服务器、域控制器、虚拟机
计算机名：win2012-1
IP 地址：192.168.10.1/24
操作系统：Windows Server 2012 R2
DNS 服务器：192.168.10.1

角色：成员服务器、虚拟机
计算机名：win2012-2
IP 地址：192.168.10.2/24
操作系统：Windows Server 2012 R2
DNS 服务器：192.168.10.1

图 13-47　安全管理 Windows Server 2012 网络拓扑图

三、项目要求

根据网络拓扑图（见图 13-47），完成以下任务。

（1）设置本地安全策略

① 配置账户策略。

② 配置"账户锁定策略"。

③ 配置"本地策略"。

（2）使用安全模板

① 添加"安全配置"管理单元。

② 创建和保存安全模板。

③ 导出安全模板。

④ 导入安全模板。

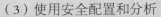
（3）使用安全配置和分析

① 添加"安全配置和分析"管理单元。

② 执行安全分析和配置计算机。

（4）管理组策略

① 查看组策略容器和模板。

② 使用组策略对象。

四、思考

① 事件查看器有什么作用？安全性日志包含哪些内容？

② 谁有权设置审核策略？谁有权管理审核策略？

③ 对于目录的审核来说，可以审核的事件有哪些？

④ 常用的用户权力分配策略有哪些？

⑤ 什么是"密码符合复杂性要求"？该策略要求的密码是什么？

⑥ 请举例说明什么是权力，什么是权限。

五、做一做

根据实训项目录像进行项目的实训，检查学习效果。